制浆造纸行业
非木浆BAT/BEP设计手册

生态环境部对外合作与交流中心
山 东 省 轻 工 业 设 计 院　组织编写
中国中轻国际工程有限公司
中国轻工业南宁设计工程有限公司

化 学 工 业 出 版 社
·北京·

本书主要介绍了竹子、芦苇、麦草和蔗渣四种非木材原料的备料、蒸煮、洗选、漂白、二氧化氯制备、碱回收等生产工艺单元、非木浆厂配套设施、环境污染治理措施以及典型案例等内容。

本书具有较强的技术性、针对性和参考价值，可作为非木浆生产线新建或改造工程技术的工具书和企业开展 BAT/BEP 活动的技术参考书，可供制浆造纸工程、环境工程等领域的工程技术人员、科研人员和管理人员参考，也可供高等学校环境工程、造纸工程及相关专业师生参阅。

图书在版编目（CIP）数据

制浆造纸行业非木浆 BAT/BEP 设计手册/生态环境部对外合作与交流中心等组织编写. —北京：化学工业出版社，2019.5
ISBN 978-7-122-34516-5

Ⅰ.①制… Ⅱ.①生… Ⅲ.①制浆造纸工业-工程设计-技术手册 Ⅳ.①TS7-62

中国版本图书馆 CIP 数据核字（2019）第 092771 号

责任编辑：刘兴春　刘兰妹　　　　　　　　装帧设计：韩　飞
责任校对：王鹏飞

出版发行：化学工业出版社（北京市东城区青年湖南街 13 号　邮政编码 100011）
印　　装：北京缤索印刷有限公司
710mm×1000mm　1/16　印张 17¾　字数 298 千字　2019 年 7 月北京第 1 版第 1 次印刷

购书咨询：010-64518888　　　　　　　　售后服务：010-64518899
网　　址：http://www.cip.com.cn
凡购买本书，如有缺损质量问题，本社销售中心负责调换。

定　　价：148.00 元

《制浆造纸行业非木浆 BAT/BEP 设计手册》
编写人员

编写人员（按照姓氏笔画顺序）：

于中钦　王　峥　王　艨　王希玲　王海鸥

韦　微　邓作榕　甘庆权　卢　青　田旭中

任　永　孙　华　孙　贤　孙丽红　许东飘

朱全茂　刘　宁　刘　宇　刘安堂　刘昕鑫

陈　军　陈永春　陈玲玲　李　超　李元喜

邱元明　宋博宇　苏　畅　沙克菊　杨　猛

张利恒　张晓梅　张凌鹏　张淑文　尚昌军

罗遵福　范忠清　贺进涛　姜　华　胡天帅

袁成强　聂　彪　聂文雅　耿　蕾　莫有光

徐　德　梁剑灵　蒋蓓蓓　顾恩阳　柴玉宏

黄运基　黄绍家　崔焕新　滕建军　薛丽丽

前 言

我国是制浆造纸的生产大国，非木材制浆工艺中氯化、碱抽提、次氯酸盐漂（CEH）三段漂白技术曾被广泛应用，而该技术应用过程中产生大量的二噁英类持久性有机污染物（POPs），并成为制浆造纸生产过程中POPs的主要来源。为履行《关于持久性有机污染物的斯德哥尔摩公约》（简称《斯德哥尔摩公约》）义务，落实履约国家行动计划（NIP）要求，实现POPs和其他污染物综合减排，促使行业可持续发展，生态环境部对外合作与交流中心与世界银行于2012年启动实施了"全球环境基金中国制浆造纸行业二噁英减排项目"。

为促进项目成果和成功经验在整个行业中的推广应用，在"全球环境基金中国制浆造纸行业二噁英减排项目"的支持下，生态环境部对外合作与交流中心联合山东省轻工业设计院、中国中轻国际工程有限公司和中国轻工业南宁设计工程有限公司编写了《制浆造纸行业非木浆BAT/BEP设计手册》。本书主要介绍了竹子、芦苇、麦草和蔗渣4种非木材原料的备料、蒸煮、洗选、漂白、二氧化氯制备、碱回收等生产工艺单元、非木浆厂配套设施、环境污染治理措施以及典型案例等内容，具有较强的技术性、针对性和参考价值，可作为非木浆生产线新建或改造工程技术的工具书和企业开展最佳可行技术/最佳环境实践（BAT/BEP）活动的技术参考书，可供制浆造纸工程、环境工程等领域的工程技术人员、科研人员和管理人员参考，也可供高等学校环境工程、造纸工程及相关专业师生参阅。

本书内容主要涉及麦草浆、蔗渣浆、竹浆和苇浆4种非木浆BAT/BEP设计技术专题，行业基本情况及产排污专题、行业清洁生产情况和持久性有机污染物的《斯德哥尔摩公约》履约专题，以及环境污染治理措施与环境管理专题等。具体内容编写及编写分工如下：典型案例分析中草浆部分由山东省轻工业设计院李元喜负责组织编写，参与编写人员包括袁成强、田旭中、范忠清、孙丽红、柴玉宏、胡天帅、王希玲、耿蕾、王海鸥、张淑文、顾恩阳、杨猛、刘宁、张利恒、聂文雅、蒋蓓蓓、邱元明、于中钦、刘安堂；竹浆和苇浆部分由中国中轻国际工程有限公司徐德、朱全茂负责组织编写，参与编写人员包括黄运基、张晓梅、邓作榕、沙克菊、刘宇、刘昕鑫、聂彪、薛丽丽、王峥、王艨、陈军、罗遵福、张凌鹏、崔焕新；蔗渣浆部分由中国轻工业南宁设计工程有限公司许东飘负责组织编写，参与编写人员包括陈玲玲、贺进涛、李超、孙贤、黄绍家、孙华、甘庆权、姜华、陈永春、尚昌军、卢青；编审人员：滕建军、梁剑灵、莫有光、韦微；概述中行业生产状况及产排污环节由任永负责组织编写，环境影响对应的管理及公约相关管理要求部分由苏畅负责组织编写；环境污染治理措施与环境管理部分由宋博宇、苏畅负责组织编写。全书最终由山东省轻工业设计院袁成强整理汇编。本书由履行《斯德哥尔摩公约》技术转移促进中心吴昌敏高级工程师、加拿大新布伦瑞克大学倪永浩教授、陕西科技大学罗清副教授、广西大学黄显南教授、中国制浆造纸研究院李彦波高级工程师审阅。

在本书的编写和出版过程中，生态环境部对外合作与交流中心肖学智副主任和孙阳昭处长给予了大力支持，世界银行团队对项目给予了无私的帮助。同时，本书编写过程中得到许多制浆造纸企业配合与帮助，在此深表感谢。本书参考了国内外大量的文献资料、专著和教材，在此向这些文献作者表示诚挚的谢意！由于篇幅有限，本书仅在书后列出主要参考文献，如有遗漏敬请谅解。

限于编者水平及编写时间，书中疏漏和不足之处在所难免，恳请读者批评指正！

编者

2019 年 2 月

目 录

附录

1

概　述

1.1　造纸工业现状

我国造纸工业近二十年发展迅速，目前产量和消费量均居世界首位，总产量接近全球产量的1/4。随着我国造纸行业的产业结构调整，生产量和消费量增幅明显放缓，原料结构不断改善，资源利用水平逐步提高，落后产能逐步淘汰，节能减排效果日益明显。

我国造纸工业在原料结构方面，提高了木纤维比例，加大了废纸回收利用，逐步减少了非木材纤维的生产和消耗量。《中国造纸年鉴》数据显示，木浆、废纸浆和非木浆的生产量比例分别由2010年的8.3%、63.3%和28.4%调整到2015年的12.1%、79.4%和8.5%。2017年非木浆5.97×10^6t，其中，稻麦草浆占41.2%、竹浆占27.6%、苇浆占11.6%、蔗渣浆占14.4%。

2008～2017年纸浆生产情况见表1-1。

表 1-1　2008～2017 年纸浆生产情况　　　　单位：10^4 t

年份 浆种	2008	2009	2010	2011	2012	2013	2014	2015	2016	2017
木浆	679	560	716	823	810	882	962	966	1005	1050
废纸浆	4439	4997	5305	5660	5983	5940	6189	6338	6329	6302
非木浆	1297	1176	1297	1240	1074	829	755	680	591	597
合计	6415	6733	7318	7723	7867	7651	7906	7984	7925	7949

近年来，我国造纸工业节能降耗、减污工作取得积极进展。根据环境

保护部（现生态环境部，下同）统计，2015 年造纸和纸制品业（统计企业 4180 家，比上年减少 484 家）用水总量为 118.35×10^8 t，其中新鲜水量为 28.98×10^8 t，占工业总耗新鲜水量 386.96×10^8 t 的 7.5%；重复用水量为 89.37×10^8 t，水重复利用率为 75.5%。万元工业产值（现价）新鲜水量为 40.6t，比上年减少 5.6t，降低 12.1%。污水排放量为 23.67×10^8 t，占全国工业污水总排放量 181.55×10^8 t 的 13.0%。排放污水中化学需氧量（COD）为 33.5×10^4 t，比上年 47.8×10^4 t 减少 14.3×10^4 t，减少 29.9%，占全国工业 COD 总排放量 255.5×10^4 t 的 13.1%。万元工业产值（现价）化学需氧量（COD）排放强度为 4.7kg，比上年降低 28.8%。排放污水中氨氮为 1.2×10^4 t，占全国工业氨氮总排放量 19.6×10^4 t 的 6.1%。万元工业产值（现价）氨氮排放强度为 0.17kg，比上年降低 22.7%。造纸工业污水处理设施年运行费用为 54.2 亿元，比上年减少 2.7 亿元。2015 年，造纸和纸制品业二氧化硫排放量 37.1×10^4 t，比上年降低 10.0%；氮氧化物排放量 22.0×10^4 t，比上年增长 13.4%；烟（粉）尘排放量 13.8×10^4 t，比上年降低 2.8%。废气治理设施年运行费用 20.5 亿元，比上年增长 18.5%。

2015 年，国务院印发了《水污染防治行动计划》（简称"水十条"），要求狠抓工业污染防治，全部取缔不符合国家产业政策的小型造纸厂等严重污染水环境的生产项目。专项整治包括造纸行业在内的十大重点行业，实施清洁化改造。要求 2017 年年底前，造纸行业力争完成纸浆无元素氯漂白改造或采取其他低污染制浆技术，鼓励造纸企业污水深度处理回用。到 2020 年，电力、钢铁、纺织、造纸、石油石化、化工、食品发酵等高耗水行业达到最新用水定额标准。为推进生态文明建设，全面深化环境治理基础制度改革，2016 年 11 月，国务院办公厅印发了《控制污染物排放许可制实施方案》（国办发〔2016〕81 号），该方案要求做好排污许可证制度实施保障，健全技术支撑体系，梳理和评估现有污染物排放标准，并适时修订。建立健全基于排放标准的可行技术体系，推动企事业单位污染防治措施升级改造和技术进步。同年 12 月，环境保护部发布了《关于开展火电、造纸行业和京津冀试点城市高架源排污许可证管理工作的通知》，要求各地应立即启动火电、造纸行业排污许可证管理工作。

我国造纸行业的环保工作近年来有很大进步，但从国家相关行业统计数据来看造纸行业还存在着一些环境问题。

① 企业规模问题　近几年我国造纸行业大型企业得到了快速发展，并且关停了许多小企业，淘汰了许多落后的小生产线，但造纸企业还有近

3000 家，企业平均年生产量 $5 \times 10^4 t$ 左右，纳入统计的小企业占 80%。

② 污染排放问题　近十年我国造纸行业污染减排力度很大，但 2015 年造纸行业 COD 和 NH_3-N 排放总量仍占我国工业排放总量的 13.1% 和 6.1%。由于造纸工业原料种类多、工艺复杂，不同原料、不同产品、不同生产过程产生的污水污染负荷均不同，产生的水污染物也千差万别，污水处理困难，制浆造纸工业污水排放达标率低。对可吸附有机卤化物（AOX）、二噁英等特征污染物缺乏有效的监管，依然有相当数量的企业使用含元素氯漂白工艺，污水处理过程中产生的二次污染问题也难以解决。

1.2　非木浆生产状况

我国是世界上以非木材纤维原料制浆造纸历史最悠久的国家，非木浆仍是造纸原料的主要来源之一。我国制浆造纸利用的非木材纤维原料主要是竹子、芦苇、麦草和蔗渣等。非木材纤维原料在原料密度、纤维长度、灰分、硅含量及造纸特性等方面与木材纤维原料差异较大。中国有一定量的非木材纤维资源，积累了丰富的非木材纤维制浆造纸经验，非木材纤维原料将在中国纸业中继续发挥举足轻重的作用。

根据中国造纸协会统计，2008～2017 年中国非木浆制浆产能如表 1-2 所列。

表 1-2　2008～2017 年中国非木浆制浆产能　　　　单位：$10^4 t$

浆种 \ 年份	2008	2009	2010	2011	2012	2013	2014	2015	2016	2017
非木浆	1297	1176	1297	1240	1074	829	755	680	591	597
竹浆	146	161	194	192	175	137	154	143	157	165
苇浆	150	144	156	158	143	126	113	100	68	69
麦草浆	808	676	719	660	592	401	336	303	244	246
蔗渣浆	97	98	117	121	90	97	111	96	90	86
其他	97	97	111	109	74	68	41	38	32	31

1.2.1　竹浆生产状况及纤维形态

我国具有丰富的竹资源，主要分布在南方的福建、四川、湖南、贵州、云南等省，竹子是最早用于造纸的纤维原料之一。竹浆可以用于抄造高级印刷纸、书写纸、打字纸、生活用纸等，本色硫酸盐竹浆还可以用来配抄纸袋纸。竹浆年产量从 1949 年初的几吨发展到 2017 年的 $1.65 \times 10^6 t$，竹子用于制浆造纸的原料仅占产竹资源的 5% 左右，占非木浆产量约 1.6% 的比例，竹子制浆造纸有很大的发展潜力。国家《造纸产业发展政策》中"产业布局"明确指出了"西南地区要合理利用木、竹资源，变资源优势为经济优势，坚持木浆、竹浆并举"。近年来，随着环境保护政策的深入，有不少地方退耕还林，竹子资源更加丰富，竹类纤维制浆的前景广阔。

竹纤维比较细，在 2000 倍的电子显微镜下观察竹纤维的横切面分层明显，呈中空状态，其透气性是棉纤维的 3.5 倍，被誉为"会呼吸的纤维皇后"，因此竹纤维产品具备较好透气性和舒适性。竹子纤维长度一般为 1.5～2.0mm，最长达 5.0mm，介于针叶材和草类之间，比阔叶材长。宽度一般为 15～18μm，长宽比为 110～200，基本属于中长纤维范畴，纤维细长交织力好，是优良造纸原料。

1.2.2　苇浆生产状况及纤维形态

芦苇分布很广，主要产区有辽宁、吉林、黑龙江、内蒙古、湖北、湖南、安徽、新疆、河北、山东、江苏、江西、青海、宁夏、上海、天津 16 个省（市、自治区），重点产区是湖南洞庭湖、辽宁盘锦和新疆博斯腾湖等地。全国长苇面积 50 多万公顷，年产芦苇 $(2.5～3.0) \times 10^6 t$。

1949 年以来，芦苇制浆如同麦草制浆经历了技术变革和演进，芦苇浆产量逐年提高，到 2011 年已达 $1.58 \times 10^6 t$，但其后由于商品木浆价格降低及环保的压力，苇浆产量逐年下降，到 2015 年降为 $1.0 \times 10^6 t$，到 2017 年降至 $6.9 \times 10^5 t$。

芦苇的平均纤维长度为 1.12mm，平均纤维宽度是 9.7μm，长宽比为 115，是较好的纤维原料。不同产地的芦苇的化学成分有一定的差别。芦苇的纤维素含量较高（41.5%～50.2%），木素含量较低（除个别外，多为 20% 左右），聚戊糖含量较高（22%～25%），灰分含量比稻麦草、龙须草等低得多，是适合制浆造纸的优质原料。

1.2.3　麦草浆生产状况及纤维形态

目前我国麦草主要分布在河南、山东、河北、江苏、宁夏等省（区）

小麦主产区，麦草制浆企业也主要集中在这些区域。麦草浆可以用于抄造高级印刷纸、书写纸、生活用纸等。

麦草的生物结构具有不均匀性的特点，全秆中的节、鞘、叶、穗约占总重量的48%，茎秆部仅占1/2左右。麦草各部位的纤维长度中，以茎基部纤维最长，壁腔比最大；叶、穗、节的纤维短、壁腔比小，各部位的纤维形态如表1-3所列。

表 1-3 麦草各部位的纤维形态

试样	重均纤维长/mm	纤维长宽比	壁腔比
茎基部	1.85	103	1.67
茎中部	1.69	104	1.61
茎梢部	1.29	93	1.11
鞘	1.36	90	1.19
叶	1.05	73	0.95
穗	0.80	42	0.66
节	0.82	37	0.83

随着现代化造纸工业技术的提高，国家方针政策的逐步调整，无论是从规模化、集约化生产的发展方向要求，还是从清洁生产的角度，以麦草为主的非木材纤维制浆企业面临着前所未有的生存压力，在当前日趋严格的产业政策、环保标准以及高额的取水、排水和污染处理费用等多重压力下，许多麦草浆生产线只能停产退出，造成麦草制浆产能逐年降低。

1.2.4 蔗渣浆生产状况及纤维形态

蔗渣是甘蔗制糖厂的副产品，其量较大且较集中。甘蔗主要产区有广西、福建、海南、四川、云南、广东等省（区）；其中广西是最主要的产糖区，也是蔗渣浆的最大产区，其蔗渣浆产量约占全国的90%。蔗渣浆可以配抄各种文化、生活用纸，还可以作为商品浆销往区外。

蔗渣纤维长度一般为1.0～2.3mm，宽度为16～30μm，长宽比为60～80，壁腔比则小于1，具有长度中等、宽度较大、壁腔比很小的特点。从化学组分看，蔗渣的纤维素含量和聚戊糖含量较高，木素含量较低，苯醇抽出物含量较低。蔗渣的灰分含量虽比木材高，但均低于其他草类原料，仅为稻草的1/5、麦草的1/3～1/2。

蔗渣浆在20世纪90年代以后有了较大发展，浆产量在2011年达到最高峰（1.21×10^{6} t），近年由于受制糖减产制约，浆产量有所减少。但其规模化、集约化生产的发展方向更加明显，清洁生产、节能减排的技术和工艺也有很大进步。

1.3 非木浆生产工艺及产排污环节

1.3.1 非木浆生产工艺

1.3.1.1 备料

（1）竹浆备料

竹子的备料与竹子的特性有很大关系，竹竿皮层坚硬，具有弹性，竹径不一，竹皮带有泥沙，特别是外来竹片。根据竹子的这些特征，竹子备料由以前的干法备料发展至今天的干法切料、筛选，随后洗涤、脱水，送蒸煮；切竹机从刀辊切竹机、刀盘式切竹机等发展到今天广泛使用的鼓式切竹机；竹片的洗涤采用鼓式水洗机和双螺旋脱水机，封闭循环洗涤，定时排渣；竹片的净化处理为制浆和碱回收系统打下良好的开端，从而减轻了制浆污染物的排出。国产化的备料和净化主体设备已在生产中得到良好的应用，继雅安中竹和邵武竹浆厂等引进德国鼓式切竹机后，国内目前已有系列产品，且运行良好。

（2）苇浆与麦草浆备料

备料的过程大致分为：原料的储存、处理、处理后的输送备用，其中原料的处理是关键环节。备料处理主要是切断和净化，工艺分为干法备料、湿法备料和干湿结合法备料三种。其主要作用是去除料片中的灰尘、杂质，提高草片质量，为下一步蒸煮提供质量稳定的原料。

苇浆与麦草浆备料的关键是除尘和净化，以前采用干法备料，流程为：芦苇（麦草）→刀辊切草机→辊式除尘机→双锥除尘筛→输送皮带。

到 20 世纪 90 年代，配合横管连煮，增加了湿法备料，原料经干法备料后，再对苇（草）片进行水洗、脱水等进一步净化。应用较多的流程为：干法备料后苇片（草片）→活底料仓→水力碎草机→苇（草）片泵→斜螺旋脱水机→连蒸系统。清洗水过滤后回用。湿法备料苇（草）片干净，但备料损失比干法要高些。

（3）蔗渣浆备料

备料的过程大致分为开包及除髓、堆存、洗涤净化。

备料流程为：糖厂运来打包蔗渣→开包→除髓→高架皮带栈桥→蔗渣散堆场（清水喷淋）→装载车→皮带输送机→杂质分离器→水力洗渣机→斜螺旋脱水机→蒸煮系统。

1.3.1.2 蒸煮

（1）蒸煮工艺

以竹子、芦苇、麦草和蔗渣浆为代表的非木材原料制浆工艺主要采用化学法，在制浆过程中尽可能多地脱除植物纤维原料中使纤维黏合在一起的胞间层木素，使纤维细胞分离或易于分离，成为纸浆；也必须使纤维细胞壁中的木素含量适当降低，同时要求纤维素溶出最少，半纤维素有相应的保留。制浆方法主要包括烧碱法制浆、硫酸盐法制浆及亚硫酸盐法制浆。目前竹子化学法制浆以硫酸盐法为主，烧碱法大量应用于苇浆、麦草浆和蔗渣浆的生产。

蒸煮技术主要有间歇式蒸煮和连续式蒸煮两种。

① 间歇式蒸煮技术是一次性进料，蒸煮结束后一次性出浆，然后再进料的蒸煮过程，整个过程为间歇操作，通常选用蒸球、立锅作为蒸煮设备。

② 连续式蒸煮技术是连续进料和连续出浆的蒸煮过程，采用连续蒸煮器。

非木材原料化学法制浆流程为：原料经过备料后，进入蒸煮设备进行蒸煮，在高温蒸煮药液的作用下溶出木素，所得纸浆通过洗涤筛选净化后，获得质量较好的本色浆；如要得到白度较高的纸浆，还需进行漂白处理。

（2）深度脱木素技术（主要用于竹浆）

蒸煮深度脱木素技术是在降低纸浆残余木素含量的同时，维持纸浆的质量基本不变，使粗浆的卡伯值在 16 左右（可以降低，但为保证浆的强度和黏度需控制），优于传统蒸煮。

① 低能耗置换间歇蒸煮　采用 RDH 或 SuperBatch 蒸煮系统，能充分利用蒸煮热能的转换，锅底置换洗涤，纸浆降温至 100℃ 以下排出，用汽负荷较稳定，蒸汽消耗 0.9～0.95t/t 浆。国内目前有几家企业采用的 DDS 蒸煮系统是在 RDH 基础上，在热能利用、控制水平、药液均布等方面有进一步的改进和提高，蒸汽消耗为 0.65～0.8t/t 浆，粗浆得率≥48%。

② 低能耗连续蒸煮　紧凑连续蒸煮系统在能耗、环保和控制水平等方

面更显优势。蒸汽更均匀，耗汽 0.5～0.55t/t 浆；系统简单，易于控制；在设计时结合原 Asthma 连蒸的实际运行情况，根据竹浆纤维的特点，减少了蒸煮液循环，取消了低压喂料器，蒸煮（除喷放塔）无臭气排出；蒸煮得率≥50%。

（3）蒸煮设备

目前所采用的蒸煮设备主要有间歇蒸煮设备（蒸球、立锅）和连续蒸煮设备（横管连蒸器和塔式连蒸器）。

① 间歇蒸煮设备 用电和用汽有高峰和低谷、自动化程度不高。

蒸球因蒸煮不均匀、直接喷放热回收效果差、异味大、操作环境不佳、占地大等缺点将被逐步淘汰。

立锅相对于蒸球装锅容量大、劳动生产率高、占地面积小、操作复杂、投资高，主要用于竹浆生产。

② 连续蒸煮设备 横管连蒸器通过改进和优化成功应用于芦苇、麦草及蔗渣原料的蒸煮，提高了成浆质量，为后续的洗选和漂白提供了有利条件。

塔式连蒸器适用于竹浆的生产。目前，位于世界技术最前沿的 G2 型紧凑连续蒸煮系统已投用于国内最大的竹浆厂贵州赤天化纸业公司，在节能环保方面和自控水平方面凸现优势。但由于塔式连蒸器需从国外引进，投资大，目前国内除了赤天化纸业公司，其他竹浆厂多采用间歇蒸煮设备。

1.3.1.3 洗涤和筛选

传统的粗浆洗涤和筛选分成了两个独立系统，洗涤水进入各自单独的系统；当前用于现代化木浆生产线的压力封闭筛选、循环用水逆流洗涤在非木浆生产中同样得以应用，工艺系统基本与木浆相同，只是在工艺路线的选择和设备选型上结合非木浆的纤维特性有所调整和优化。洗浆和筛选组合在一起，选用中浓压力筛进行封闭热筛选，进行逆流洗涤。现代化的制浆系统更加封闭，水循环组织更加合理，将洗浆、筛选、氧脱木素整线统一考虑，合理组织，清水（热水）从氧脱木素段逆流至粗浆洗涤后，黑液送碱回收，黑液提取率高，采用的新型洗浆机出浆浓度高，稀释因子低，减少了漂白纸浆中污染负荷的挟带；充分体现了清洁生产、节能减排。

1.3.1.4 氧脱木素

氧脱木素技术是在蒸煮之后，为保持纸浆强度而选择性脱除木素的一种工艺。该技术于 20 世纪 90 年代后引入我国，目前已普遍应用，主要采用的是单段氧脱木素处理，在氧脱木素处理过程中，氧气、烧碱和硫酸镁与高浓度（25%～30%）或中等浓度（10%～15%）纸浆在反应器中混合，纸浆卡伯值可降低 40% 以上。在获得低卡伯值纸浆的同时，获得较好的纸浆质量和低的漂白化学品消耗，减少漂白阶段 COD 排放负荷。洗涤水可采用来自蒸发工段的二次清污冷凝水，滤液逆流进入碱回收，降低水耗和化学品消耗，利于清洁生产、节能减排。

1.3.1.5 漂白

1949 年以来，非木材纤维纸浆的漂白经历了比较漫长而缓慢的发展过程。采用的漂白方法很长时间为低浓度单段次氯酸盐漂和 CEH、CEHH 多段漂白，其中 C 为氯气、E 为碱处理、H 为次氯酸盐。由于该方法使用了含元素氯的漂剂，会产生大量的有机氯化物进入漂白污水，其中含有致癌和致变性质的可吸附有机卤化物（AOX），在制浆企业中已严禁使用该技术。漂白必须采用无元素氯 ECF 或全无氯 TCF 漂白，降低漂白中段污水对环境的影响。

（1）ECF 漂白

无元素氯漂白技术（ECF）是以二氧化氯替代元素氯作为漂白剂的漂白技术，ECF 漂白后纸浆的白度高，返黄少，强度好；但二氧化氯必须就地制备，生产成本较高，对设备的耐腐蚀性要求高，通常需要多段漂白。采用 ECF 漂白后，二噁英的发生量会明显降低。D-E$_{OP}$-D 三段短序二氧化氯漂白流程在一些非木浆厂普遍采用，此漂白流程纸浆白度高，漂白污水污染物排放量低。

（2）TCF 漂白

全无氯（TCF）漂白技术是不用任何含氯漂剂，而用过氧化氢、臭氧、过氧酸等含氧化学药品以及生物酶进行漂白。由于 TCF 漂白的非木浆白度、强度和得率较低，而生产成本又比 ECF 漂白浆高，国内新建的非木浆厂基本不采用此漂白技术。

1.3.2 非木浆 BAT/BEP 生产工艺

漂白竹浆采用干法备料＋新型连续蒸煮/改良型间歇蒸煮＋纸浆高效洗涤＋封闭筛选＋氧脱木素＋ECF 漂白＋黑液碱回收技术，可达到较高的清洁生产水平，减少二噁英类持久性有机污染物（POPs）的排放。

漂白非木材制浆采用干湿法备料（芦苇、麦草）或湿法堆存（蔗渣）＋连续蒸煮＋挤浆＋多段逆流真空洗浆＋封闭筛选＋氧脱木素＋ECF 漂白＋黑液碱回收技术，可达到较高的清洁生产水平，减少二噁英类持久性有机污染物（POPs）的排放。

1.3.3 非木浆产排污环节

制浆造纸厂排出的"三废"中含有多种有毒、有害物质，若不经妥善处理，未达到规定的排放标准而排放到环境（大气、水体、土壤）中，超过环境自净能力的容许量，就会对环境产生污染，破坏生态平衡和自然资源，影响工农业生产和人体健康。污染物在环境中发生物理和化学变化后就会产生新的物质，其中多种物质对人的健康是有危害的。这些物质通过不同的途径（呼吸道、消化道、皮肤）进入人体内，有的直接产生危害，有的还有蓄积作用，会更加严重地危害人的健康。如不经处理，废气排入大气，会污染空气；污水排入江河湖海，会导致水质败坏，破坏水产资源，影响生活和生产用水；固体废弃物直接堆放或填埋，会造成土壤污染。噪声污染会影响居民的生活。

非木材制浆过程中会向水体、大气、土壤等环境排放污染物质，其中水污染问题最为突出。

1.3.3.1 污水

（1）污水的来源

非木材制浆工艺产生的污水主要包括备料污水，漂白工段污水，蒸煮热回收系统产生的污冷凝水，各工段临时排放的污水等。各类污水的水质区别很大。

① 备料污水的主要污染物为有机污染物、固体悬浮物等。

② 漂白工段污水，主要污染物为有机污染物、固体悬浮物等，含氯漂白工艺还会产生一定量的含二噁英在内的可吸附有机卤化物（AOX）。

③ 蒸煮热回收系统产生的污冷凝水的成分与蒸煮工艺有关。烧碱法蒸煮过程中产生的污冷凝水主要含有萜烯化合物、甲醇、乙醇、丙酮、丁酮及糠醛等污染物；硫酸盐法制浆过程中产生的污冷凝水除含上述成分外，还含有硫化氢及有机硫化物；黑液蒸发系统的二次蒸汽污冷凝水中含有甲醇、硫化物等有机污染物，有时还含有少量黑液。

（2）污水对环境的影响

制浆工业污水的来源较多，成分复杂，其中含有大量的污染物容易对环境造成危害。制浆污水中含有半纤维素、甲醇、糖类等易被微生物降解的组分和木素、大分子碳水化合物等组分，这些物质随着污水排入水体会造成水中缺氧。

由于制浆过程中使用化学品较多，反应复杂，容易生成树脂酸、不饱和脂肪酸和氯代酚等有机物，其中部分物质具有较高的毒性和致癌作用。例如烧碱法制浆常用的 CEH 三段漂，氯化、碱处理和次氯酸盐补充漂白。由于该方法使用了含元素氯的漂剂，因此会产生大量的氯化污水，污水中含有致癌性和致变性的二噁英等有机卤化物（AOX）。

在化学制浆过程中，木素及其衍生物会溶出，使得洗浆后的废液带有很深的颜色。高色度的污水会使水体透光性变差，严重时会使生态环境受到破坏。

制浆污水中含有一定数量的悬浮物。它们随污水排入水体后，部分沉入水底形成淤泥，影响水生生物的生存，还可能发生厌氧分解，使水体被污染；还有一部分悬浮物漂浮在水面上，会影响氧气向水中的传递，还会影响光向水中投射。

另外，制浆过程中添加的化学品使污水呈高酸性或高碱性，需调整pH 值在 6～9 范围内才能进行下一步处理。

1.3.3.2 废气

非木材制浆厂大气污染主要来源于备料、蒸煮、洗涤、漂白、漂白化学品制备、黑液蒸发、动力锅炉、碱回收炉、苛化、污水处理场等。排放物主要包括粉尘、二氧化硫、氮氧化物、臭气等。

制浆过程中恶臭污染的产生与采用的工艺密切相关，这些恶臭气体主要包括二氧化硫、硫化氢、甲硫醇和二甲基硫化物等。这些恶臭气体不仅造成环境污染，同时危害人体健康。

此外，SO_2、CO_2 等废气排放会造成酸雨、气温升高等环境问题，对地区环境造成破坏。

1.3.3.3 固体废物

非木材制浆工艺固体废物主要来源于备料工段产生的废渣、尘土，筛选工段产生的废浆渣，碱回收工段产生的绿泥、白泥，污水处理过程中产生的污泥，动力锅炉产生的煤灰渣等。

制浆过程中产生的固体废物容易污染大气。首先在备料过程中产生粉尘，直接损害工作人员的身体健康；其次固体废物干燥后细颗粒被风吹起，增加了大气中的粉尘含量，加重了大气的尘污染。

制浆过程中产生的固体废物容易污染水体。固体废物如不处理排放到水体中，会导致河道阻塞、侵蚀农田，其中的有害成分进入水体，危害水体环境。固体废物与水接触，废物中的有毒成分溶出进入地表水及地下水，危害附近居民身体健康，影响周围生态环境。

制浆过程中产生的固体废物容易污染土壤。固体废物露天堆存，不但占用大量土地，而且其含有的有毒有害成分也会渗入土壤中，破坏土壤中微生物的生存条件，影响动植物生长发育。许多有毒有害成分还会经过动植物进入食物链，危害人体健康。

1.3.3.4 噪声

化学法制浆产生的噪声分为机械噪声和空气动力性噪声，主要噪声源包括切草机、传动类、泵类、风机压缩机、间歇喷放或放空、工艺设备或管道压力、真空清洗或吹扫等。

1.4 环境影响对应的管理

1.4.1 生产过程污染防控

（1）备料

竹子、芦苇、麦草原料宜采用干湿法备料技术；蔗渣原料宜采用半干法除髓及湿法堆存、湿法洗涤净化的备料技术。湿法备料洗涤水封闭循环使用，定期排渣。

（2）蒸煮

芦苇、麦草、蔗渣原料宜采用横管连续蒸煮、冷喷放技术；竹子蒸煮可以使用间歇蒸煮或者连续蒸煮，考虑到经济成本，大部分企业使用间歇蒸煮立锅。

（3）洗涤、筛选

纸浆洗涤筛选采用多段逆流洗涤及封闭筛选技术，水系统封闭循环，逆流洗涤和封闭筛选是提高洗涤效率、减少污水排放量的有效措施。

（4）氧脱木素

蒸煮之后采用氧脱木素技术。氧脱木素工段产生的废液可逆流到粗浆洗涤段，然后进入碱回收系统。该技术可减少后续漂白工段化学品用量，减少漂白阶段 COD 排放负荷。

（5）无元素氯漂白（ECF）

采用无元素氯漂白技术，漂白污水中的 AOX 含量极低，有效降低了二噁英的产生量，污染负荷低。

（6）碱回收

采用碱回收技术，洗浆工段送来的黑液经多效蒸发浓缩，使黑液浓度提高，送入燃烧炉进行燃烧，消除污染，回收烧碱和热能。

1.4.2 环境污染治理措施

1.4.2.1 水污染治理

① 生产过程中产生的污冷凝水应根据实际生产情况最大化回用。

② 制浆造纸企业综合污水应采用二级或三级处理后达标排放。其中，三级处理宜采用混凝沉淀、气浮或高级氧化等技术。有条件的地区和企业可在达标排放的基础上，因地制宜地采用人工湿地或膜过滤等深度处理技术进一步减排。

1.4.2.2 大气污染治理

① 备料粉尘通过提高输送皮带密闭性，合理组织各粉尘作业点的通风换气，设置除尘系统，并根据自身工艺流程、设备配置、厂房条件和产生粉尘的浓度，优化除尘系统。

② 蒸煮、洗选漂、碱回收等无组织排放废气通过管道集中收集、洗涤后作为二次风入炉燃烧或者排放。

③ 碱回收炉通过控制燃烧条件减少氮氧化物的排放，动力锅炉通过安装高效除尘设备及脱硫脱硝系统减少污染物排放。

④ 竹浆硫酸盐法制浆产生的 CNCG（小容积高浓度不凝性气体）汇集在集气槽，经蒸汽喷射器后送液滴分离器，最后经火焰阻火器入燃烧器燃烧；DNCG（大容积低浓度不凝性气体）先经低浓臭气洗涤器洗涤，再经气水分离器后用低浓臭气风机送雾沫分离器，最后送碱炉；汽提塔来的

SOG（汽提塔气体）先送液滴分离器，再经火焰阻火器入燃烧器燃烧。

1.4.2.3　固体废物处理处置

① 草节、竹节、蔗髓、浆渣等有机固体废物可送锅炉掺煤燃烧或综合利用。

② 苛化产生的白泥可作循环流化床锅炉脱硫剂、水泥原料，或制成轻质碳酸钙综合利用。目前大部分浆厂白泥、绿泥和苛化石灰渣均送往固体废弃物堆场填埋。

③ 锅炉煤灰渣全部综合利用。

1.4.2.4　二次污染防治

① 污水处理产生的污泥浓缩脱水后，再利用锅炉烟气废热干燥后焚烧。

② 污水厌氧生物处理产生的沼气，可用作燃料或发电，并应设置事故火炬。

1.4.3　健全环境管理体系

非木浆生产企业应建立企业环境管理体系，通过健全内部环境管理制度，加强日常环境管理工作，对整个生产过程实施全程环境管理，杜绝生产过程中环境污染事故的发生，保护生态环境。

设置专门环保管理职能部门，负责整个企业的环保监督管理工作。除环保管理部门专门监督管理外，还应成立以公司总经理为组长，由各副总经理、总工程师、分厂、相关部门负责人参加的环保领导小组。环保专职管理人员制订公司的环保管理制度、环保规划，负责组织对厂区污染源的监测等各项工作，贯彻国家相关法规标准。

1.5　《斯德哥尔摩公约》的相关管理要求

1.5.1　《斯德哥尔摩公约》及相关内容

为了加强化学品的管理，减少化学品尤其是有毒有害化学品引起的危害，国际社会达成了一系列的多边环境协议。2001 年国际社会通过了《斯德哥尔摩公约》，作为保护人类健康和环境免受持久性有机污染物（POPs）危害的全球行动。POPs 是指高毒性的、持久的、易于生物积累并在环境中长距离转移的化学品。中国是最早参与和签署这一公约的国家之一，该公约于 2004 年 11 月 11 日对我国正式生效。

二噁英的化学名为 2,3,7,8-四氯二苯并-对-二噁英（TCDD），其名称"二噁英"通常用来指结构和化学性质相关的多氯二苯二噁英（PCDDs）和多氯二苯并呋喃（PCDFs）。某些类二噁英多氯联苯（PCBs）具有相似毒性，归在"二噁英"名下。二噁英具有非常大的潜在毒性，实验证明它们可以损害多种器官和系统。在《斯德哥尔摩公约》的附件 C 中二噁英被列为无意产生的持久性有机污染物（UPOPs），且在来源类别中明确指出"使用元素氯或可生产元素氯的化学品作为漂白剂的纸浆生产"是来源之一。我国是制浆造纸生产大国，现有非木材制浆中 CEH 三段漂白被广泛应用，该工艺由于采用元素氯作为漂白剂，是制浆造纸生产过程中二噁英类持久性有机污染物的主要来源。因此，就非木材制浆过程中如何减少、消除此类污染物进行研究和约束是十分必要的。

1.5.2 《斯德哥尔摩公约》的相关管理要求

《斯德哥尔摩公约》第 5 条明确阐述了对减少或消除源自无意产生的持久性有机污染物排放应采取的措施。具体到制浆造纸行业概括如下。

① 制订计划方案及时间表，统计查明包括二噁英在内的持久性有机污染物的产生、排放点，对目前和预计的排放量进行评估。

② 改进生产工艺或改良使用材料，以防止持久性有机污染物的生成和排放。

③ 指导实施最佳可行技术（BAT）和最佳环境实践（BEP），来减少、消除持久性有机污染物的生成和排放。

最佳可行技术（Best Available Techniques，BAT）是指所开展的活动及其运作方式已达到最有效和最先进的阶段，从而表明该特定技术原则上具有切实适宜性，可为旨在防止和在难以切实可行地防止时，从总体上减少无意产生的持久性有机污染物的排放及其对整个环境的影响的限制排放奠定基础。

最佳环境实践（Best Environmental Practices，BEP）是指环境控制措施和战略的最适当组合方式的应用。

《斯德哥尔摩公约》在有关制浆造纸行业的现有最佳可行技术和最佳环境实践的一般性预防措施中提出"避免为漂白作业而使用元素氯或产生元素氯的化学品"。

2

生产工艺BAT/BEP技术

2.1 非木材原料收储和备料 BAT/BEP 技术

2.1.1 原料的收储

2.1.1.1 原料的收集与贮存

原料供应是否有保障是建厂主要考虑因素之一，供应量有保证、质量稳定、价格低廉、运输距离短等都是建厂的有利条件。

非木材原料（竹子除外）来源受季节影响大，原料贮存期为3～9个月。原料在贮存过程中，可减少原料水分和均匀水分、减少非纤维组分含量，稳定原料质量。原料中的非纤维组分，如果胶、淀粉、蛋白质、脂肪等因自然发酵，使纤维细胞间的组织受到破坏，细胞壁也受到一定的影响，这样蒸煮时碱液更易渗透，比新原料较易去除木素，也可减少用碱量。

（1）竹子的贮存

近年来新建竹浆厂原料大多采用外购竹片，设置外购竹片贮场，竹片贮存量为1～2月所需量。竹片贮场一般采用混凝土地面，并设置监控、消防、防雷、排水和照明等设施。竹片贮场大致有3种形式，即竹片散堆贮场、半自动化贮场和全自动化贮场。竹片堆场间距30m。

外购竹片一般由大型运输车运至厂内，由装载机负责卸车。

1）竹片散堆贮场　装载机负责卸车和建立散堆。

2）半自动化贮场　卸料至进料坑内，进料坑内设置螺旋输送机或刮板输送机负责接料，由带式输送机（包括钢栈桥）输送至竹片堆场上方，再由移动式带式输送机（包括钢栈桥）负责堆料，建立竹片堆场。

3）全自动化贮场　卸料进料坑内，进料坑内设置螺旋输送机或刮板输送机负责接料。

① 长形堆场：接料后输送至竹片堆场上方，再由移动式带式输送机（包括钢栈桥）负责堆料，建立竹片堆场。其特点是设备投资小，土建投资大。

② 圆形堆场：接料后输送至竹片堆场中心上方，再由回转悬臂堆料机（带式）负责堆料，建立竹片堆场。其特点是竹片可先进先出，设备投资大，土建投资小。

③ 新型长堆：接料后送至移动式回转悬臂堆料机（带式）负责堆料，一台设备负责两个长堆堆料，移动式刮板出料机负责出料，每个长堆配一台，带式输送机负责输送。其特点是无栈桥、无地廊和无挡墙，全部国产设备。

（2）芦苇的贮存

苇浆厂苇子贮场，苇子贮存量一般7～10个月所需量，并设置监控、消防、防雷、排水和照明等设施。

苇子垛堆成屋顶状，尺寸 40m×12m×（6m+6m），垛间距取 10m，垛组间距取 30m，每个垛组一般 4 个苇子垛。垛基高度 300mm。

打捆苇子由车辆运输至厂，汽车起重机（带抓具）负责卸车、堆垛和卸垛，由平板车（配牵引车）负责运输。

（3）麦草的贮存

进厂麦草有散草和打包草两种形式，打捆打包常见规格见表 2-1。原料场单位垛基面积堆存量一般取 0.7～0.8t/m² （散草堆垛计）和 1.2～1.3t/m² （打包草片堆垛计），原料场单位总面积堆存量一般取 0.33～0.5 t/m²，麦草贮存损失率 2%～4%。一般采用移动式起重机或移动式胶带运输机进行堆垛，也有企业人工堆垛，用移动式胶带运输机或轮胎举升机辅助，运输采用车辆运输（拖拉机为主）、胶带运输机及装载机（带草料抓具）。麦草原料来源受季节影响大，一般每年 6～7 月份开始收购，麦草原料场的贮存期为 6 个月以上。

表 2-1　打捆打包常见规格

序号	打捆打包规格/mm	每捆或每包质量/kg	打捆打包方式	水分/%	备注
1	1000×600×400	35	机械	15	方形包

序号	打捆打包规格/mm	每捆或每包质量/kg	打捆打包方式	水分/%	备注
2	1000×900×500	70	机械	15	方形包
3	550×550×650	10～15	手工	15	小方包
4	1200×1400×1000	300	机械	15	大方包,较少
5	φ1100×1400	125	机械	25	圆包草,较多

注：近年来机械收割越来越多，机械收割同时进行麦草打包，因此圆包草较多，这种圆包草比较松散，需要晾干后进行第二次打包。

（4）蔗渣的贮存

蔗渣堆存有干法堆存和湿法散堆两种。

相比而言，干法堆存存在蔗渣容易霉变造成纤维强度差、成浆得率低、堆场火灾危险性大等缺点，近年来已被湿法散堆贮存方法所取代。

湿法散堆是采用高架上料、推土机压实，并在堆垛过程辅以清水喷淋的垛堆方法，使蔗渣压实透湿，蔗渣水分含量在 70%～80%，从而控制蔗渣过度发酵，防止变质，保持白度；持续的喷淋还可将蔗渣中残糖发酵产生的酸性物质置换出来，减少了制浆化学品的消耗；由于垛内部蔗渣与空气接触少，不易于被氧化腐烂，质量好、均匀，贮存损失降低，并为保证化学漂白蔗渣浆质量的稳定打下良好的基础；由于堆内温度较低，火灾隐患大大减少。

此外，湿法散堆还具有防止蔗渣飞扬，改善环境，以及单位面积堆存量高等优点。由于甘蔗榨糖生产的季节性强，糖厂榨季一般从当年的 11 月至翌年的 3 月，故蔗渣堆场的贮存量一般至少要满足生产 9 个月所需的原料量。

2.1.1.2　原料贮量

原料贮存量根据贮存期计算，厂区内贮存原料数量有如下两种情况。

① 厂区内贮存全部原料用量。一般小厂或厂址区域不受用地限制，对城建规划没有多大影响的厂多属这种情况。

② 厂区内贮存部分原料用量，一般不少于 1 个月。厂外集中收购点常设有数处中间贮存场或供给单位代为贮存部分原料，大厂或靠城市的厂区受用地条件限制时多采用这种贮存方式。

2.1.1.3　原料场的布置和要求

① 原料场的位置对生产流程可产生决定性的影响，原料场布置不合

理，会带来许多后遗症，甚至发生生产流程倒流的极不合理的情况。此外，原料场一旦发生火灾，不但损失原料，而且直接威胁生产区、生活区的安全。

② 原料场地布置在厂区边缘地带，远离明火及散发火花地点，且位于全年最小频率风向的上风侧，或与生产区平行布置，并要求靠近备料车间。在用地面积受到限制的情况下备料车间也可设在原料场防火带内。

③ 原料场占地面积应根据建设场地条件，满足大宗原料、燃料的装卸、贮存及转运要求，并具备足够的装卸车货位及堆存场地，合理配置机械化程度较高的装卸、转运设备。当工厂设有铁路专用线时，原料场铁路装卸线路布置应按企业规模与作业性质、作业量确定。同时综合企业其他车间、仓库等运输需求，装卸线路布置宜相对集中。

④ 原料场与生产区、生活区之间必须设置足够宽的防火隔离带（简称为防火带）。防火间距满足《建筑设计防火规范》及《造纸行业原料场消防安全管理规定》的规定。原料场与甲、乙、丙类液体贮罐、与铁路道路的防火间距应满足《建筑设计防火规范》（GB 50016）的有关规定。

⑤ 原料场必须按规范设置封闭围墙、门卫、瞭望岗亭、水消防及其他灭火设施、防雷装置和照明设施。进入原料场的机动车辆必须要有可靠的排气熄火装置。岗楼内要安装消防专用电话或报警设备。水消防以室外消火栓系统为主，应采用高压或临时高压给水系统。当堆场、堆垛面积较大或高度较高，室外消火栓的充实水柱无法全覆盖时，应增设室外固定消防水枪，具体详见《消防给水及消火栓系统技术规范》（GB 50974）及《制浆造纸厂设计规范》（GB 51092）。

⑥ 原料场排水必须顺畅。原料场应避免积水，其自然地坪应≥0.5%排水坡度，原料场地坪应高于当地 50 年一遇洪水水位 500mm，且应具备防洪排水能力。排水沟宜采用明沟或暗沟。踩基高度要求高于周围地面 300~500mm。踩基表面应有 3‰~5‰ 的坡度，以利于排水，踩基周边与周围地面有 1∶1.5 坡度，以便排水畅通。

⑦ 通风要求：料垛内必须设置纵向的或横向的通风孔道，且要注意分层设置，料垛的长度方向与常年主导风向应成 45°角，而且要保证有足够的垛间距。

⑧ 蔗渣湿法堆场的特别要求：上料宜采用高架栈桥输送，高架栈桥需设置清水管道，用于蔗渣喷淋；堆场需配备一定数量的推土机用于蔗渣的摊平压实；蔗渣堆场地面需考虑耐酸防腐；蔗渣堆场地面考虑放坡，以便收集蔗渣喷淋酸性污水。

2.1.2 备料

2.1.2.1 概述

备料车间主要任务是生产和供应满足制浆要求的合格料片,各原料合格要求如下。

① 竹片长度 10~25mm,合格率＞80%。

② 苇片长度 25~30mm,合格率＞85%。

③ 麦草片长度 30~50mm,合格率＞80%。

④ 蔗髓去除率≥35%。

要求原料无腐材、干净无杂质。

2.1.2.2 备料工艺流程简述

(1) 竹浆备料工艺流程

原竹削片后送往筛选工段进行竹片筛选,筛后合格竹片送往洗涤工段进行竹片洗涤,洗后竹片经脱水后送往竹片料仓进行贮存,料仓竹片根据蒸煮需要量送往蒸煮工段。筛后大片竹片经再碎机处理后进入合格竹片输送系统或返回竹片筛选系统重新进行筛选。筛后竹末送至筛选工段后临时堆存,再由运输车辆或输送设备送至厂内需要的工段。由洗涤水过滤设备排出的湿竹末送至室外临时堆存。竹片洗涤水配备循环、处理和贮存设备。

竹浆备料生产工艺流程简图如图 2-1 所示。

(2) 苇浆备料工艺流程

苇捆由运输车辆从厂内贮苇场或厂外运至切苇筛选工段进行苇子切片和苇片筛选,筛后苇片送往苇片贮存(料仓)工段进行贮存,料仓苇片根据制浆需要量送往制浆车间。苇浆备料生产工艺流程简图见图 2-2。

(3) 麦草浆备料工艺流程

1) 干法备料工艺流程 麦草原料干法备料主要由进料、散包、切草、除尘等工序组成,工艺流程如图 2-3 所示。原料通过刀辊式切草机进行切断,得到适合于蒸煮的料片。针对麦草杂质多的特点,需用辊式或双锥除尘器来对切断后的料片进行除杂。最后,送入蒸煮工段进行蒸煮。

干法备料具有设备投资少、操作简单、无污水排放、电耗低等优点,

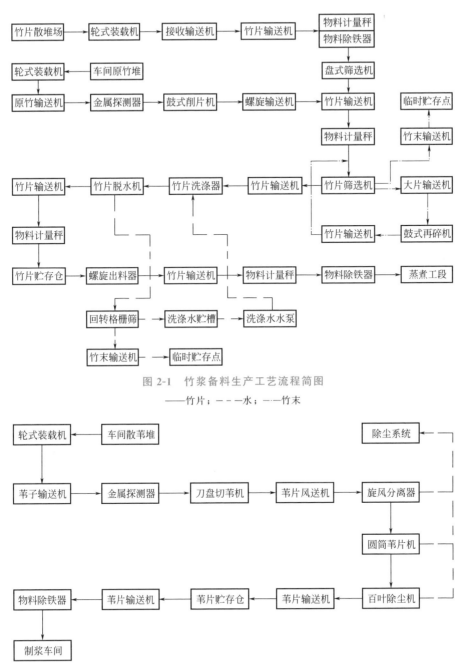

图 2-1　竹浆备料生产工艺流程简图
——竹片；－－－水；一一竹末

图 2-2　苇浆备料生产工艺流程简图
——苇子；－－－灰尘

适合在原料含杂少，水分含量不超过 15% 的条件下使用；缺点是不能除去草叶及外形尺寸同原料茎秆部差不多的杂物，尤其当原料水分高于 15% 时

图 2-3　麦草干法备料工艺流程

会严重影响除杂、除尘效果，此外还有尘土飞扬、劳动条件差等缺点。干法备料一般采用扩散式旋风除尘器和布袋除尘器组合方式除尘，或采用沉降室和布袋除尘器组合方式除尘，为增加除尘效果，可在进沉降室入口处喷入一定量水。

2）湿法备料工艺流程　麦草原料全湿法备料主要由进料、碎解、脱水、水处理等工序组成，工艺流程简图如图 2-4 所示。在全湿法备料中，打包原料经水力碎解，螺旋脱水，然后送蒸煮工段。湿法备料优点主要有：消除飞尘，改善环境，降低噪声和劳动强度，提高草片质量，蒸煮及漂白时化学药品消耗比干法备料时可降低 15%～20%，其硅含量明显下降，纸浆得率、强度提高。但是缺点是设备投资大、维修费用高、动力消耗大，生产成本较高。

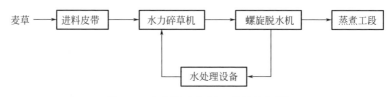

图 2-4　麦草湿法备料工艺流程简图

3）干湿法备料工艺流程　干湿法备料主要由进料、散包、切草、除尘、水洗、脱水、水处理等工序组成，工艺流程简图如图 2-5 所示。干湿法备料是指将干法备好的料，再经洗涤处理，合格料片经脱水后，通过螺旋喂料器送去蒸煮。该技术投资适中，其净化效果明显好于干法，除杂率及制浆得率高，蒸煮过程化学药品消耗低，动力消耗也比湿法低。能够实现均匀连续供料，为连续蒸煮的正常生产提供保障，所得纸浆质量较好，减少化学药品的用量，并利于碱回收的操作。

图 2-5　麦草干湿法备料工艺流程简图

4）蔗渣备料工艺流程 蔗渣一般在糖厂除髓，除去的蔗髓可送回糖厂的蔗渣炉燃烧。蔗渣除髓的程度是影响蔗渣浆抄造性能的重要因素，为保证蔗渣质量，蔗渣在制浆造纸厂有时还需再进行补充除髓，以保证除髓率达到 35%～40%，确保蔗渣的质量。蔗渣备料流程如图 2-6 所示。

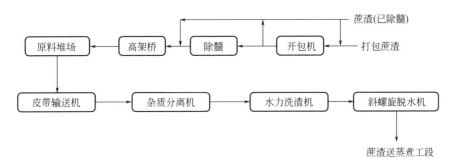

图 2-6　蔗渣备料流程简图

2.1.2.3　备料主要技术指标

非木浆备料主要技术指标如表 2-2～表 2-6 所列。

表 2-2　竹浆备料主要技术指标

序号	名称	单位	指标			备注
			300adt/d	450adt/d	600adt/d	
1	原竹处理	bdt/d	633	949.5	1266	
2	竹片堆场	bdt/d	19500	30000	39000	贮存时间 30d
3	洗涤水量	m³/d	8125	12500	16250	
4	竹片料仓	m³	1100	1700	2200	贮存时间 8h
5	竹末数量	bdt/d	33	47.5	63.3	
6	备料损失	%	5	5	5	

注：1.竹片容重 200bdkg/m³，原竹和竹片水分 40%。

2.adt/d 为风干吨/天；bdt/d 为绝干吨/天，下同。

表 2-3　苇浆备料主要技术指标

序号	名称	单位	指标	备注
1	苇子处理	bdt/d	626～661	
2	苇片料仓	m³	200～600	贮存时间 0.8～2h
3	苇末数量	bdt/d	31.25～66.1	
4	备料损失	%	5～10	

注：苇片容重 100bdkg/m³（绝干 kg/m³），苇子和苇片水分 20%。

表 2-4　麦草浆备料主要技术指标

序号	名称		单位	指标
1	草片质量	长度	mm	30～50
		水分	%	15
		合格率	%	＞80
2	麦草片体积质量		kg(绝干)/m³	63～70
3	堆积体积质量	散堆麦草	kg(绝干)/m³	70
		打包草片	kg(绝干)/m³	125
4	备料损失率	一级净化	%	5～10
		二级净化	%	11～26
5	水力洗草机洗涤浓度		%	2～4

表 2-5　蔗渣浆备料主要技术指标

序号	名称	单位	指标	备注
1	全年工作天数	d	120～150	每年11月至翌年3～4月份，糖厂榨季时间
2	日工作小时	h	16	一天两班生产
3	蔗渣除髓率	%	35～40	
4	原料场贮存时间	d	240～270	8～9个月
5	蔗渣堆存水分	%	70～80	
6	蔗渣堆存密度	t(绝干)/m³	0.22～0.25	压实后密度
7	备料损失率	%	≤5	

表 2-6　主要原料及动力消耗指标

序号	名称	单位	指标				备注
			竹浆	苇浆	麦草浆	蔗渣浆	
1	料片	t/t浆	约2.03	1.9～2.0	约2.3	4.0(50%水分)	
2	电	kW·h/t浆	约30(含湿法备料)	约35	约30	约30	干法备料

2.1.2.4　备料主要设备选择

非木浆备料主要设备见表2-7～表2-10。

表 2-7　竹浆备料主要设备

序号	名称	规格			单位	数量			备注
		300adt/d	450adt/d	600adt/d		300adt/d	450adt/d	600adt/d	
1	鼓式削片机	30bdt/h	30bdt/h	30bdt/h	台	3	4	5	二班制
2	竹片筛选机	600m³/h	400m³/h	600m³/h	台	1	1＋1	1＋1	

序号	名称	规格			单位	数量			备注
		300adt/d	450adt/d	600adt/d		300adt/d	450adt/d	600adt/d	
3	竹片再碎机	$30m^3/h$	$30m^3/h$	$30m^3/h$	台	1	1	1	二班制
4	竹片洗涤器	$300m^3/h$	$400m^3/h$	$600m^3/h$	台	1	1	1	
5	竹片脱水机	$300m^3/h$	$400m^3/h$	$600m^3/h$	台	1	1	1	
6	螺旋出料器	$250\sim1000m^3/h$	$250\sim1000m^3/h$	$250\sim1000m^3/h$	台	2	2	2	三班制

表 2-8　苇浆备料主要设备

序号	名称	规格	单位	数量	备注
1	刀盘切苇机	14bdt/h	台	3+1	
2	苇片风送机	14bdt/h	台	3+1	
3	旋风分离器	14bdt/h	台	3+1	三班制
4	圆筒苇片机	14bdt/h	台	3+1	
5	百叶除尘机	14bdt/h	台	3+1	

注：也可采用 30bdt/h 切苇筛选系统。

表 2-9　麦草浆备料主要设备

序号	名称	规格	单位	数量	备注
1	刀辊式切草机	24t/h	台	4	
2	八辊羊角除尘器	24t/h	台	4	
3	水力洗草机	$90m^3$	台	1	
4	沉淀装置	$600m^3/h$	台	4	

表 2-10　蔗渣浆备料主要设备

序号	设备名称	型号及规格	数量/台	备注
1	单轴解包机	开包能力 1500t/d	4	
2	蔗渣除髓机	除髓能力 $12\sim15$t/h	12	
3	蔗髓打包机	能力 $3\sim7$t/h	4	

2.1.2.5　主要设备描述及特点

（1）竹浆备料主要设备特点

1）原竹削片机　一般采用鼓式削片机，鼓式削片机需配置出料螺旋输送机（见图 2-7），其底网尺寸要选择合适。

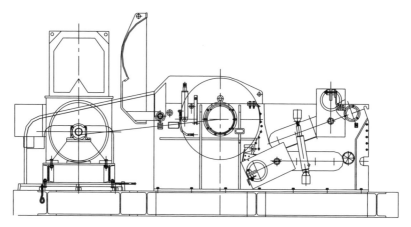

图 2-7　鼓式削片机

鼓式削片机由喂料机构、机体、刀辊和液压系统等部分组成。

喂料机构包括上、下进料辊。从输送带运来的原竹被上、下进料辊压住，并推至刀辊进行切削。

机体采用高强度钢板焊接而成，是整台机器的支承基础。底刀座支承与机体焊为一体，用于安放底刀座。

刀辊是削片机的重要部件，由钢板焊接而成。刀辊上安装多把飞刀，刀辊底部安装筛网，切削出来的合格竹片通过筛网由底部排出，过大竹片留在筛网内继续进行切削。

液压系统用于底刀更换，打开机罩进行飞刀更换和上喂料辊调整等。

2）竹片筛选机　一般采用摇摆式筛选机，见图 2-8，因目前外购竹片中竹末比较多，故筛选机能力选择要大一些。

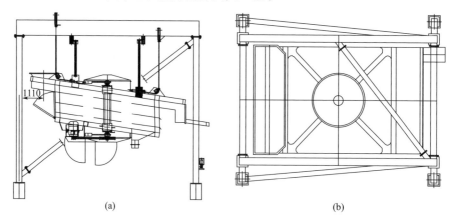

(a)　　　　　　　　　　　　　　　　　　(b)

图 2-8　摇摆式筛选机（单位：mm）

　　大片再碎机一般采用小型鼓式削片机。竹片洗涤器可根据洗涤能力选择单鼓或双鼓洗涤器，竹片脱水机可根据脱水能力选择双螺旋或三螺旋脱水机，见图 2-9。

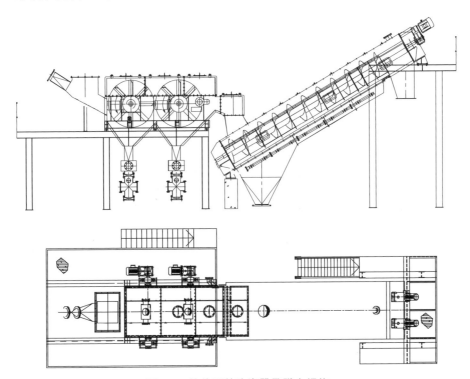

图 2-9　竹片双鼓洗涤器及脱水螺旋

　　料仓螺旋出料器见图 2-10，装机功率要足够大，以避免湿竹片出料困难。

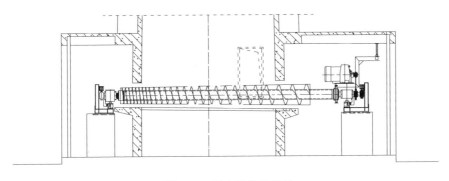

图 2-10　料仓螺旋出料器

　　洗涤水过滤设备建议采用回转格栅筛。

　　竹片输送设备一般情况下推荐使用带式输送机，其主要优点是输送量大，运行可靠，维修方便。

当竹片向高处输送时，可采用高架带式输送机，带式输送机两侧设置走道。其优点是造价低，设计周期短；不足之处是转折点需设置转运站。

（2）苇浆备料主要设备特点

刀盘切苇机选用型号 ZCQ11，见图 2-11。

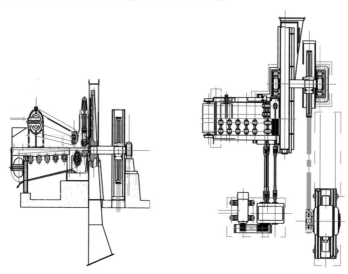

图 2-11　ZCQ11 刀盘切苇机

刀盘切苇机由喂料机构和切断装置两部分组成。

喂料机构包括上、下链带和上、下压辊。从输送带运来的苇捆由上、下链带把原苇逐渐地压紧，然后送入上、下压辊之间。原苇经过展平和压紧被推至刀盘进行切断。

切断装置包括底刀和装有多把飞刀的刀盘。底刀水平地安装在机架上。刀盘是一个铸钢幅轮。弧形飞刀装在刀盘的弧形铸钢幅轮上，利用其高速旋转产生的动能切断芦苇。

苇片风送机选用型号 ZCS11。

圆筒苇片机选用型号 ZCS1。

百叶除尘机选用型号 YZ-1601A。

苇片料仓易发生搭桥现象，在现运行浆厂中，备料车间也有不设置苇片料仓的实例。

苇片输送设备一般情况下推荐使用带式输送机，运行可靠，维修方便。

当苇片向高处输送时可采用高架带式输送机，带式输送机两侧设置走道，其优点是造价低，设计周期短；不足之处是转折点需设置转运站。

（3）麦草浆备料主要设备特点

1）刀辊式切草机　这种切草机主要适用于麦草的切料。通常刀辊上装有3只与刀辊轴线成一定角度的刀片，与水平放置的固定底刀形成剪切机构，将喂料辊喂入的草束切成一定长度的草片。辊式切草机的构造较为简单，刀辊需经常更换，操作时尘埃飞扬较为严重。由于刀辊经常更换，刀辊式切草机喂料口又需有人照看，很难封闭，除尘设施效果不理想。采用刀辊式切草机需备用生产线。

目前使用较多的切草机有 10～12t/h 和 20～24t/h 两种规格，通常出切草机的草片长度规定为 30～50mm，合格率 80% 以上。

2）破碎机　此种设备是低转速、高扭矩、轴旋转式剪切破碎机，选用此种设备有以下优点。

① 所需人工少，设备全自动化操作，正常运行时不需要有人值守。

② 操作环境好，设备开包破碎原料时，低噪声、低粉尘、低热量产生。

③ 刀具抗磨性强，切麦草约 1500h 更换一次刀具，一套刀具可修复 3 次以上。

破碎机缺点是一次性投资高。

备料设备比较如表 2-11 所列。

表 2-11　备料设备比较

比较类别	刀辊式切草机	破碎机
操作环境	粉尘大,难封闭,难处理	粉尘极小,易处理
操作人员	专门操作人员	全自动运行,无需专门操作人员
劳动强度	劳动强度大,需专人或设备散草	劳动强度小,整包破碎,不需散草
维修保养	每班换刀,工作量大,故障率高	按规定保养,基本无需维修
运行成本	刀片损耗大,专门磨刀人员	可连续运转 1500h 以上
切草质量	合格率 80%	单级破碎 70%,两级破碎 90% 以上
产量	间歇运转,需要设置草片仓,影响产量	可连续运转,不需要设置草片仓
投资	投资少,磨刀要求低,企业自己可磨	投资多,磨刀要求高,需专业企业磨刀

由于传统刀辊式切草机切草时粉尘大，且难处理，工作条件极差，有的企业很难招聘到该岗位工人；刀辊式切草机每班都需要换刀、磨刀，增加劳动强度，综合比较，建议选用破碎机。

3）筛选除尘设备　麦草的筛选除尘设备主要有辊式除尘器（又称羊角除尘器）和锥形圆筛等。

① 辊式除尘器。由带有锥形齿棒的转鼓翻动弧形筛板上的草片，能够

有效地除去麦草中的尘土、砂砾、谷粒等杂物，为了提高筛选效果，一般使用 6～8 台串联。设备密封后，通过风机抽吸，减少了车间的尘土飞扬，一定程度上改善了工作环境。但具有设备占地面积较大、筛板易堵塞的缺点。一般采用筛孔直径为 6mm、8mm、10mm、12mm，一般前面筛孔孔径小、后面筛孔孔径大。一般筛除物占切草总量的 5%～10%。八辊除尘效率在 85% 以上。

②锥形圆筛。多为筛鼓不转动而内设搅拌推动装置。即圆筛的下部有筛板，圆筛中心轴上安装有呈螺旋状排列的搅拌叶片，或装有与筛鼓形状相应的锥形转籔，转鼓上装有呈螺旋状排列的叶片。草片从小端进入筛鼓内，由搅拌推动装置来疏散并推动草片前进，达到筛选除尘的目的。筛下的尘杂由下方的螺旋推进器送出，这种筛可两台并联或串联使用，制造、安装和操作较方便。适合含尘量较小的麦草，麦草水分不能太高，另外土建投资较大，近年来国内很少使用。

4）水力洗草机　水力洗草机是麦草湿法备料的关键设备，其主体结构类似于水力碎浆机，但槽体为球形，底部的散孔型筛板上附有耐磨齿板，其顶部设有除绳装置，底部设有重物扑集器，可整捆草料投入，借叶轮和水力的碎解作用将整草撕碎断裂，草叶碎解。为了提高净化效果，甚至脱蜡、脱出部分抽出物，可用温水，还可以加入少量 NaOH。

5）输送草片设备　风送麦草片每立方米空气输送 0.2～0.25kg，风速 1300～1500m/min，风压 200～250mmH₂O。

胶带输送机输送麦草要求倾斜角度≤18°。

埋刮板输送机适合倾斜角度大的情况。

草片输送设备比较如表 2-12 所列。

表 2-12　草片输送设备比较

序号	类别	风送	胶带输送	埋刮板输送
1	设备投资	少	一般	大
2	占地	小	大	小
3	动力	大	省	一般
4	设备维修	大	小	略大
5	对环境影响	易影响	小,室外需封闭	小
6	生产能力	小	大	大
7	对原料要求	含水量小	无要求	无要求

场地较大一般采用皮带输送机，场地面积比较紧张时可选用埋刮板输

送机，风送由于动力消耗大（皮带输送的 30～80 倍），管道易磨损，排风不良飞尘较多，基本不采用。

（4）蔗渣浆备料主要设备及特点

1）除髓设备　卧式除髓机主要是采用锤击式卧式除髓机，由转鼓、筛板及机壳等部分组成，转鼓上有呈螺旋状排列可以转动的飞锤，机壳上装有导向叶板。除髓机工作时，高速旋转的转鼓带动飞锤，将蔗渣击散，使蔗髓与纤维分离，分离出的蔗髓从筛底部的筛板（筛孔直径一般 $\phi8mm$）排出，除髓蔗渣从筛的末端排出。

立式除髓机是利用转鼓的高速旋转使进料蔗渣产生离心力的。靠离心力的作用，使蔗渣在筛网表面成螺旋状旋转而下，利用离心力和入鼓的鼓风气流分离蔗渣和蔗髓，筛板得到充分利用，蔗渣进、出口顺畅。在这个过程中，蔗渣片在鼓网上竖向移动，产生"搓"的效应，把蔗渣团搓散，便于蔗髓分离。

卧式除髓机和立式除髓机以前均有采用，现卧式除髓机经过改进后，有双转轴沸腾式改进型。新型沸腾除髓机采用两根转轴分别由与其连接的两台电机带动做相对旋转。转轴下面安有筛网，两根转轴在对转过程中对输送入除髓机的蔗渣进行打散、翻抛、吹动，蔗渣在机体中形成一种"沸腾"状态，髓料和蔗渣在这种状态下分离。除髓机耗电少，生产能力大，除髓率高，不易堵塞，运行稳定，维护简易，使用寿命长。目前国内糖厂蔗渣除髓都是采用卧式除髓机，立式除髓机已经不采用。

新型除髓机结构如图 2-12 所示。

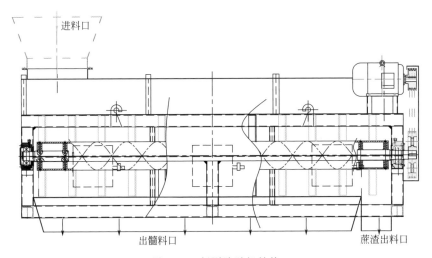

图 2-12　新型除髓机结构

2) 水力洗渣机 水力洗渣机底部有特殊的叶轮式转子及刀片，在动力驱动下转动的叶轮产生强烈涡流对蔗渣进行激烈搅拌，在蔗渣间的相互摩擦下蔗渣被充分松散，并溶出糖分，同时分离夹杂在蔗渣中的石子、金属、泥沙等重杂物，重杂物在离心力作用下掉入水力洗渣机底部经沉淀后进入杂物收集器。经洗涤净化后的蔗渣用蔗渣泵输送到斜螺旋脱水机。

2.1.2.6 本工段注意事项

竹子、芦苇、麦草备料生产线应设置在厂棚内，必要时四周封闭，降低噪声；削片或切草前应装备金属探测仪，备料车间应配备磨刀机；筛选除尘时粉尘浓度过大，建议对筛选除尘设备顶部和进出料口进行封闭，设集尘罩集中处理扬尘，这样做可大大减少扬尘量。

竹片削片必要时增加水管喷雾降尘。竹片洗脱水后仍然携带有不少水，也可配备刮板输送机进行进一步深度脱水。竹片料仓两端应设置料门，料仓设置排水设施，竹片料仓顶部湿气比较大，要设置通风换气设备。料仓螺旋出料器采用变频调速设置。

由于蔗髓松散轻抛，蔗渣除髓后需考虑蔗髓打包，便于送锅炉燃烧。蔗渣堆场设计需考虑设有清水管道，用于蔗渣喷淋；堆场地面考虑放坡，以便收集蔗渣喷淋酸性污水。由于蔗渣采用湿法散堆，堆场地面容易腐蚀，地面需考虑耐酸防腐；上料装车过程不可避免混入泥沙、石头等杂质，备料过程需要考虑砂石等杂质的分离。由于蔗渣备料过程产生酸性污水，备料设备及管道材料选择应注意与介质接触部分采用 SS316L。

原料输送栈桥应设置照明、消防、烟雾报警和紧急出口；输送地廊应设置照明、通风、排水、消防、烟雾报警和紧急出口。

2.1.2.7 备料 BAT/BEP 技术

竹浆漂白：备料采用干法备料。

芦苇、麦草、蔗渣漂白浆：备料采用干湿法备料，蔗渣要湿法堆存。

2.2 非木浆蒸煮 BAT/BEP 技术

2.2.1 概述

非木材原料蒸煮的方法主要采用化学法。

化学法制浆主要包括碱法（烧碱法和硫酸盐法）、亚硫酸盐法。

竹浆通常采用硫酸盐法，主要是竹子纤维壁薄，纤维的宽度与阔叶木纤维相似，细纤维的长度约为阔叶木浆的 2 倍，竹子的特性接近于阔叶木。硫酸盐法制浆其成浆强度好、碱回收率高，但因为蒸煮液含有硫，所以会产生臭气，需要在生产过程中进行收集处理。

芦苇、麦草、蔗渣大多采用烧碱法蒸煮。这些原料蒸煮较容易，Na_2S 的作用不突出，反而增加大气污染，增大漂白难度，所以大多数此类浆厂采用烧碱法制浆。

非木材蒸煮工艺分间歇蒸煮和连续蒸煮两大类，间歇蒸煮的设备有蒸球和立锅；连续蒸煮的设备有横管连蒸器和塔式连蒸器。

竹浆蒸煮 BAT/BEP 技术有间歇蒸煮和连续蒸煮。间歇蒸煮设备采用立锅，连续蒸煮设备采用塔式连续蒸煮器。塔式连续蒸煮在木浆蒸煮中已经非常成熟，在竹浆蒸煮中也有应用，但由于竹子不好浸泡，遇水会漂浮，下料容易搭桥，并且需要引进，投资相对较大，目前国内竹浆厂中仅有一家使用。本书中竹浆蒸煮采用低能耗、间歇、置换蒸煮工艺及设备。

苇浆、麦草浆、蔗渣浆蒸煮 BAT/BEP 技术采用横管连续蒸煮工艺。横管连续蒸煮器非常适合于质量轻、松散、容易搭桥堵塞、滤水性差而又较易成浆的非木材纤维原料，而且操作劳动强度低、用汽负荷均衡、蒸煮得率高、便于自动化控制。采用冷喷放操作，可以提高成浆强度，减少大气污染。

2.2.2　间歇蒸煮工艺（竹浆）

2.2.2.1　概述

间歇蒸煮是一种置换蒸煮技术，操作简单、电耗低，单台设备损坏不影响整条生产线的运行，蒸煮浆料比较均匀，是目前常用的蒸煮工艺。其缺点是上料及喷放系统较复杂。

置换蒸煮是在间歇式蒸煮器内利用置换循环黑液和扩散洗涤的原理，用蒸煮液或洗涤水置换蒸煮废液，把蒸煮废液连同热量置换出来，并实现冷喷放。置换蒸煮是将上一次蒸煮排出的黑液回用，可在大量脱木素阶段的末期将部分已经溶出的木素、半纤维素及抽出物移出蒸煮系统，并在可补充脱木素阶段补充蒸煮液，使黑液中的热能及化学品得到回用，使整个蒸煮过程的蒸煮条件趋于均衡，有利于提高制浆质量及生产效率。

置换蒸煮系统由锅顶装料系统、蒸煮锅、蒸煮药液置换循环系统、浆料喷放系统、排放汽处理系统、置换槽罐系统、热交换系统等组成。

2.2.2.2 工艺流程说明

由备料车间通过计量送来的合格料片从蒸煮锅顶部装入锅内，同时用80℃的稀黑液预浸，待料片和黑液装满锅后关上锅盖，然后分别用130℃和160℃的黑液依次顺序置换；在置换过程中使料片进行渗渍和升温，并按照工艺要求在置换过程中注入白液；当用高温黑液置换结束，锅内物料温度已升到150℃，大约有50%的木素被去除，并用蒸汽加热循环，使温度升至160℃，然后保温；当H-因子（是各蒸煮温度的相对反应速率常数与蒸煮时间的定积分）达到设定值后，即用洗浆来的稀黑液按照3台不同温度的黑液槽分别置换出浆料中的热量供下一锅使用，当浆料温度降至约90℃用泵送喷放锅贮存。置换出的温黑液经黑液过滤机过滤后送蒸发工段。

采取黑液置换冷喷放技术，进入喷放锅的浆料温度仅为90℃左右，因此不会产生大量的喷放排气（含恶臭性气体），少量低浓度废气（主要为H_2S、甲硫醇、二甲二硫醚等恶臭可燃物）经冷凝器冷凝后送至碱回收炉作为二次风燃烧，不外排。

图 2-13 中描述了置换蒸煮从装料到放料的整个过程。

a.装料片：常采用蒸汽装锅器装竹片，它可使料片在锅内分布更均匀，并提高装锅量，同时空气从中部循环篦子排出。

b.温黑液预浸：从温黑液槽泵送温黑液进入蒸煮锅，通过竹片，锅内空气排入常压黑液槽，待泵入的温黑液充满锅体后关闭锅顶阀门，继续泵入温黑液至锅内压力值至规定数值为止。竹片接触黑液时残碱很快被消耗。为此需加入一部分白液保持一定的 pH 值，以防止有机物沉淀。

c.热黑液置换：泵入热黑液，被置换出的温黑液通过篦子进入温黑液收集槽。

d.补充热白液：需要补充的白液加热后与热黑液混合，一起泵送进蒸煮锅。这时浸渍过的竹片开始进入真正的脱木素过程。置换出来的热黑液排至温黑液槽。

e.加热蒸煮：蒸汽直接通入循环管内的循环液加热升温至最高温度。这个步骤一般只需要温度提升 10~15℃，便达到最高蒸煮温度。因此，可使蒸汽消耗量最少，升温时间也很短。

f.保温：根据温度和压力确定反应时间，控制 H-因子。此时蒸煮液不需循环，特别是在浸渍阶段竹片已经浸渍很均匀的情况下。

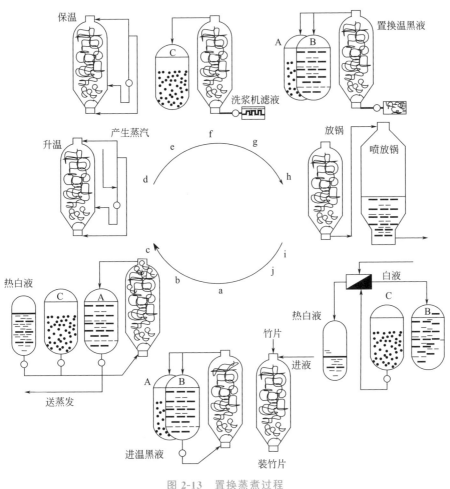

图 2-13 置换蒸煮过程

A—常压黑液槽；B—温黑液槽；C—热黑液槽

g.通稀黑液：当蒸煮反应达到预期的终点时，将稀黑液（来自洗浆系统）泵送进蒸煮锅置换出热黑液（蒸煮残液）。热黑液从顶部引入热黑液槽。

h.终点置换：当蒸煮反应达到预期的终点时，将温黑液（来自洗浆系统）泵送进蒸煮锅置换出热黑液（蒸煮残液）。热黑液从顶部引出进入压力收集槽。根据排出量和黑液的温度，继续排至温黑液槽或常压黑液槽。常压黑液槽过剩的黑液送碱回收蒸发系统。温黑液槽和热黑液槽中的黑液供以上所述的循环装置置换用。置换过程同时也完成一个纸浆洗涤过程。

i.放锅：经过温黑液降温的纸浆（＜100℃），用浆泵抽出送入喷放锅，或者通入压缩空气进行喷放。

j. 碱回收系统来的白液用部分热黑液进行热交换后再通少量蒸汽，使其达到热白液温度，贮于热白液槽备用。热交换后的那部分热黑液送到温黑液槽备用。

2.2.2.3 主要工艺技术指标

主要工艺技术指标如表 2-13、表 2-14 所列。

表 2-13　间歇蒸煮主要工艺技术指标

序号	名称	单位	数据	备注
1	年工作日	d	340	
2	日工作时间	h	24	
3	装锅量	kg/m³	190	
4	用碱量[以 AA. Na₂O(活性碱)对绝干竹材计]	%	18～19	
5	硫化度	%	20	
6	粗浆得率	%	48	
7	蒸煮卡伯值		18～20	
8	蒸煮最高压力	MPa	0.75	
9	蒸煮最高温度	℃	165	
10	节子+浆渣量	%	≤1	
11	粗浆的黏度	dm³/kg	≥1100	
12	送蒸发黑液固形物浓度	%	≥14	
13	送蒸发黑液温度	℃	85	
14	送蒸发黑液量	m³/adt	≤11.5	
15	送蒸发黑液中纤维含量	ppm	≤30	

注：1.1ppm=10^{-6}，下同。
2.adt 指吨风干浆，下同。

表 2-14　原料、能源消耗表

序号	名称	单位	单位产品消耗量	备注
1	合格竹片	t	2.23	以风干计
2	蒸煮用碱	t	0.4	以 AA. Na₂O(活性碱)计
3	电	kW·h	90	
4	汽	t	0.85	

注：单位产品消耗定额以每吨风干浆计。

2.2.2.4 主要设备选择

目前竹浆置换蒸煮工艺已在国内多家竹浆厂成功应用，不同产能的竹浆间歇蒸煮设备选型见表 2-15。

表 2-15 竹浆间歇蒸煮设备选型

序号	设备名称	型号及规格			单位	数量	备注
		300adt/d	450adt/d	600adt/d			
1	蒸煮锅	$250m^3$	$275m^3$	$330m^3$	台	3	
		—	$190m^3$	$275m^3$	台	4	
2	喷放锅	$1500m^3$	$1500m^3$	$1500m^3$	台	1	
3	回收槽	$800m^3$	$1250m^3$	$1380m^3$	台	1	
4	热黑液槽	$800m^3$	$800 m^3$	$900 m^3$	台	1	
5	温黑液槽	$800m^3$	$800 m^3$	$900m^3$	台	1	
6	冷黑液槽	$900m^3$	$1250m^3$	$1400m^3$	台	1	
7	热白液槽	$160m^3$	$160m^3$	$200m^3$	台	1	
8	冷白液槽	$230m^3$	$230m^3$	$280m^3$	台	1	
9	放锅泵	$Q=1600m^3$, $H=25\sim32m$	$Q=2100m^3$, $H=25\sim32m$	$Q=2500m^3$, $H=40\sim43m$	台	1	变频
10	蒸煮锅循环泵	$Q=1000m^3$, $H=28\sim36m$	$Q=1000m^3$, $H=28\sim36m$	$Q=1300m^3$, $H=40m$	台	3	
11	滤液冷却器	水冷却黑液			台	1	
12	温黑液冷却器	水冷却黑液			台	1	
13	黑液/白液热交换器	黑液加热白液			台	1	
14	白液加热器	蒸汽加热白液			台	1	
15	黑液过滤机	$\phi0.1mm$,纤维含量低于 30ppm			台	1	

2.2.2.5 主要设备描述及特点

(1) 蒸煮锅

蒸煮锅通常是圆柱形的,有一个锥形底和半球形的或锥形的圆顶锅体,外敷保温层。它的容积随工厂的规模而变化,一般为 $70\sim400m^3$。蒸煮锅主要由锅体、循环系统及支座等组成。蒸煮锅按照加热方式的不同可分为直接加热强制循环和间接加热强制循环两种。国内浆厂多采用间接加热强制循环,并辅以直接加热的方法。间接加热能保持锅内稳定的液比和较高的药液浓度,有利于缩短蒸煮时间,保证纸浆质量的均匀;同时蒸煮后得到的黑液浓度较高,有利于降低碱回收系统的蒸汽消耗量。此外,装锅时可借助药液强制循环装置增加装锅量,从而提高蒸煮锅的单锅产量。

硫酸盐法蒸煮锅常用的间接加热循环系统有两种形式，分别是圆筒下部抽液循环系统和中部抽液循环系统。

蒸煮锅的高度、直径及上、下锥角的大小是蒸煮锅外形尺寸的重要指标。高度与直径的比值过大，会使一定锅容的蒸煮锅过高，增大厂房基建投资；而比值过小，则容易造成循环药液在整个锅截面上分布不匀，甚至形成串流。通常高度与直径的比值取 3.3～4.0。蒸煮锅的上锥角一般取 90°左右，下锥角为 60°左右。上、下锥角对装料、放浆、送液和通汽等有一定的影响，如上锥角过大，则锅顶原料难以压紧，降低装锅量；下锥角过大则容易造成浆料"搭桥"，使放料困难，且直接通汽时，加热不均匀；如上、下锥角太小，同样使锅高增大。

（2）装锅器

装锅器分蒸汽装锅器和机械装锅器两种。可以提高料片的装锅密度，改善料片在锅内的分布，提高料片温度，排除其中所含的部分空气。

（3）放锅泵

由于喷放前的热回收过程中蒸煮液的热能进入槽区，使得喷放时没有压力，因此蒸煮锅内的浆料不像传统蒸煮一样"喷放"或快速排出，新的间歇蒸煮采用放锅泵抽浆的方式放锅。随着喷放的进行，蒸煮锅内的液位下降，浆料浓度波动和浆料絮团的趋势更加频繁，导致放锅泵的抽浆工况不停地波动，需要变频调速，随工况变化。离心浆泵，泵轴、叶轮以及泵壳一般用耐热碱的不锈钢制造。

（4）药液循环泵

药液循环泵一般采用双吸式离心泵，叶轮转速不高，扬程一般为 30～40m，因为所需压头仅用于克服循环管路和加热器阻力以及不太大的送液高度。泵的输送能力应能使锅内药液每小时循环 8～12 次。循环泵承受的压力略高于锅内压力，为 9～1.2MPa，故材料、泵壳壁厚应按此条件确定。泵轴、叶轮以及泵壳一般用耐热碱的不锈钢制造。泵轴一般用水冷填料函密封，也有采用双端面机械密封。为补偿管路由于温度反复变化而发生的伸缩，循环泵可安装在弹性基础版上，或在循环管路上装设温度补偿装置。

（5）加热器

常用的碱液加热器有列管式和板壳式两种类型。目前国内多使用列管式，而新型的循环系统则多用板壳式。

2.2.2.6　工艺流程简图

工艺流程简图如图 2-14 所示。

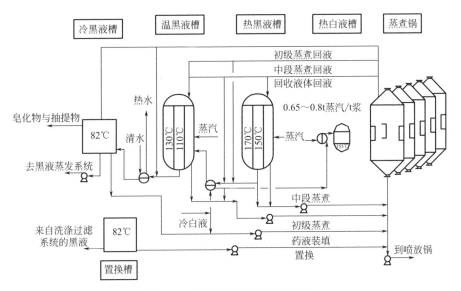

图 2-14　间歇蒸煮工艺流程简图

2.2.2.7　本工段注意事项

喂料装锅系统流程布置合理，保证每个蒸煮锅均匀、稳定地装锅。

蒸煮液循环泵及循环管布置合理，保证药液循环均匀，同时避免循环管道震动问题。

放锅泵及放锅管道、稀释液管道布置合理，保证喷放稳定，防止喷放管道堵塞。

硫酸盐法制浆工艺会有少量低浓废气（主要为 H_2S、甲硫醇、二甲二硫醚等恶臭可燃物）经过冷凝器冷凝后送至碱回收炉作二次风、进入碱炉不外排。

2.2.3　横管连续蒸煮工艺（芦苇、麦草、蔗渣）

2.2.3.1　概述

横管连续蒸煮相对蒸球一次性投资较高，但具有产量高、成浆质量好且均匀、自动化程度高、蒸煮时间短、药品消耗少、粗浆得率相对较高、运行费用较低等优点。蒸煮最高温度 170℃、蒸煮时间 15～30 min、蒸煮最高压力 0.7 MPa、吨浆消耗蒸汽 1.8～2.0t。采用该技术粗浆得率约为 50%，较传统间歇蒸煮技术提高 1%～2%，适用于年产 $5×10^4$ t 以上的芦苇、麦草、蔗渣制浆企业。

2.2.3.2 工艺流程说明

干法备料后的合格料片送至水力洗草机。然后经过料片泵送至脱水螺旋脱水，再次进入回料螺旋，料片经回料螺旋的第一个出料口并通过销鼓计量器，定量地进入连续蒸煮系统，约 5% 的剩余料片通过回料螺旋的第二个出料口返回湿法备料碎草机里。

恒定量的料片在预汽蒸螺旋中用蒸汽预热至 85℃ 左右，料片中的空气得以排除。料片连续均衡地送入螺旋进料器中，料片被挤压并形成料塞之后进入带压的 T 形管。物料进入 T 形管后马上膨胀并吸收药液和蒸汽，然后进入蒸煮管中进行蒸煮反应，同时保证蒸煮管中蒸煮温度稳定。料片蒸煮成浆后，经中间管在立式卸料器中与稀黑液混合，使温度降至 95℃、浓度为 5%～6%，喷放至喷放锅内贮存。采取黑液置换冷喷放技术不会产生大量的喷放排气。

2.2.3.3 主要工艺技术指标

年产 $1.0×10^5$ t 的非木浆横管连续蒸煮主要工艺技术指标见表 2-16。

表 2-16　年产 $1.0×10^5$ t 的非木浆横管连续蒸煮主要工艺技术指标

序号	名称	单位	数据			备注
			苇浆	麦草浆	蔗渣浆	
一			工作制度			
1	年工作日	d	340			
2	日工作小时	h	24			
二			蒸煮条件			
3	蒸煮用碱量	%	11～12			以 Na_2O 计
4	液比		(1∶3)～(1∶4)	1∶(3～4)	1∶3.5	绝干料片计
5	蒸煮最高压力	MPa	0.7			
6	蒸煮最高温度	℃	170			
7	蒸煮时间	min	25～30	25～30	25～35	
8	粗浆硬度	卡伯值	15～17	14～16	12～15	
9	粗浆得率	%	50	50	53	

续表

序号	名称	单位	数据			备注
			苇浆	麦草浆	蔗渣浆	
三		原辅材料及动力消耗(单位产品消耗以吨风干浆计)				
10	合格料片	t	约2.2	约2.0	约2	风干
11	蒸煮用碱量	kg	240~280	约280	约300	以 NaOH 计,100%
12	水	t	14(循环水)	约15(循环水)	约15(循环水)	
13	电	kW·h	约105	约110	约105	含湿法备料
14	汽	t	约1.8	约1.8	约2.0	

2.2.3.4 主要设备选择

年产 1.0×10^5 t 的非木浆横管连续蒸煮主要设备见表2-17。

表 2-17 年产 1.0×10^5 t 的非木浆横管连续蒸煮主要设备

序号	设备名称	型号及规格	单位	数量	备注
1	重杂质分离器	$13.5m^3$	台	1	
2	水力洗涤机	$90m^3$	台	1	
3	斜脱水螺旋	$2\times\phi900mm\times5000mm$	套	1	
4	回料螺旋	$\phi800mm\sim1000mm$	台	1	
5	销鼓计量器	$\phi551mm\times2\sim\Phi730mm\times2$	套	1	
6	螺旋输送机	$\phi900mm\sim1000mm$	台	1	
7	螺旋喂料器	28″	台	1	
8	T形管	$\phi1200mm\times2500mm$	台	1	
9	蒸煮管	$\phi2100mm\times10000mm$	套	1	5 根
10	中间管	$\phi1200mm\times2400mm$	台	1	
11	立式卸料器	$\phi1000mm\times2900mm$	台	1	含喷放阀
12	喷放锅	$500m^3$	台	1	

2.2.3.5 主要设备描述及特点

(1) 螺旋喂料器

螺旋喂料器是连蒸系统的关键设备;其机理是料片在重力的作用下掉入螺旋喂料器的进料箱,料片在螺旋轴的推动下受变径变距螺旋及锥管的压缩,在与 T 形管相接的进料口处形成料塞,达到汽液封堵的目的,防止反喷。

压缩后的料片形成的料塞干度大于 40％以满足工艺要求。

螺旋喂料器在与"T"形管相接的进料口处由气压装置构成防反喷装置，以备在工艺及设备进料异常情况下使用。

螺旋喂料器的喂料螺旋的压缩比根据物料特性及工艺要求设计决定。锥管内设有防滑条，保证造塞质量。

（2）T 形管

T 形管是连接螺旋喂料器和蒸煮管的关键设备，物料、药液、蒸汽均由此按比例进入蒸煮器，并充分混合。并配置有一套由气缸和锥体密封装置组成的防反喷装置，可以有效地保证料塞和蒸煮器内部的压力达到动态平衡。

（3）蒸煮管

蒸煮管是横管连续蒸煮器的主体部件。蒸煮管设计压力 1MPa，设计温度 185℃，物料与同时进入 T 形管的蒸煮液及蒸汽接触后，连续地进入蒸煮管，开始蒸煮过程，在蒸煮管上配有蒸汽管，高压蒸汽从蒸汽管的止逆阀口不断地进入蒸煮管内，直到蒸煮管的温度满足蒸煮要求。主要脱木素阶段是在蒸煮管中完成。

蒸煮管的传动链轮通过减速机按设定的速度转动，将物料缓慢推向出口并进入下一根蒸煮管，螺旋轴配有不等径，不等距特制的螺旋叶片，使蒸煮管的填充系数最大可达到 75％，在推进过程中，螺旋能使蒸汽、药液和物料充分混合，起到良好的搅拌作用，减少浆的生熟不均现象。蒸煮一定时间后的浆料，由蒸煮管末端进入中间管和卸料器。

（4）立式卸料器

立式卸料器是将蒸煮后的物料纤维悬浮物液体经过搅拌均匀地通过喷放阀输送到喷放锅中，且与中间管配合使用可很方便地控制液位，达到均衡卸料的目的。

2.2.3.6 工艺流程简图

横管连续湿法备料、蒸煮典型工艺流程简图见图 2-15。

2.2.3.7 本工段注意事项

保证料片喂料的连续和稳定，主要由回料螺旋及销鼓计量器控制。

保证形成稳定的料塞，防止由于螺旋磨损、来料中断等情况引起料塞不紧密而发生的蒸汽反喷，主要由 T 形管装的防反喷保护装置控制。

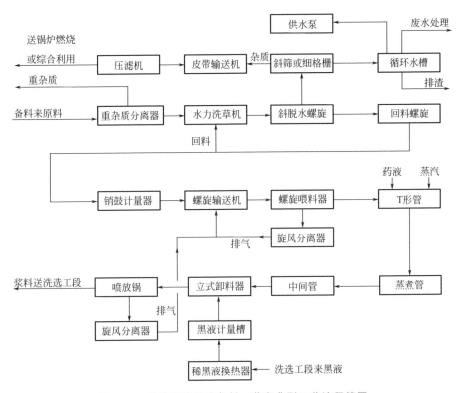

图 2-15　横管连续湿法备料、蒸煮典型工艺流程简图

　　浆料冷喷放，在中间管、卸料器加入洗浆送来的稀黑液将浆料冷却到100℃以下，喷放到喷放锅中。采用冷喷放优点：节省蒸汽，提高浆料物理强度，降低废气排放。

2.3　非木浆粗浆的洗涤、筛选与漂白 BAT/BEP 技术

2.3.1　洗涤、筛选

2.3.1.1　概述

（1）纸浆的洗涤

　　① 洗浆的目的是将纸浆充分洗净的同时，提取较高浓度及温度的蒸煮黑液。把蒸煮后浆料中的黑液与纤维分离的过程称作黑液提取，也叫纸浆的洗涤。

黑液提取要求用尽可能少的水提取尽可能高浓度和温度的黑液，以减少蒸发站的用汽量，提高蒸发器生产浓黑液的能力。同时要求尽量把浆洗涤干净，以减少精选用水量和漂白工段耗用额外的漂液量，减少中段污水处理污染物 COD_{Cr} 及 BOD_5 负荷，从而降低污水处理工程投资及运行费用。

② 洗涤方式。为减少新鲜水的消耗和水污染物排放，提高蒸煮黑液的综合利用率，企业应采用高效的多段逆流洗涤技术或挤浆＋多段逆流洗浆技术。

（2）纸浆的筛选

① 筛选和净化的目的是除去纸浆中对造纸有害的未蒸解物、纤维束、节子、砂石、橡胶、塑料等不符合质量要求的组分。

除去尺寸较大的杂质称为粗选，除去与纤维相对密度相近而尺寸较大的纤维束等杂质称为精选。除去相对密度不同的杂质称为净化。筛选净化的基本要求是筛选净化的效率高，尾渣损失少，水耗和能耗低，设备、流程简单，操作维护方便，运行和维护费用少。

② 筛选方式。现代化的制浆系统一般采用封闭筛选，封闭筛选是指用水完全封闭的粗浆筛选系统。通常是组合在粗浆洗涤系统中，筛选过程原浆没有跟外界空气接触，使用洗浆机滤液作为系统稀释用水，筛选后的滤液最终进入碱回收系统。封闭筛选有浓度高（1.5％～3.5％）、无泡沫产生、水完全封闭、运行稳定、电耗低、占地面积小等优点。

筛选系统一般采用一级多段封闭筛选流程。筛选的段数设置与浆质量、投资、运行成本等因素相关，段数少时得到的浆质量较好，但好纤维随浆渣排出的量大，原料消耗高。段数多则可以尽可能多地回收好纤维，但也存在部分杂质在系统内循环影响浆质量，且设备投资和动力消耗大等问题。因此，流程设计需要综合考虑，做出比较合理的配置。

（3）氧脱木素

氧脱木素是蒸煮脱除木素过程的延伸，目的是在温和的条件下（温度90～120℃、反应塔顶压力 0.3～0.4MPa）进一步脱除木素，降低纸浆的卡伯值，同时保持较高的纸浆得率和黏度，而且纸浆白度稳定、脱水性能好。经过氧脱木素段处理，单段氧脱木素的残余木素脱除率可达 40％～50％，两段氧脱木素的木素脱除率可达 50％～70％，脱除效果视原料情况和蒸煮工艺情况，但基本原则是经过氧脱木素后可使浆料的硬度卡伯值降低到 10 以下。根据我国目前各类浆种的蒸煮情况，苇浆、麦草浆和蔗渣浆选用单段氧脱法，竹将可选用一段氧脱法也可用两段氧脱法。

氧脱木素是降低漂白中段污水污染的关键，氧脱木素（O段）废液可直接逆流回用至洗涤系统，进入碱回收系统。氧脱木素可以进一步降低纸浆的卡伯值，以满足漂白的要求，降低漂白段化学品的消耗，减轻污水处理负荷；且具有纸浆得率和黏度较高、白度稳定、脱水性能好等优点。

2.3.1.2 工艺流程说明

考虑粗浆中带有节子/砂石、塑料绳和未蒸解的纤维束等杂质，对洗浆设备的安全构成威胁，宜在洗浆前去除，所以将除节机布置于洗浆机前；筛选系统是放在洗浆前还是在洗浆后，主要取决于洗浆设备，通常选用双辊洗浆机洗浆时筛选系统放在洗浆前，较多未蒸解的纤维束及节子等可以更好地去除，保护双辊洗浆机，缺点是浆料得率略低。选用鼓式真空洗浆机洗浆时，筛选放在洗浆和氧脱工段后面，这样纤维损失少，浆料得率略高。

洗涤流程宜采用四段逆流洗涤。由蒸煮工段喷放锅送来的粗浆稀释到2.5%送到压力除节机，除节后的良浆送真空洗浆机组（4台串联）进行逆流洗涤，压力除节机排出的节子经洗涤器对纤维进行回收。洗涤后的浆料进行氧脱木素处理，浆料进入氧脱段中浓泵，通过蒸汽混合器、氧气混合器后，浆料被送到氧反应器进行反应，反应结束后喷放入喷放锅。浆料在喷放锅底部被稀释，再进入筛选系统。

氧脱木素喷放锅出来的浆料经泵送入高浓除砂器后进入一段筛，良浆送至2台串联洗浆机组进行洗涤浓缩后送至未漂白浆塔贮存，供漂白工段使用。一段压力筛的尾浆经泵送至二段压力筛，良浆返回氧脱木素段，浆渣送至除砂器及三段压力筛，以回收纤维并去除砂石。

2.3.1.3 主要工艺技术指标

非木浆洗涤、筛选与氧脱木素主要工艺技术指标见表2-18。

表 2-18　非木浆洗涤、筛选与氧脱木素主要工艺技术指标

序号	名称	单位	指标				备注
			竹浆	苇浆	麦草浆	蔗渣浆	
一	洗选工段						
1	黑液提取率	%	≥95	90~92	≥85	88~92	
2	除节机进浆浓度	%	约3.0	约3.0	约2.5	约2.5	
3	一段筛进浆浓度	%	约2.5	约2.5	2~3	约2.5	

续表

序号	名称	单位	指标				备注
			竹浆	苇浆	麦草浆	蔗渣浆	
一			洗选工段				
4	选后细浆得率	%	98.5	96	约96	97～98	
二			氧脱木素工段				
5	进浆浓度	%	10～12	10～12	8～12	10～12	
6	反应温度	℃	100	100	95～100	100	
7	反应时间	min	60	60	30～60	60	
8	碱液用量	kg/admt	22	22	15～20	约20	以100% NaOH 计
9	氧气用量	kg/admt	20	20	15～25	20～25	以100% O_2 计
10	氧脱木素得率	%	97.5	97.5	约97	97.5～98	
11	氧脱后浆的卡伯值	卡伯值	8～9	8～9	7～9	7～8.5	
三			动力消耗				
12	电	kW·h	约90	约100	约120	约100	
13	蒸汽	t	0.25	0.25	0.35～0.45	0.35～0.45	

注：1. 单位产品消耗定额以每吨风干浆计。

2. kg/admt 为千克/风干公吨。

2.3.1.4 主要设备选择

非木浆洗涤、筛选与氧脱木素主要设备见表2-19和表2-20。

表2-19 竹浆洗涤、筛选与氧脱木素主要设备

序号	设备名称	型号及规格			单位	数量	备注
		300adt/d	450adt/d	600adt/d			
一		洗选工段					
1	真空洗浆机组	转鼓面积 60 m²	转鼓面积90m²	转鼓面积120m²	台	4	串联
2	压力除节机	孔筛,孔径 8mm,筛选面积 0.6m²	孔筛,孔径 8mm,筛选面积 0.9m²	孔筛,孔径 8mm,筛选面积 1.2m²	台	1	
3	一段压力筛	缝筛,筛缝 0.2mm,筛选面积 1.4m²	缝筛,筛缝 0.2mm,筛选面积 2.1m²	缝筛,筛缝 0.2mm,筛选面积 3.25m²	台	1	
4	二段压力筛	缝筛,筛缝 0.2mm,筛选面积 0.2m²	缝筛,筛缝 0.2mm,筛选面积 0.5m²	缝筛,筛缝 0.2mm,筛选面积 0.9m²	台	1	
5	三段压力筛	缝筛,筛缝 0.22mm,筛选面积 0.1m²	缝筛,筛缝 0.22mm,筛选面积 0.2m²	缝筛,筛缝 0.22mm,筛选面积 0.3m²	台	1	

续表

序号	设备名称	型号及规格			单位	数量	备注
		300adt/d	450adt/d	600adt/d			
二		氧脱木素工段					
6	氧脱反应塔	150m³	200m³	252m³	座	1	
7	氧脱喷放锅	50m³	80m³	80m³	座	1	
8	氧脱洗浆机	转鼓面积 60m²	转鼓面积 90m²	转鼓面积 120m²	套	2	串联
9	未漂浆塔	850m³	850m³	850m³	座	2	

表 2-20　苇浆、麦草浆、蔗渣浆洗涤、筛选与
氧脱木素的主要设备选择

序号	设备名称	型号及规格	单位	数量	备注
一		洗选工段			
1	鼓式真空洗浆机组	转鼓面积 120m²	台	4	串联(麦草浆要两列并联)
2	压力除节机	孔筛 0.6mm	台	1	
3	压力筛	缝筛,筛缝 0.25mm	台	3	
二		氧脱木素工段			
4	氧脱反应塔	120~150m³	座	1	
5	氧脱喷放锅	50~90m³	座	1	
6	氧脱洗浆机	转鼓面积 120m²	台	2	2台串联(麦草浆要两列并联)
7	未漂浆塔	850m³	座	2	

2.3.1.5　主要设备描述及特点

浆料的洗涤、筛选设备主要包括洗浆机、压力除节机、压力筛等。

（1）洗浆机

目前运行的非木浆生产厂中，大部分都是采用鼓式真空洗浆机作为洗涤设备，它具有过滤、扩散、置换等作用，是目前国内作为黑液提取最为成熟的设备，设备运行可靠，操作方便，节省投资，兼有过滤、扩散、置换的作用。洗浆机转鼓的整个鼓面分为数个格室，每个格室通过滤液流道与阀座端面的对应格室相连，阀芯将整个端面分为真空区、剥浆区和排气区。转鼓在盛有浆料的槽体内旋转，每转一周，每个排液口先后通过真空过滤区、剥浆区和排气区，由于真空抽吸作用浆料中的液体从滤液流道、分配阀抽走，浆料吸附在鼓体外表面，由刮刀剥落，实现浆料的吸滤、剥浆和排气过程。

工艺条件：进浆浓度 1.5%～2.5%；出浆浓度 8%～12%；水腿直径与滤液在水腿管内的流速详见表 2-21；真空度 26.7～40.0kPa；真空产生强制真空、自然真空（水腿作用）；过滤面积可达 120m^2，单位面积生产能力为竹浆 4.0～6.0t 风干浆/（m^2·d），芦苇 2.5～3.0t 风干浆/（m^2·d），麦草 1.2～2.0t 风干浆/（m^2·d），蔗渣 2.5～3.0t 风干浆/（m^2·d）（提取段取下限，漂白段取上限）。

表 2-21　水腿直径与滤液在水腿管内的流速

水腿直径/mm	150	250	350	450	600
滤液流速/(m/s)	1.4～2.1	1.7～2.5	2.1～3.2	3.1～4.2	3.8～5.0

注：表中数据出自芬兰 JAAKKO POYPY 的资料。流速下限用于提取与氧脱段浆料的洗涤，上限用于漂白段浆料的洗涤。

双辊挤浆机集过滤脱水、置换洗涤、压榨脱水多功能于一体，出浆浓度较高，可达到 25%～30%，单台提取率高，主要用于木浆和竹浆洗涤，设备布置紧凑，所需厂房面积少，但是设备本体投资较贵。竹浆厂由于原料的限制，规模都在 (1.0～2.0)×10^{5}t，在竹浆洗涤上运用并不普遍。

（2）压力除节机

压力除节机实质上就是一种压力筛。图 2-16 为某公司压力除节机外形简图。浆料以切线方向从上部进入，重杂质离心分离后从重质捕集器排出，浆料通过筛孔从外往内流，从底部排浆口排出。良浆一侧的旋翼产生

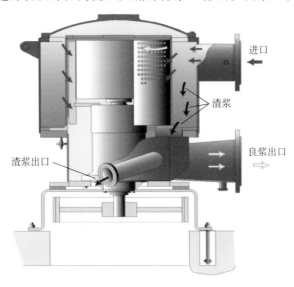

进口

渣浆

良浆出口

渣浆出口

图 2-16　压力除节机外形简图

压力脉冲以保持筛孔畅通；同时，转子的作用并未打破木节，在筛板外侧的木节稀释和洗涤后由排渣口排出。压力除节机是全封闭的，操作环境好，不会造成热量和废液的损失，除节效果又好，已普遍被现代化浆厂所采用。

竹浆压力除节机一般采用 ϕ8mm 孔筛，苇浆、麦草浆、蔗渣浆压力除节机一般采用 ϕ6mm 孔筛，进浆浓度通常为 1.5%～3.5%。良浆经筛缝进入筛鼓，粗渣阻留在筛鼓外。良浆在进出口压差作用下从底部出口排出，送往洗浆工段。除节机可以单独放在洗浆前，也可以放在压力筛前配套使用。

压力除节机主要技术规格及参数如表 2-22 所列。

表 2-22 压力除节机主要技术规格及参数

筛鼓直径/mm	ϕ450	ϕ600	ϕ800
筛选浓度/%		1.5～3.5	
筛孔规格/mm		ϕ5、ϕ6、ϕ8	
生产能力/(t/d)	40～70	80～200	150～360

（3）压力筛

筛选设备目前应用最广、筛选效率较高的为压力筛，压力筛的操作是基于通过筛网将杂质排除的原理，将大块的、不能通过筛缝或筛孔的杂质分离。压力筛由筛鼓、转子、外壳、传动装置组成，浆料采用压力进浆。转子造成的涡流速度产生混合作用在筛鼓表面形成湍流；同时，转子被设计成可以通过旋翼产生强烈的负脉冲。这种湍动和转子的抽吸力可以保证筛鼓不堵塞。非木浆的压力筛一般采用 0.15～0.3mm 缝筛，进浆浓度为 2.5%左右。

压力筛主要技术规格及参数如表 2-23 所列。

表 2-23 压力筛主要技术规格及参数

筛选面积/m²	0.3	0.5	1.2	2	3	4
筛选浓度/%			1.5～3.0			
筛缝规格/mm			0.15～0.3			
生产能力/(t/d)	15～40	25～65	60～160	100～260	150～400	200～520

2.3.1.6 洗选氧脱工艺流程简图

非木浆洗涤、筛选与氧脱木素工艺流程简图见图 2-17。

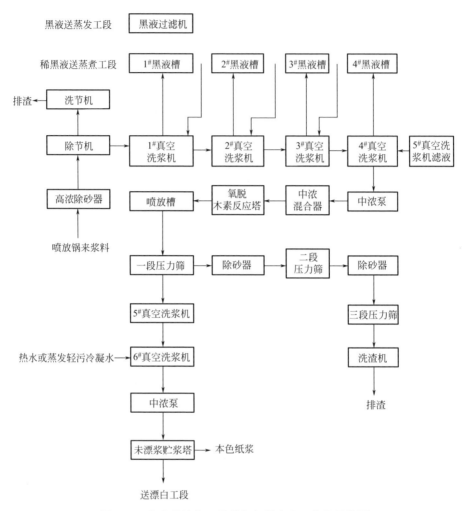

图 2-17 非木浆洗涤、筛选与氧脱木素工艺流程简图

2.3.1.7 本工段注意事项

浆料洗涤设备，目前国内较为常用的是鼓式真空洗浆机，具有洗涤效果好、投资少等优点，但是，真空洗浆机布置时一定要保证水腿的真空度，所以设计时真空洗浆机要布置的楼层高一些，水腿出水后有一段直管段以保证真空洗浆机的真空度和洗浆效果。通常建议布置楼层不低于12m，保证洗浆机水腿管的有效长度在9m以上。滤液在管内的流速推荐选用1~3m/s，以保证气液混合体迅速地流动抽走管路中的气体。水腿管尽量垂直安装，避免采用水平段，减少弯头数量，以减少阻力。若因场地

限制不能垂直安装时，则水平段始端与分配阀之间需有一段 3m 以上的垂直管段。水平段始端到末端的管道要保持 1°的坡升切线进到滤液槽的套筒内，滤液槽顶部配置呼吸阀，避免滤液槽被抽瘪。

氧脱木素反应塔送浆料进氧脱喷放锅时带一定的压力，喷浆对氧脱喷放锅进浆管对面的锅壁冲击比较厉害，建议做局部不锈钢补强。氧反应塔结构形式为细长型，为了防止塔震动厉害，建议与周围构筑物或者塔槽做局部拉强。中浓泵出口中浓浆管线震动较大，需要做混凝土支墩对管线进行固定和滑动支撑。

设备检修时需要拆卸的管段以及生产上需要拆卸清洗和容易被介质沉积或堵塞的管道（例如纸浆、粗浆及各种泥渣管），可在弯头、三通等管件采用法兰连接，并在直管段每隔 6～9m 装设法兰。

洗涤过程真空洗浆机会产生热汽，硫酸盐法制浆工艺会含有恶性因子 H_2S、甲硫醇等，需采取水封洗涤塔吸收废气，处理后的废气送至碱回收炉作二次风。氧脱木素反应塔喷放浆料至喷放锅时有大量带细小纤维的水汽产生，可配置冷却洗涤设备，水汽先经冷却后再经喷淋洗涤排入大气。产生的其他尾气，包括滤液槽、除节机等排气需全部收集后送入涤气塔，洗涤后的尾气送至碱回收炉作二次风。

2.3.1.8 洗涤、筛选 BAT/BEP 技术

漂白竹浆、芦苇浆、麦草浆、蔗渣浆采用多段逆流真空洗浆＋封闭筛选＋氧脱木素可达到较高的清洁生产水平。

2.3.2 漂白工艺

2.3.2.1 概述

漂白是指除去残余木素和其他有色杂质产生的纸浆颜色的化工过程，是纸浆化学纯化和改良的过程。纸浆的光学性质通过除去能吸收可见光的组分或减少其光吸收能力而改变。纸浆漂白在制浆造纸生产过程中占有重要的地位，与纸浆和成纸的质量、物料和能量消耗及对环境的影响有密切的关系。

按照漂白所用的化学品来分类，纸浆漂白可分为含氯漂白（包括氯、次氯酸盐和二氧化氯）和含氧漂白（氧气、臭氧、过氧化氢、过氧酸等）。元素氯漂白工艺是公认的造纸行业二噁英产生的主要来源。

研究表明，在使用含氯漂白剂的传统漂白工艺中，二噁英类污染物主

要产生于纸浆的氯化阶段。氯化过程中，浆中残余木素通过加成、取代、置换等反应过程，形成大量的有机氯化物（AOCl）。有机氯化物中的氯苯类和氯酚类物质是形成二噁英的关键前驱物，直接影响二噁英类物质的产生量。在漂白过程中氯酚类物质则是生成 TCDD 和 TCDF 的前驱物。

图 2-18 是两种非常有代表性的有机氯（二噁英和呋喃）分子结构式和纸浆含氯漂白中产生二噁英的机理。

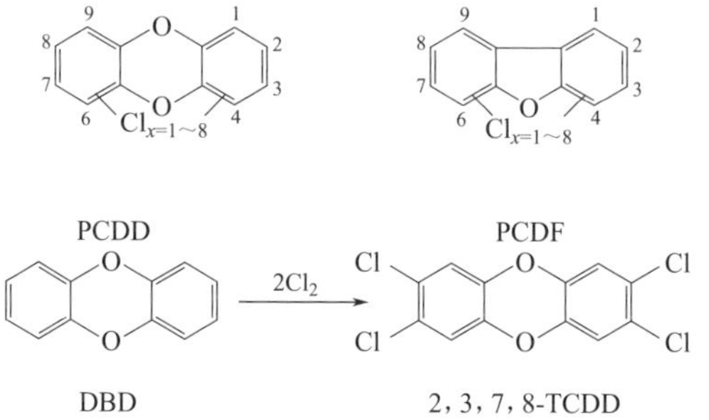

图 2-18　二噁英和呋喃分子结构式和纸浆含氯漂白中产生二噁英的机理

传统的 CEH 漂白由氯化（C）、碱抽提（E）、次氯酸盐漂（H）三段组成。由于该方法使用了含元素氯的漂剂，因此会产生大量的氯化污水，污水中含有致癌和致变性质的 AOX，产生量在 3～4kg/t 浆，个别企业超过 7kg/t 浆。

随着人们对传统 CEH 含氯漂白危害性认识的提高以及世界各国环境保护要求的日益严格，20 世纪 80 年代以来，无元素氯（ECF）和全无氯（TCF）漂白技术得到迅速发展，成为化学浆漂白的必选漂白方法。

无元素氯漂白技术（ECF）是以二氧化氯替代元素氯作为漂白剂的漂白技术，ECF 漂白后纸浆的白度高、返黄少、浆的强度好、对环境的影响小，因此，1990 年以来，无元素氯（ECF）漂白得到迅速的发展；但二氧化氯必须就地制备，生产成本较高，对设备的耐腐蚀性要求高。

全无氯（TCF）漂白是不用任何含氯漂剂，而用过氧化氢、臭氧、过氧酸等含氧化学药品以及生物酶进行漂白。由于环境保护要求越来越严，对高白度漂白化学浆要求也越来越高，特别是用于生产食品包装纸或纸板（如茶叶袋纸、咖啡过滤纸、卷烟纸、糖果包装纸）的漂白化学浆要求不许含有有机氯化物。为此，许多国家进行了全无氯漂白的研究和应用，其中主要是利用已经成熟的氧脱木素技术、过氧化氢漂白技术以及已成功工业化应用的臭氧漂白技术，有的还结合使用过氧酸漂白技术和生物酶漂白技术生产高白度 TCF 漂白浆。

但是，由于 TCF 漂白浆的白度、强度和得率较低，而生产成本又比 ECF 漂白浆高，所以目前非木浆均采用 ECF 漂白。

2.3.2.2　工艺流程说明

漂白流程采用 D_0-E_{OP}-D_1（ECF）三段漂白工艺。

从未漂浆塔来的浆料经过真空洗浆机浓缩进入中浓浆泵，加入二氧化氯，经化学混合器后进入到升流式 D_0 漂白塔。反应后的浆料经 D_0 漂白塔顶部卸料排入 D_0 真空洗浆机洗涤。经 D_0 段洗浆机洗涤后的浆料落入 E_{OP} 段中浓浆泵，在此加入碱液和氧，经蒸汽混合器及氧混合器混合后，再进入 E_{OP} 段预反应管及 E_{OP} 漂白塔。从 E_{OP} 塔底部出来的浆料被送往 E_{OP} 段真空洗浆机洗涤。经 E_{OP} 段真空洗浆机洗涤后的浆料落入 D_1 段中浓浆泵，然后加入二氧化氯，经蒸汽混合器及二氧化氯混合器混合后进入 D_1 段预反应塔及 D_1 漂白塔。反应后的浆料经 D_1 段真空洗浆机洗涤，再由中浓浆泵送至高浓浆塔贮存。

漂白段真空洗浆机排出的废气主要成分为水汽、少量 ClO_2。采取净化洗涤塔吸收废气，处理后的废气主要成分为水汽，经排气筒排空。净化洗涤塔排水送污水处理场，补水采用污水处理场处理后的中水。

E_{OP} 段漂白塔废气主要成分为水汽，其含少量细小纤维，经涤气塔喷淋洗涤后排空。

用二氧化氯作为漂白剂不但漂后浆料质量好、白度高，且可克服浆易返黄的缺点，并能大大降低漂白废液的污染负荷。

2.3.2.3　主要工艺技术指标

非木浆漂白主要工艺技术指标见表 2-24。

表 2-24　非木浆漂白主要工艺技术指标

序号	名称	单位	数据				备注
			竹浆	苇浆	麦草浆	蔗渣浆	
1	年工作日	d	340				
2	日工作时	h	24				
3	D_0 段纸浆浓度	%	10~12	10~12	10~12	10~12	
3.1	温度	℃	60	60	60	60	
3.2	时间	min	60	60	60	60	
3.3	ClO_2 加入量	kg/adt	约25	15~20	15~20	15~20	以有效氯计
3.4	H_2SO_4 加入量	kg/adt	8	8	8	8	以100%计

续表

序号	名称	单位	数据				备注
			竹浆	苇浆	麦草浆	蔗渣浆	
4	E_{OP} 段纸浆浓度	%	10～12	10～12	10～12	10～12	
4.1	温度	℃	70	70	70	70	
4.2	时间	min	120	120	120	120	
4.3	NaOH 用量	kg/adt	15	15	15	15	以 100% 计
4.4	O_2 用量	kg/adt	5	5	5	5	以 100% 计
4.5	H_2O_2 用量	kg/adt	6	6	6	6	以 100% 计
4.6	pH 值		10.5～11.5	10.5～11.5	10.5～11.5	10.5～11.5	
5	D_1 段纸浆浓度	%	10	10	10	10	
5.1	温度	℃	70	70	70	70	
5.2	时间	min	120	120	120～180	120～180	
5.3	ClO_2 加入量	kg/adt	15	8～10	8～10	8～10	以有效氯计
5.4	$Na_2S_2O_3$ 用量	kg/adt	2	2	2	2	以 100% 计
5.5	pH 值		4.5～5.5	4.5～5.5	4.5～5.5	4.5～5.5	
6	漂白浆得率	%	约 97	约 97	约 97	约 97	
7	漂白浆白度	%ISO	≥85	≥85	≥85	≥85	

非木浆漂白主要原材料、动力消耗指标如表 2-25 所列。

表 2-25　非木浆漂白主要原材料、动力消耗指标

序号	名称	单位	数据				备注
			竹浆	苇浆	麦草浆	蔗渣浆	
1	NaOH	kg	15	15	15	15	以 100%NaOH 计
2	O_2	kg	约 5	约 5	约 5	约 5	以 100%O_2 计
3	H_2O_2	kg	6	6	4	5～6	以 100%H_2O_2 计
4	ClO_2	kg	15.2	8.5～11.5	约 10	8.5～11.5	以 100% ClO_2 计
5	H_2SO_4	kg	约 8	约 8	约 8	约 8	以 100%H_2SO_4 计
6	$Na_2S_2O_3$	kg	2	2	2	2	
7	清水	m³	22	22	25	20	
8	电	kW·h	85	80	90	75	
9	蒸汽	t	0.35～0.4	0.4～0.5	0.4～0.5	0.4～0.5	1.2MPa(g)

注：单位产品消耗定额以每吨风干浆计。

2.3.2.4　主要设备选择

非木浆漂白主要设备见表 2-26。

表 2-26 非木浆漂白主要设备

序号	设备名称	型号及规格		单位	数量	备注
		竹浆(t/d)(300/450/600)	苇浆、麦草浆和蔗渣浆[(t/d)300]			
一		漂白工段				
1	真空浓缩机	$50m^2/80\ m^2/110\ m^2$	$100m^2$(麦草 $75m^2$ 两列并联)	套	1	
二		D_0 段				
2	混合器	能力(t/d)360/540/720,$c=9\%\sim12\%$	能力(t/d)360,$c=9\%\sim12\%$	台	1	
3	中浓浆泵	$10\%\sim12\%$	$10\%\sim12\%$	台	1	
4	D_0 漂白塔	升流,常压,钢衬耐酸砖	升流,常压,钢衬耐酸砖	台	1	
5	真空洗浆机	$50m^2/80\ m^2/110\ m^2$	$100m^2$(麦草 $75m^2$ 两列并联)	台	1	
三		E_{OP} 段				
6	混合器	能力(t/d)[360/540/720],$c=9\%\sim12\%$	能力[(t/d)360],$c=9\%\sim12\%$	台	1	
7	中浓浆泵	$10\%\sim12\%$	$10\%\sim12\%$	台	1	
8	E_{OP} 塔	升降流,SS316L	预反应塔 $95m^3$,E_{OP} 塔 $300\sim320m^3$	台	1	
9	真空洗浆机	$50m^2/80\ m^2/110\ m^2$	$100m^2$(麦草 $75m^2$ 两列并联)	台	1	
四		D_1 段				
10	混合器	能力(t/d)[360/540/720],$c=9\%\sim12\%$	能力[(t/d)360],$c=9\%\sim12\%$	台	1	
11	中浓浆泵	$10\%\sim12\%$	$10\%\sim12\%$	台	1	
12	D_1 漂白塔	降流,常压,钢衬耐酸砖	$V\approx450m^3$	台	1	
13	真空洗浆机	$50m^2/80\ m^2/110\ m^2$	$100m^2$(麦草 $75m^2$ 两列并联)	台	1	
14	中浓浆泵	$10\%\sim12\%$	$10\%\sim12\%$	台	1	
15	漂后贮浆塔	不锈钢,$1000m^3$	不锈钢,$1200m^3$	台	1	

建议为了保证生产的连续性和稳定性以及较好的洗涤效果,洗浆机选型时考虑的余量稍大一些。

2.3.2.5 设备描述及特点

纸浆多段漂白的设备包括输送设备、混合设备、反应器和洗涤设备 4 大类,其中浆与化学品、蒸汽混合的设备和漂白反应塔占重要地位。根据中高浓漂白工艺的需要,对混合设备和输送设备提出了新的要求;而高效的中高浓混合和输送设备的出现,又促进了中高浓漂白技术的发展。

（1）药液混合器

浆与药液的均匀混合是提高漂白质量的关键。近年来引进和设计了静态浆药液混合器，从工厂的使用情况来看效果较好。

（2）漂白反应器

漂白反应器是进行漂白过程的容器。根据器内浆料流动的方向分为升流式和降流式。

1）高浓升流塔　适用于二氧化氯漂白，高浓浆料利用泵的推力从塔底进入，在塔底中央设有导流锥体，使浆料均匀分布，徐徐上升的浆料至塔顶被刮料器刮出。二氧化氯升流式漂塔一般内衬钛板，或者碳钢内衬耐腐蚀瓷砖，其设备简图见图 2-19。

2）升降流塔　升降流式漂白塔是吸收了升流式和降流式漂白塔的优点组合而成适用于二氧化氯漂白。这种漂白塔又分为两种形式，即升降流在同一塔内和升流部分在塔外（见图 2-20、图 2-21）。

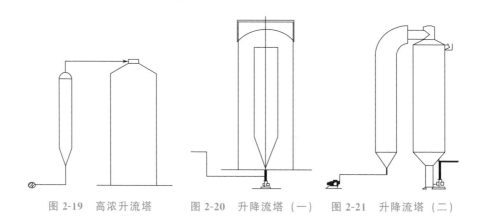

图 2-19　高浓升流塔　　图 2-20　升降流塔（一）　　图 2-21　升降流塔（二）

3）降流塔　多用于碱处理和过氧化氢漂白。浆料经双辊混合器后，由塔顶进入降流漂白塔。浆料在塔内向下流动，在正常运转情况下浆料液面和反应容积可以改变，以调节反应时间。塔的下部装有环形喷水管，以稀释浆料。塔的下部也有循环器，在循环器上装有导流板，以利于水与浆料混合稀释。塔体根据加热及耐腐蚀要求，有用混凝土，也有用耐腐蚀金属，或者碳钢内衬耐腐蚀砖。若为混凝土，需衬瓷砖或涂树脂。

2.3.2.6　工艺流程简图

非木浆 ECF 漂白工艺流程见图 2-22。

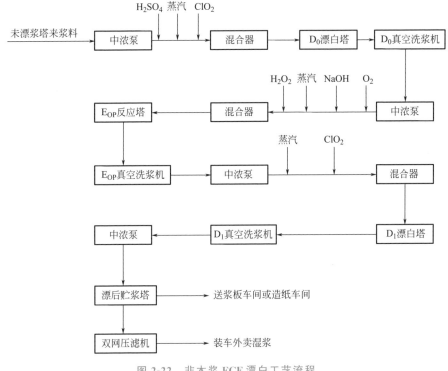

图 2-22 非木浆 ECF 漂白工艺流程

2.3.2.7 本工段注意事项

D_0 和 D_1 两段二氧化氯漂白段，选择设备时要考虑与浆料接触部分要选择耐腐蚀性能好的 SMO 或者钛材及其他抗二氧化氯材料，管道材质均需要考虑耐腐蚀性能好的钛材或者玻璃钢管道，塔槽要选择玻璃钢材质或者碳钢衬耐酸砖结构。

过氧化氢是本工段 E_{OP} 段的漂白剂，是甲类化学药品，其贮罐大小和布置位置在设计过程中要严格依据规范要求做好防火，严控过氧化氢贮存罐与周围建筑物、构筑物以及道路等设施防火间距。

漂白反应塔结构形式为细长型，为了防止塔震动厉害，建议与周围构筑物或者塔槽做局部拉强。

中浓泵出口浆管线震动较大，需要做混凝土支墩对管线进行固定和滑动支撑。

所有衬砖的塔体，D_0 漂白塔及 D_1 漂白塔其外侧的焊接必须在衬砖之前进行。

漂白塔可以选择升流式、升降流式、降流式，通常 D_0 段选用升流塔，反应时间为 60min，E_{OP} 段为升降流漂白塔，反应时间为 120min。D_1 塔也为升降流漂白塔，反应时间为 120min。

漂白塔塔体材质建议：D_0 塔用碳钢内衬瓷砖；E_{OP} 预反应塔及 E_{OP} 反应塔用不锈钢或者碳钢内衬不锈钢；D_1 预反应塔用 FRP；D_1 塔用碳钢内衬瓷砖。

2.3.2.8 漂白 BAT/BEP 技术

漂白竹浆、芦苇浆、麦草浆、蔗渣浆采用 BAT/BEP 漂白技术，可达到较高的清洁生产水平，减少二噁英类持久性有机污染物的排放。

2.4 浆板车间（主要用于竹浆）

（1）概述

来自制浆车间的漂白浆，采用双网压榨气垫干燥浆板机，抄造成漂白商品浆板，定量 $800 \sim 1200 g/m^2$。

本车间主要由浆料净化系统、浆板机系统、切纸理纸机/堆纸台、打包线等组成。

浆料净化系统由压力筛、除渣器等设备组成。

浆板机系统分为网部、压榨部、气垫干燥机；网部采用夹网成型器，压榨部采用两道大辊压榨，干燥部采用气垫干燥机，该机烘干效率高，节省能源，采用 $0.35 \sim 0.6 MPa$ 蒸汽，平均耗汽量 1.3t/t 浆板。本机带有热回收系统，从干燥机顶部抽出带有湿气的热空气，通过热交换器将新鲜空气加热后由底部送入。

切纸机切成的浆板尺寸规格有两种：成品浆板规格为 600mm×800mm，包装用浆板为 1300mm×1400mm。

（2）工艺流程说明

由制浆车间高浓贮浆塔来的浓度 3.5% 的液体浆送至本车间混合浆池，由抄浆工段来的损纸浆亦进入混合浆池。混合浆池的浆经稀释调浓后由泵送到一段压力筛进行筛选，一段压力筛的良浆进入上浆泵入口，渣浆进入四段锥形除渣器逐级进行净化。

净化的纸浆冲浆至浓度为 1.8%～2.2% 后由上浆泵泵送上网。流浆箱溢流的浆回到上浆泵入口。纸浆经网部、压榨部进入气垫干燥机。纸页出压榨的干度为 50%，出气垫干燥机的干度为 90%。

干燥机是利用被加热的空气来干燥和支承浆板，浆板从干燥机的顶层进入，并由空气形成的气垫托着，浆板沿着干燥机长度方向运行几个来回完成浆板的干燥过程。干燥后的浆板自动进入浆板机底部的冷却层进行冷却。

干燥机热回收系统的排风机自干燥机顶部抽出带有湿气的热风，经热交换器将新鲜空气加热，加热后的新鲜空气经送风机由干燥机底部送入。

干燥后的浆板在干燥机的底部由冷却风机抽进来的冷空气在冷却层进行冷却，浆板温度在≤40℃时出干燥机进入切纸理纸机。

经切纸机切好的浆板摞，经转向输送机送至往复式输送机，然后送至浆板链条输送机，浆板摞经称量、记录、加压、包装捆扎后，三小包或四小包往高摞打成一包，两包再打成一大包，然后由叉车将其送往成品库堆存。

当打包系统出现问题时可送至暂存输送机暂存，待打包系统进入正常运转时可在适当的时机（当切纸机上的浆板未进入转向输送机的空挡时间里）再将这些暂存的浆板送入系统打包。

（3）主要工艺技术指标

漂白浆板车间主要工艺技术指标如表 2-27 所列。

表 2-27　漂白浆板车间主要工艺技术指标

序号	名称	单位	数据	备注
1	产品名称		漂白竹浆板	
2	计算定量	g/m^2	1000	800～1200
3	年工作日	d	340	
4	日工作时	h	24	
5	产品规格	mm×mm	600×800	
6	成品宽	mm	3600/4200/4200	
7	计算车速	m/min	58/75/100	以 10%水分计
8	抄造率	%	97.5	
9	干损	%	1.5	
10	湿损	%	1	
11	成品率	%	98	对切纸机
12	不可回收损失	%	0.5	
13	上网浓度	%	1.8～2.2	
14	进干燥机纸页干度	%	约50	
15	成品水分	%	10	

（4）主要设备选择

漂白浆板车间主要设备如表 2-28 所列。

表 2-28　漂白浆板车间主要设备

序号	名称	型号及规格（300t/d、450t/d、600t/d）	单位	数量
1	浆料筛选净化系统	压力筛；缝筛 0.2mm，筛选面积 1.6m² /2.4m² /3.2m²	套	1
2	上浆泵	上浆浓度 1.8%～2.2%，双吸泵	台	1
3	浆板机系统	净纸宽 3600mm/4200mm/4200mm	套	1
4	切纸五里纸机/堆纸台	抄宽 3600mm/4200mm/4200mm；浆板尺寸 600mm×800mm；浆包皮 1300mm×1400mm	套	1
5	打包线	小包规格 600mm×800mm×（450～530）mm（高）；大包规格 6～8 包	套	1

（5）主要设备描述及特点

1）真空系统　真空系统采用水环真空泵和低真空风机来保证浆板机网部、压榨部所需要的真空度，分离浆板机脱下来的大量白水中的水和气。

2）气垫干燥机　气垫干燥机由热力管网来的压力为 0.35～0.6MPa 的蒸汽，进入气垫干燥机内的蒸汽盘管，干燥机内装有若干个蒸汽盘管，用于加热空气。沿着干燥机长度方向装有若干个吹气箱，热空气由循环风机分散到吹气箱中，形成气垫，用于干燥和托起浆板。除了位于两端的回头辊之外，干燥机内部没有传动部件，回头辊是把浆板幅由一个干燥层导入另一个干燥层。所有传动轴承都在干燥两端，易于接触。所有加热蛇管和循环风机都在干燥机外侧，易于接近。蒸汽盘管出来的冷凝水至冷凝水槽。冷凝水槽出来的部分二次蒸汽进入冲浆槽用于调节上浆温度，而冷凝水则由冷凝水泵送至碱回收工段。

3）热回收系统　热回收系统是利用干燥机排出的气体来预热进入干燥机的空气，以减少运行成本。设置排气风机和供气风机来使干燥机内部湿度维持最佳状态。配备的气-气热交换器是从干燥机排除的湿热气体中吸取热量，被加热的气体由供气风机通过干燥机内部的蒸汽加热蛇管进入风机塔。

4）切纸理纸机/堆纸台　由干燥机出来的浆板幅进入切纸理纸机/堆

纸台，当浆板幅通过纵切区域和横切区域时浆板就会被切成小包尺寸的浆板或包皮尺寸的浆板，浆板通过堆纸台送到堆纸台输送机上形成浆板摞，浆板摞的高度尺寸或由重量或由张数测量。

一开始就设定浆板摞的高度是由重量还是由张数决定。每组浆板摞通过扫描仪给出同样的信息，一组浆板摞被输送到转向输送机上，浆板包皮的转换取决于生产用量。切纸理纸机/堆纸台有其 PLC 控制系统。

5）打包线　浆板打包线由一条生产线组成，在浆板摞进入加压机之前贮存时间按 30min 设计，浆板包皮的贮存面积按 24h 设计。

切纸理纸机/堆纸台将浆板摞送到堆纸机的输送带上，然后送到转向输送机，每个单独的浆板摞被送到称量输送机上，每个浆板摞的重量由人工调节，当重量合适时称量输送机将浆板摞通过加压输送机送到浆板加压机上，当浆板摞被压到合适的高度后就被输送到包装区域。

当包皮浆板放在浆板摞上以后，浆板摞就进入第一个捆扎机，这里预选的几道铁丝放到浆板摞上，将包皮浆板固定一下，然后浆板摞进入折叠输送机，排队装置、转盘和输送机浆板摞在此停留，提升和旋转 90°，又回到输送机上；当浆板摞旋转时，端部的包装浆板就被折叠，包好包皮的小包进入下一个捆扎机，由铁丝捆扎，当小浆板包被捆扎好后，如果只打小包，小浆板包往后输送并由叉车运走入库。

如果打大包，小浆包送到堆垛机的分段输送机上，连续进入堆垛机，几包堆垛预设好，接下来堆好的浆包垛进入自动打大包机进行捆扎，并由叉车运走入库，打包线整个系统由 PLC 控制。

（6）工艺流程简图

漂白浆板生产工艺流程简图见图 2-23。

（7）本工段注意事项

浆料净化系统中，由于浆料上浆后通过自由脱水、真空抽吸及压榨脱水过程中脱下的白水含有大量的纤维，为减少纤维的流失率及提高对纤维的回收利用，需要将白水收集起来接入白水池中，代替一部分清水循环利用，减少清水的使用量；真空脱水过程中，由于真空泵在运行过程中会产生较大的噪声，为保护车间工作人员的身心健康，需要将真空泵用墙隔离开来，做成真空泵房，以减少噪声的扩散。

浆板机选型必须考虑浆料滤水的特性，网部脱水装置、压榨线压力等相关设计均需与浆料特性相符。

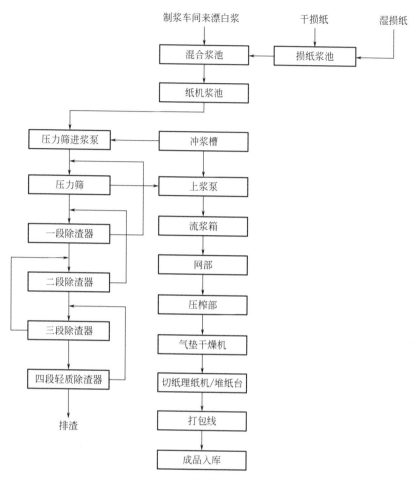

图 2-23 漂白浆板生产工艺流程简图

2.5 二氧化氯制备

2.5.1 二氧化氯制备工艺

2.5.1.1 概述

环保法规对制浆造纸企业清水用量、污水排放量严格限额，排放标准要求越来越严格，将可吸附有机氯化素（AOX）和二噁英指标增列为强制执行指标。AOX 主要产生在纸浆漂白工段，氯化物在一定温度和氧化作用下生成二噁英，是造纸工业污染的主要产物。传统的 CEH 是由氯、碱和次氯酸盐三段漂组成，而氯气、次氯酸和次氯酸根是漂白氯化污水中可吸附有机卤素（AOX）和二噁英制造者，显然这种漂白工艺无法满足新环保标准的要求，已经被明令禁止，现阶段无元素氯 ECF 漂白主导漂白化学浆生产和市场。

二氧化氯有很强的氧化性，"有效氯"含量是氯气的 2.63 倍，是一种高效的漂白剂。实验表明，二氧化氯能够选择性地氧化料片中的木素和色素，对纤维素、半纤维素损伤小，从而保证漂白得率，漂后纸浆强度好、白度高、返黄少。由此，无元素氯（ECF）漂白被广泛用于制浆造纸企业。目前制浆造纸工业中，二氧化氯的生产工艺主要有综合法（有代表性的为 R6 法）及还原法（有代表性的为以甲醇为还原剂的 R8 法）。

（1）综合法（R6 法）

综合法二氧化氯生产系统主要由氯酸钠生成、盐酸合成和二氧化氯生成，三个相互联系又相对独立的单元组成。各反应单元如下：

氯酸钠生成单元：$2NaCl + 6H_2O \xrightarrow{\text{电解}} 2NaClO_3 + 6H_2 \uparrow$

盐酸合成单元：$2H_2 + 2Cl_2 \longrightarrow 4HCl$

二氧化氯生成单元：$2NaClO_3 + 4HCl \longrightarrow 2ClO_2 + Cl_2 \uparrow + 2NaCl + 2H_2O$

总反应式：$4H_2O + Cl_2 \xrightarrow{\text{电解}} 2ClO_2 + 4H_2 \uparrow$

由以上化学反应式可知二氧化氯的生产原料为氯气、水和电。

第一次开机时加入 NaCl 和 $Na_2Cr_2O_7$（$Na_2Cr_2O_7$ 是化学反应的催化剂），以后正常生产不需要加入。

（2）还原法（R8 法）

甲醇法是用氯酸钠与甲醇在浓硫酸条件下发生反应生成 ClO_2，同时生成副产品倍半硫酸钠，主要反应式如下：

$12NaClO_3 + 8H_2SO_4 + 3CH_3OH \longrightarrow 12ClO_2 + 9H_2O + 4Na_3H(SO_4)_2 + 3HCOOH \uparrow$

首先将外购的氯酸钠原料在溶解槽进行溶解、存槽，然后经过滤器过滤后送进反应器的底部循环管，经循环泵送入间接加热器加热；甲醇经过滤器过滤后用工艺水稀释，从再沸器后的文丘里管加入反应器系统；浓硫酸由供料泵经过滤器过滤后在文丘里管处用水雾化后加入反应器。三者混合后进行有效的反应，然后进入反应器进行闪蒸，释放出二氧化氯，同时有少量的氯气产生，闪蒸产生的水蒸气稀释二氧化氯，气体从反应器顶部排出，经间接冷却器降温，水蒸气部分冷凝，二氧化氯气体浓度增加，进入吸收塔采用空气气提法，用冷冻水进行吸收，二氧化氯稀溶液由泵送入二氧化氯槽罐贮存。其中，副产品芒硝形成的浓浑浊液不断从反应器底部循环管抽出，经过芒硝过滤机后进盐饼溶解槽，泵送碱回收工段。芒硝过滤机的洗涤液被送回反应器，以减少药品损失。从吸收塔、停机临时贮存槽以及盐饼过滤机和二氧化氯贮存槽顶部排出的尾气经过洗涤后排空，洗涤水回到吸收塔。

（3）R8 法和 R6 法比较

两种方法的工艺流程简图见图 2-24 和图 2-25。

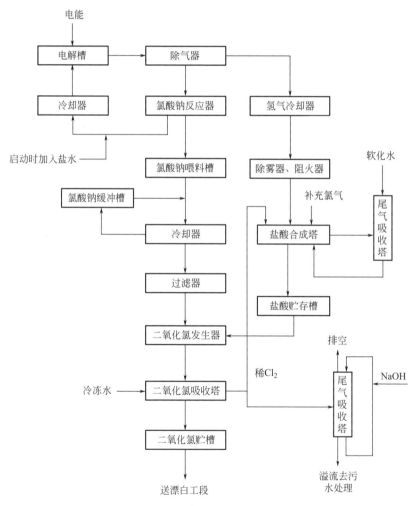

图 2-24　R6 法制备二氧化氯工艺流程简图

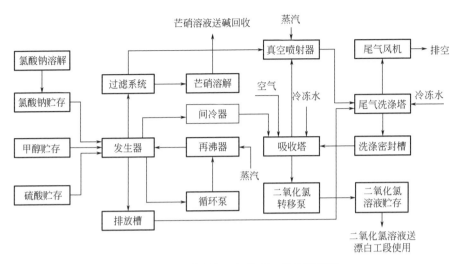

图 2-25　R8 法制备二氧化氯工艺流程简图

从产品质量方面比较，R6 法含氯量比 R8 法高；R6 法几乎没有连续性的副产品排出，而 R8 法要生成倍半硫酸钠副产品，同时生成的 ClO_2 中含有少量的 CH_3OH 会增加漂白污水的 COD 和 BOD。

在运输上，没有配备氯碱车间的浆厂需要外购 Cl_2，运输量不大。而 R8 法则需要外购氯酸钠、浓硫酸和甲醇，运输量明显大于 R6 法。

从操作方面，R6 法主要有三步化学反应，盐酸合成、二氧化氯生成、电解生成氯酸钠，控制复杂。R8 发一步反应生成二氧化氯，开停机简单，易于操作和维护。

从成本角度，R6 法设备投资成本高于 R8 法，后期生产所需化工原料成本低，但用电量、蒸汽用量均高于 R8 法。

综上所述，两种 ClO_2 制备方法从产品质量、运输条件、操作方式以及成本等多角度综合比较，选择时全面考虑。目前多数非木浆厂自产的电并不能够完全满足全厂用电需要，R6 法用电量远大于 R8 法，而工业用电成本较高。对于规模不是较大的浆厂，发电相对较少，同时为了节省固定投资单位成本，选用 R8 法更合理一些。R8 法更适合年产量 $2.0 \times 10^5 t$ 以下的漂白浆厂。

根据制浆车间产量 300adt/d、450adt/d、600adt/d，二氧化氯车间设计产量与制浆车间用量平衡，相应设计产能分别为 6t/d、9t/d、12t/d。

2.5.1.2　主要工艺技术指标

二氧化氯制备主要工艺技术指标见表 2-29。

表 2-29　二氧化氯制备主要工艺技术指标

序号	名称	单位	数据	备注
1	年工作日	d	340	
2	日工作小时	h	24	
3	二氧化氯产量	t/d	6 / 9 / 12	以 100%ClO₂ 计
4	二氧化氯浓度	g/L	10～12	
5	二氧化氯溶液温度	℃	7	

2.5.1.3　主要原材料、动力消耗指标

二氧化氯制备（R8）主要原材料、动力消耗指标如表 2-30 所列。

表 2-30　二氧化氯制备（R8）主要原材料、动力消耗指标

序号	名称	单位	单位产品消耗定额	备注
1	NaClO₃	t	1.65	
2	H₂SO₄	t	0.86	
3	甲醇	t	0.16	
4	冷冻水	m³	100	
5	清水	m³	25	
6	电	kW·h	350	
7	蒸汽	t	5.2	表压：0.5(g)MPa
8	蒸汽	t	3.6	表压：1.2(g)MPa

注：单位产品消耗定额以每吨二氧化氯计。

2.5.1.4　主要设备选择

二氧化氯主要设备选型如表 2-31 所列。

表 2-31　二氧化氯主要设备选型

序号	设备名称	型号及规格			单位	数量
		6t/d	9t/d	12t/d		
1	二氧化氯反应器	（配安全泄压装置、循环管、排气管）			台	1
2	间冷器	换热量 735kW	换热量 1100kW	换热量 1650kW	台	1
		壳 CS;管 TA2				
3	再沸器	换热量 580kW	换热量 870kW	换热量 1300kW	台	1
		壳体 CS;列管 A9;封头、端板材质 TA2				
4	ClO₂ 吸收塔	壳 FRP;填料为陶瓷异鞍环			台	1

序号	设备名称	型号及规格			单位	数量
		6t/d	9t/d	12t/d		
5	尾气洗涤塔	外壳为 RP；填料为陶瓷异鞍环，钛材支撑板			台	1
6	芒硝过滤机	$C=365kg/h$，钛材	$C=600kg/h$，钛材	$C=800kg/h$，钛材	台	1

2.5.1.5 主要设备描述及特点

发生系统包括一个反应器、一个反应器循环泵和一个再沸器。反应器为真空容器，再沸器为管壳式热交换器，它们与循环泵连接成一个回路，循环泵为大流量低扬程轴流泵，该系统与介质直接接触部分材料均为钛材。再沸器中不断地加入低压蒸汽，将反应器中的水不断地蒸发。水蒸气使母液中的二氧化氯气体被带出的同时也稀释了二氧化氯气体。反应器的排出气体（二氧化氯、氯气、水蒸气等）经过间接冷凝器后，大部分的水蒸气被冷凝下来，二氧化氯气体浓度由 5% 增浓至 30%。冷冻水从吸收塔塔顶进入，与气体逆流吸收，吸收塔为填料塔，底部排出二氧化氯溶液经泵送入二氧化氯槽罐，槽罐材料选用 FRP，现场缠绕，最外层加紫外线吸收剂及阻燃剂（三氧化二锑），防止二氧化氯在水中被光分解。通过调节顶部冷冻水流量，调整生产所需二氧化氯溶液的浓度。

反应器、间接冷却器、二氧化氯吸收塔都必须通过一台真空泵来维持真空。整个系统产生的尾气集中进入涤气塔，冷冻水作为吸收媒介加入涤气塔，洗涤后的气体排到大气。从涤气塔排出的冷冻水含有少量的 ClO_2，这些稀溶液返回到 ClO_2 吸收塔回收增浓。

在反应器内生成的固体（倍半硫酸钠晶体）形成浆液被不断地抽出泵送至芒硝过滤机。浆液由过滤机供给泵泵送，通过一个旋液分离器，把大部分母液分离出来并返回至反应器。从旋液分离器中分离出来的稠浆分布在酸性芒硝过滤机上。过滤机过滤出的母液返回循环管路中，而酸性芒硝则进入复分解反应器。复分解反应器是一个内有搅拌器的立式圆柱形的容器，酸性 $Na_3H(SO_4)_2$ 转变或复分解为中性硫酸钠，在该反应器内完成。在控制的酸度和温度下，酸性 $Na_3H(SO_4)_2$ 晶体悬浮在热水中，溶解和重新沉淀 $Na_3H(SO_4)_2$ 使它转化为中性芒硝，释放酸性成分到水溶液中。

其通式为：

$$2Na_3H(SO_4)_2 \longrightarrow 6Na^+ + 2H^+ + 4SO_4^{2-} \longrightarrow 2Na^+ + 2H^+ + 2SO_4^{2-} + 2Na_2SO_4$$

溶解度小的中性芒硝晶体浆液在酸性溶液中以一定流量被泵送到中性芒硝过滤机,在过滤机上形成盐饼。用温水洗掉盐饼上残余的酸或氯气,然后将盐饼卸到芒硝浆槽,弱的酸性过滤液返回到反应器。

热水加入芒硝浆槽,搅拌并溶解硫酸钠晶体,形成的溶液通过芒硝溶液输送泵泵送到碱回收车间利用。弱的酸性过滤液返回到反应器下循环管,可回收酸性芒硝中 90% 的硫酸,减少硫酸原料的用量。这样既可以回收利用芒硝,同时也能减少二氧化氯制备系统中硫酸原料的消耗。

2.5.1.6 本工段注意事项

R8 法二氧化氯制备工艺优点:直接以氯酸钠晶体为原料,产品纯度高;极低的 Cl_2 含量可减少漂白工段污水排放中的可吸附有机卤素(AOX)和二噁英含量,保护环境;生产过程中不需要使用催化剂,操作简单;运行时间长,一般运行 3 个月以上才需要进行熬煮清洗和其他日常的维修。

反应温度约 70℃,超过甲醇的沸点,现有制备工艺中甲醇的利用率仅为 40%~52%。甲醇极易被夹带而进入产品中造成二次污染。该制备方法的副产品倍半硫酸钠,在热水中分解成硫酸与芒硝,芒硝送往碱回收炉。

氯酸钠晶体贮存库房防火等级为甲类厂房,在设计过程中要严格依据规范要求做好防爆、防火,严控库房与周围建筑物、构筑物以及道路等设施防火间距。二氧化氯车间根据建筑防火规范划分为三个区域,分别为甲醇贮存区、氯酸钠贮存区和二氧化氯制备区。根据二氧化氯制备工艺需要,主厂房一般设为四层。二氧化氯车间需要设置应急电源,当停电系统突然停机时尾气处理系统要工作一段时间,排出系统中的有毒气体。

2.5.2 制备工艺安全设计

安全问题是二氧化氯制备的首要关键问题,也是用户非常关心的重要问题。由于二氧化氯本身特有的性质所决定,在制备过程中很易产生爆炸(即二氧化氯的分解)或爆鸣,特别是工业型装置,因其产量大,危险性就更突出,其分解反应式如下:

$$2ClO_2 \longrightarrow Cl_2 \uparrow + 2O_2 \uparrow$$

由于二氧化氯的分解会给生产会带来不同的影响,延误生产时间,造成一定损失。所以，在工艺技术确定后和制备中防止爆炸就是一个非常重要的环节。

2.5.2.1 产生二氧化氯分解的原因分析

二氧化氯的爆炸是急速分解反应过程，这种分解是在不同的条件下进行的。在制备过程中引起二氧化氯分解的因素众多，有时很难判定原因。

根据有关资料报道和在生产实际中的积累、总结，产生分解的原因主要可归纳为以下几种。

① ClO_2 气体浓度过高。

② 反应温度高（遇热、光、电火花）。

③ 原料中、工艺水中带入无机物、有机物、金属等各种杂质。

根据二氧化氯的性质可知，二氧化氯在常温、常压下为黄红色气体（低浓度为黄绿色），在外观和气味上与氯气相似。当空气中 ClO_2 的浓度大于 10%（容积比）时易于爆炸，其实质是二氧化氯的分解，此时二氧化氯的分压已达到了爆炸限。

根据以上 3 种原因具体分析如下。

① ClO_2 气体浓度过高是指反应器中 ClO_2 气体浓度大于 10%，超过了安全分压而导致分解，也就是说二氧化氯的分压变化是产生爆炸的主要原因，这是操作中最常见的。

② 反应温度决定着 ClO_2 的生成速率，温度越高，速率越快，引起分解的可能性就越大。温度高其实质也就是产生了剧烈反应，反应器瞬时 ClO_2 气体浓度超过了 10% 而引起了分解，若阳光照射对分解有促进作用，遇电火花、热都可引起分解。

③ 水中杂质的带入起了催化作用，诱发了 ClO_2 气体的分解，即使在 ClO_2 浓度低时也同样会诱发爆炸。

从上述原因分析来看，生产中危险的核心主要来自 ClO_2 气体的分解。

2.5.2.2 实现安全的措施

生产中要实现安全，首先要消除 ClO_2 气体分解的因素。但是，实际生产中有时因果会相互影响，一时很难判断清楚。所以，在工艺设计时，第一位的就要先考虑在工艺控制中如何避免 ClO_2 气体分解，以确保生产的安全进行。

（1）温度和各种杂质的控制

温度和杂质这两个因素相对是比较直观的，实现控制是不难的，不管是用何种方法，只要在生产中注意严格操作规程，控制指标，把好参与反应物料的关和对输入系统的物料过滤，就可以保证生产安全进行，这是根本的有效措施。但是要达到这些要求，需要以自控措施为保障，也需要做大量的细致工作，特别是控制杂质的带入；否则会带来很多麻烦，特别是爆鸣的频繁出现。

（2）ClO_2 气体浓度的控制

控制 ClO_2 气体浓度的实质就是为了达到 ClO_2 的安全分压，对于安全分压的实现，不同的工艺技术各自都有不同的措施。

2.5.2.3 ClO_2 溶液浓度控制

二氧化氯溶液浓度是漂白工艺所要求的，一般浓度控制在 10g/L，因溶液中含有游离氯对漂白浆产生不良的影响。所以，二氧化氯溶液质量不仅与二氧化氯纯度有着根本的关系，还与其他一些因素有关。

根据二氧化氯的性质，制备符合要求的二氧化氯溶液，要控制好温度。不同温度下二氧化氯的溶解度见表 2-32。

表 2-32 不同温度下二氧化氯的溶解度

序号	温度/℃	溶解度/(g/L)
1	0	12.0
2	5	9.8
3	10	7.8
4	15	6.1
5	20	5.0
6	25	3.9
7	30	2.9

注：表中数据为气体分压 6.66kPa 下的值。

二氧化氯的溶解度除与温度有关外，还与气体分压有关，否则就达不到要求浓度。要制备 10g/L 的水溶液，需要用 4℃ 的冷冻水才能达到。在制备中采用冷冻水吸收，实际上就是在低温下将挥发性二氧化氯保持在溶液中。二氧化氯溶液制备中，浓度是由光学浓度分析仪来监测的，通过控制吸收塔水流量来稳定二氧化氯的浓度，并且达到连续稳定。

制备二氧化氯溶液，不管是国外工艺还是国内工艺基本上是相同的，只是常压工艺和负压工艺的塔设计、操作有所不同，而水温度、气体分压、水流量的要求控制是一样的，做到这些都可以制备出合格的二氧化氯溶液。需要注意的是，当二氧化氯溶液进入贮槽后会因温度升高造成二氧化氯飞失的现象，所以二氧化氯溶液制备中要考虑足够的余量。

2.5.2.4 设备选材

设备选材一般遵循安全、适用和经济性要求。针对 ClO_2 的强腐蚀性，接触介质的设备材料一般选择钛材料或者玻璃钢。钛材料具有密度小、强度高、极强的耐腐蚀性、耐热性、耐低温性、换热性能好等特点，保证了其良好的使用效果。玻璃钢具有优良的物理及化学性质，密度在 $1.6 \sim 2.0 \mathrm{g/cm^3}$ 之间，只有普通钢材的 $1/6 \sim 1/4$；其机械强度可达到或超过普通碳钢的水平；导热性能很低，仅为钢管的 0.4%，具有良好的保温、保冷性能，是 ClO_2 制备过程中适宜的材料。

因此，在制备系统中，主体设备一般使用钛材，如反应器、再沸器、间冷器、芒硝过滤机、反应器循环泵、ClO_2 溶液输送泵等；槽罐类选用玻璃钢材质，如 ClO_2 贮罐、反应器排液槽、污水槽等。

2.6 碱回收

碱回收是碱法制浆工艺过程的重要组成部分，也是制浆造纸工程循环经济的重要组成部分。通过碱回收系统，把制浆废液中的碱进行回收并回用于制浆生产，使蒸煮用碱在系统中循环使用。同时，溶于废液中的有机成分在碱回收炉中燃烧，回收其能量，产生蒸汽，回用于制浆造纸生产。

碱法制浆过程中，原料约有 50% 的物质溶解于蒸煮液中成为黑液，其主要成分是木素和乙酸、甲酸等有机酸的钠镁盐类。每生产 1t 化学浆所得的黑液量，因浓度不同而不等，一般约为 $9 \sim 12 \mathrm{m^3}$，其中固形物含量为 $1.1 \sim 1.2 \mathrm{t}$（其中有机物占 70%，无机物占 30%）。黑液的特点是颜色深，有机物含量高，气味难闻。如不慎将其排放至江河湖泊中，会引起水质发臭、变黑，影响饮食用水及环境卫生，对生态环境造成极大影响；同时浪费了黑液中溶解的蒸煮化学品以及热能。因此，碱回收已成为碱法制浆系统不可或缺的工艺组成部分，具有很高的经济效益、环境效益和社会效益。

2.6.1 黑液的组成与性质

2.6.1.1 黑液的组成

黑液由固形物和水分两部分组成，其中固形物包含无机物和有机物两部分。无机物主要有蒸煮残碱、原料中有机化合物的金属盐和无机盐等成分；有机物包含原料蒸煮过程中降解产物、溶出物（木质素、纤维素、半纤维素、淀粉、树脂、色素及有机酸等），是黑液燃烧热值的主要来源。

2.6.1.2 黑液的性质

黑液的性质是黑液蒸发过程的重要参数，一般包含浓度、密度、黏度、沸点升高（BPR）、比热容、表面张力系数、起泡性、胶体性、腐蚀性、固形物热值、膨胀系数（VIE）等。

（1）密度

黑液密度与固形物含量接近直线关系，其偏差随固形物含量增大而加大。

黑夜密度一般用相对密度表示。相对密度是在参考温度下与水的密度比较而得到的相关数值，其可以用密度计来测定，并转换成波美度来表示。黑液的相对密度和波美度随温度升高而呈现下降趋势。

（2）黏度

黏度表征黑液的流动性，和黑液蒸发效率密切相关。温度和浓度对黑液黏度影响最大。相同浓度下纤维原料黑液黏度从小到大顺序为竹浆、苇浆、蔗渣浆、麦草浆。

（3）沸点升高（BPR）

黑液中无机盐决定黑液沸点比水高的程度——沸点升高（BPR），黑液沸点升高随黑液的浓度、黏度的增加而增加，沸点升高影响着黑液的蒸发效率。

（4）黑液的硅含量

受非木纤维原料自身的灰分和硅含量高的影响，黑液硅含量一般是木浆黑液的十倍到几十倍。

表 2-33 所列为几种非木纤维原料的灰分、原料 SiO_2 含量及黑液 SiO_2 含量。

表 2-33　几种非木纤维原料的灰分、原料 SiO_2 含量及黑液 SiO_2 含量表

序号	原料	原料灰分/%	原料 SiO_2 含量/%	黑液 SiO_2 含量/%
1	竹	1～3	1	2
2	芦苇	3～6	2～4	2～8
3	麦草	4～7	2～4	4～8
4	蔗渣	2	1	2

（5）黑液的甲醇含量

碱法制浆过程中纤维素、半纤维素、木质素及其他组分在降解和溶出的同时产生甲醇，在制浆和碱回收工序释放导致大气和水污染。对制浆、碱回收过程排放气体进行收集、焚烧，采用低 BOD 蒸发技术降低污冷凝水甲醇排放量。

2.6.2　黑液的预处理

2.6.2.1　黑液过滤

黑液过滤将纤维（浓度可达 150～200mg/L）从黑液中分离，减轻蒸发器换热面纤维垢和蒸发器元件（液体分配装置、雾沫分离器）堵塞，改善蒸发器运行效率、降低传热损失。

重力式黑液过滤机将黑液中大部分纤维隔离在滤网外表面，从网内向网外把纤维吹落；压力过滤选择 0.1～0.2mm 孔筛，连续或定期排放富含纤维的黑液，滤后黑液悬浮固形物含量低于 50mg/L（竹浆 30mg/L），余压将黑液送至蒸发工段稀黑液槽。

2.6.2.2　黑液除硅降黏

非木浆黑液硅含量对黑液黏度、流动性、传热负面影响最大，在全工艺过程中对回收黑液中无机物和热值产生不利影响。黑液黏度增大，浆料滤水性差，导致黑液提取效率低，碱损失大；黑液黏度增大，传热效率低，蒸发增浓困难，容易导致换热面结垢，甚至使蒸发器堵塞；黑液黏度增大，蒸发后入炉黑液浓度低，燃烧热值下降，碱炉飞灰熔点降低，熔融物熔点升高，硅化物使碱损失增加，燃烧困难，容易熄火，形

成死垫层；苛化效率下降，白液澄清困难，绿泥、白泥难以处理，处置导致二次污染，碱损失加大。

宜采用的黑液除硅方法如下所述。

（1）加强备料防硅降黏

原料中尘土、泥沙进入蒸煮系统后，黑液泥沙和硅含量增加，黏度升高。加强备料有效降低泥沙、硅含量，减缓黏度升高。

（2）除垢器

除垢器在黑液循环过程中将黑液中游离的无机硅酸盐、钙盐、镁盐及其与纤维沉积的固体杂质分离出来。减轻换热面结垢，延长蒸发器清洗周期，提高蒸发强度和蒸发效率。

（3）稀黑液沉渣处理

① 稀黑液沉渣来源　泥沙、细小纤维沉降，木质素析出，黑液中硅沉淀。

② 传统做法　提高稀黑液泵入口，稀黑液槽作斜底或锥底，定期人工清理黑液槽底沉降物，存在碱、热损失，劳动强度大等缺点。

③ 离心机处理　泥沙和细小纤维沉降浓缩物去锅炉掺烧，清液回黑液槽。

④ 稀黑液槽加碱　保持一定的 pH 值，防止木质素析出沉降，黑液中硅化物全部处于游离状态。

（4）黑液除硅

黑液中通入二氧化碳等化学品，析出的硅酸洗涤回收碱后可市售，但存在增加碱损并增加能耗的缺点。

（5）添加无机钠盐或碱降黏

硫化钠、硫酸钠、碳酸钠、氯化钠等钠盐中的正电性钠离子与黑液木素大分子结合，增加木素大分子间静电排斥力，削弱分子间结合力，降低木素高分子链网状交织结构强度从而降黏。黑液中加碱可降黏，低浓黑液降黏不明显，黑液浓度越大，降幅越大，建议有效碱浓度在 8g/L 以上，有效碱不宜过高。

（6）黑液的高剪切降黏

高浓黑液为非牛顿流体，其有机物高分子经高速剪切场挤压扭曲链接断裂。剪切速率越高，黑液固形物含量越高，黑液降黏幅度越大，黑液剪切稀化降黏不可逆。

2.6.3 蒸发工段

2.6.3.1 概述

黑液的蒸发过程是利用蒸汽通过多效蒸发器将制浆送来的稀黑液增浓到碱炉燃烧要求的固形物浓度。

黑液的提浓方法目前广泛使用的是多效蒸发，多效蒸发又包括管式、板式或管板结合式等。也有用机械蒸汽再压缩技术（Mechanical Vapor Recompression，MVR）以及对造纸黑液进行膜过滤的提浓方式。

多效蒸发器可选择管式降膜蒸发器、板式降膜蒸发器组，还有将管式和板式蒸发器相结合的蒸发站。蒸发器的形式多为降膜式是因为其黑液流向与重力方向相同，而升膜式蒸发器与之相反，必须将克服重力及料液与管壁的摩擦力才能把黑液拉拽成上升的液膜。管式降膜蒸发器的二次蒸汽快速向下流动，会将液膜吹得更薄、速度更快，使传热热阻大大降低，传热膜系数更高。板式降膜蒸发器的传热效率也高，同时有不易结垢、容易清洗、运行周期长、操作弹性大等特点，板式降膜蒸发器近些年占有市场较大份额。

MVR 是将蒸发系统内产生的二次蒸汽通过压缩机做功，提高蒸汽热焓，循环进行加热蒸发，充分利用系统内二次蒸汽及冷凝水的余热。在固形物浓度 3%～15% 这个区间内，MVR 经济效益明显，能够避免使用新鲜蒸汽，运行费用大大降低。随着溶液浓度升高，沸点升高因素明显，对二次蒸汽进行压缩提升的温度已不能满足黑液浓度的上升要求，因此目前 MVR 多用于低浓废液的浓缩。

对黑液进行膜过滤可以进行黑液的浓缩。但受过滤膜的使用要求，进膜过滤系统的黑液温度需降至 40℃ 以下，温度过高，会引起膜表面滤饼层的压密，渗透通量下降。制浆送来的稀黑液温度在 80℃ 以上，降温势必形成能源上的浪费。

2.6.3.2 工艺流程说明

制浆车间送来的稀黑液经稀黑液槽贮存，泵送Ⅳ效蒸发器闪蒸，自流至Ⅴ效、Ⅵ效（竹浆），然后按Ⅴ→Ⅳ→Ⅲ→Ⅱ→Ⅰ逆流蒸发至浓度45%～55%，送浓黑液槽暂存，然后送燃烧工段。

对于竹浆浓黑液送到燃烧工段后，在燃烧工段中的芒硝黑液混合器里与芒硝和碱灰混合送回至蒸发工段，浓黑液从浓黑液槽泵入Ⅰ效，进一步结晶蒸发增浓。浓度至约 60%～68% 时出蒸发器，经闪蒸罐闪蒸后进入入炉浓黑液槽贮存。因炉内黑液浓度较高，为降低黏度，入炉黑液槽通入中压蒸汽保持压力贮存，再送碱炉燃烧。

0.4MPa 的蒸汽进入Ⅰ效加热黑液，自身冷凝为清洁冷凝水，送锅炉或燃烧工段使用。Ⅱ、Ⅲ、Ⅳ、Ⅴ及表面冷凝器冷凝下来的污冷凝水可送至苛化工段使用。对于竹浆黑液的蒸发后几效的蒸发器设计为自汽提结构，设置为预冷凝段和后冷凝段，可实现二次蒸汽冷凝水的分级。后冷凝段的冷凝水富含污染物质，这部分污水为重污冷凝水，可送污水处理场或经汽提塔汽提后在系统内循环使用。

为清洗蒸发器加热面的结垢，工艺流程中必须考虑用稀黑液循环洗涤Ⅰ、Ⅱ效，同时工段设置温水槽，以便用温水洗涤蒸发器，蒸发站还要设有高压清洗泵，可用高压水冲洗蒸发器内换热面上的结垢，以保证蒸发站的正常运行。

2.6.3.3　主要工艺技术指标

非木浆黑液蒸发工段主要工艺技术指标见表 2-34。

表 2-34　非木浆黑液蒸发工段主要工艺技术指标

序号	名称	单位	竹浆黑液	苇浆黑液	麦草浆黑液	蔗渣浆黑液
1	年工作日	d	340			
2	进效黑液浓度	%	约 14	约 10	约 10	约 10
3	黑液纤维含量	mg/L	<30	<50	<50	<50
4	进效黑液温度	℃	85	80～85	80～85	约 80
5	出蒸发站黑液浓度	%	65～68	48～50	约 45	约 48
6	蒸发热效率	kg 水/kg 汽	约 4.5	约 4	约 3.6	约 4
7	平均蒸发强度	kg 水/(h·m²)	14	12	约 10	约 10

2.6.3.4　主要设备选择

年产 1.0×10^5 t 非木浆黑液蒸发工段主要设备见表 2-35 和表 2-36。

表 2-35　竹浆黑液蒸发工段主要设备

序号	设备名称	基本要求	型号及规格			单位	数量
			蒸发水量 125t/h	蒸发水量 190t/h	蒸发水量 250t/h		
1	Ⅰ效板式降膜蒸发器	板式降膜,加热元件、除沫器、黑液分配槽为不锈钢,其余为碳钢	加热面积 1000m²	加热面积 1500m²	加热面积 2000m²	台	4
2	Ⅱ效板式降膜蒸发器	板式降膜,加热元件、除沫器、黑液分配槽、壳体为不锈钢,其余为碳钢	加热面积 1350m²	加热面积 2000m²	加热面积 3000m²	台	1
3	Ⅲ效板式降膜蒸发器	板式降膜,加热元件、除沫器、黑液分配槽、壳体为不锈钢,其余为碳钢	加热面积 1500m²	加热面积 2250m²	加热面积 3000m²	台	1
4	Ⅳ效板式降膜蒸发器	板式降膜,加热元件、除沫器、黑液分配槽为不锈钢,其余为碳钢	加热面积 1500m²	加热面积 2000m²	加热面积 3000m²	台	1
5	Ⅴ效板式降膜蒸发器	板式降膜,加热元件、除沫器、黑液分配槽为不锈钢,其余为碳钢	加热面积 1600m²	加热面积 2400m²	加热面积 3200m²	台	1
6	Ⅵ效板式降膜蒸发器	板式降膜,加热元件、除沫器、黑液分配槽为不锈钢,其余为碳钢	加热面积 1500m²	加热面积 2100m²	加热面积 3000m²	台	1
7	板式降膜冷凝器	壳体为碳钢,换热元件为不锈钢,	换热面积 1000m²	换热面积 1600m²	换热面积 2500m²	台	1
8	汽提塔	过流部位:不锈钢				台	1
9	稀黑液槽	碳钢制	V=1000m³	V=1500m³	V=2500m³	台	2
10	半浓黑液槽	碳钢制	V=1000m³	V=1500m³	V=2500m³	台	1
11	浓黑液槽	不锈钢	V=150m³	V=450m³	V=1000m³	台	1
12	入炉黑液槽	不锈钢	V=150m³	V=200m³	V=300m³	台	1

表 2-36　苇浆、麦草浆、蔗渣浆黑液蒸发主要设备（配套 $1.0×10^5$ t/a 制浆）

序号	设备名称	型号及规格	单位	数量	备注
1	Ⅰ效板式降膜蒸发器	三体加热元件、除沫器、黑液分配槽为不锈钢,其余为碳钢;换热面积1500m²	台	3	
2	Ⅱ效板式降膜蒸发器	单室加热元件、除沫器、黑液分配槽为不锈钢,其余为碳钢;换热面积2500m²	台	1	

续表

序号	设备名称	型号及规格	单位	数量	备注
3	Ⅲ效板式降膜蒸发器	加热元件、除沫器、黑液分配槽为不锈钢,其余为碳钢; 换热面积 2200m²	台	1	
4	Ⅳ效板式降膜蒸发器	单室加热元件、除沫器、黑液分配槽为不锈钢,其余为碳钢; 换热面积 2200m²	台	1	
5	Ⅴ效板式降膜蒸发器	单室加热元件、除沫器、黑液分配槽为不锈钢,其余为碳钢; 换热面积 2500m²	台	1	
6	板式降膜冷凝器	壳体为碳钢换热元件为不锈钢; 换热面积 1300m²	台	1	
7	浓黑液闪蒸罐	碳钢制 $\phi1200\text{mm}\times1600\text{mm}$	台	1	
8	稀黑液槽	碳钢制 $V=1000\text{m}^3$	台	2	
9	半浓黑液槽	碳钢制 $V=1000\text{m}^3$	台	1	
10	浓黑液槽	碳钢制 $V=150\text{m}^3$	台	2	

2.6.3.5 主要设备描述及特点

(1) 板式降膜蒸发器

板式降膜蒸发器结构原理是加热元件由若干成对点焊结合的金属板幅组成(见图 2-26),设汽联箱,板组下方收集冷凝水,三体板式蒸发器中两体作为工作室,一体低浓度黑液清洗,三体之间每 4～8h 切换一次循环清洗模式,使换热面保持清洁。

板式降膜蒸发器由五/六个蒸发器、一个冷凝器组成,Ⅰ效多采用三室,其他各效单室或双室,后几效和表面冷凝器采用低 BOD 分区结构,把蒸发器内加热元件分前后两个板组,板组间上部连通;前效蒸发器二次蒸汽进入前加热板组后上升,经黑液间壁换热冷却后其冷凝水沿板片内壁流下被上升蒸汽汽提;冷凝水中绝大部分可挥发污染物被汽提出来,随蒸汽进入后加热板组冷凝,后加热板组重污冷凝水量为进蒸发器二次蒸汽的少部分。重污冷凝水外排,轻污冷凝水回用于生产。

板式降膜蒸发系统工艺流程特点:全板式蒸发站温差低、蒸发能力和传热效率高,各效独立调节进效量、浓度,板组布液均匀,不易结垢,易于清洗,蒸发负荷波动适应力强,黑液循环泵规格和功率相对较小,操作

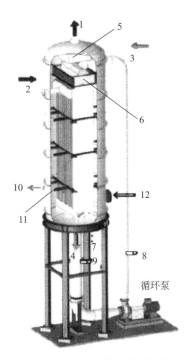

循环泵

图 2-26　板式降膜蒸发器结构

1—蒸汽出口；2—蒸汽入口；3—循环液入口；4—循环液出口；5—雾沫分离器；6—分配箱；
7—冷凝水出口；8—黑液出口；9—黑液进口；10—不凝气出口；11—内部钢结构；12—人孔

方便，开停机迅速。

自汽提板式降膜蒸发器如图 2-27 所示。

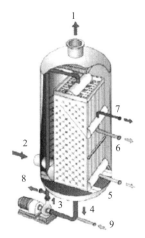

图 2-27　自汽提板式降膜蒸发器

1—二次汽出口；2—二次汽入口；3—循环液入口；4—循环液出口；
5—轻污水出口；6—重污水出口；7—不凝气出口；8—黑液出口；9—稀黑液进口

（2）管式降膜蒸发器

管式降膜蒸发器加热管构件组装在相同直径壳体内，设计简单坚固，可使用较高蒸汽温度和压力，将黑液固形物含量大幅度提高，增加总蒸发能力；蒸发器传热面容易清洗；汽液分离较好，最大限度地减少污水排放，增加污冷凝水回用量。

管式降膜蒸发器由壳体、上下管板、隔板和加热管等构成（见图2-28），加热室和沸腾室在上，分离器在下，壳体按压力容器和常压容器设计。黑液由内部循环管预热、输送到上管板上部的配盘，均匀分布并沿管壁呈膜状流下同时传热蒸发，不易结垢；从黑液中蒸发出的蒸气快速向下流动，拉动拉薄黑液薄膜，传热热阻大大降低，传热膜系数更高，没有静压后沸点升高，有效温差提高。

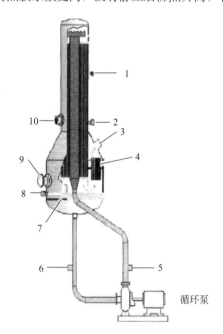

图 2-28　管式降膜蒸发器结构简图

1—加热室；2—冷凝水出口；3—二次蒸汽出口；4—雾沫分离器；5—黑液出口；
6—黑液进口；7—蒸发器汽室；8—冷凝水出口；9—蒸汽进口；10—人孔

自汽提管式降膜蒸发器（见图2-29）带有中心循环管，内部隔板将蒸发罐换热区分成前后两个冷凝段，二次蒸汽送至加热元件的前冷凝段底部向上流动，对向下流动的冷凝水产生汽提作用，冷凝水中的重污染成分从液相转为气相的挥发性污染物质，冷凝水转变为轻污冷凝水单独排出；富集挥发性污染物质的二次蒸汽进入加热元件的后冷凝段冷凝为重污冷凝水。

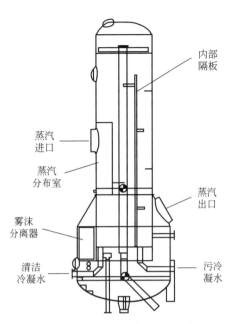

图 2-29　自汽提管式降膜蒸发器结构简图

2.6.3.6　主要工艺流程简图

非木浆黑液蒸发工段工艺流程简图见图 2-30 和图 2-31。

2.6.3.7　本工段设计时的考虑要点

① 黑液管道设计时宜设置检查、清洗、取样点。

② 重污冷凝水泵电机应选择防爆电机，泵应选择磁力泵。

③ 因为非木浆的黑液黏度较大，尤其在浓度高时更为突出，因此在管道设计时尽量避免管道产生盲管而堵塞管道。

④ 设计中考虑可一次出浓，同时考虑用稀黑液或污冷凝水进行清洗，大循环出半浓黑液的可能性。

⑤ 蒸发器各效加热室均应排不凝气，正压排气接大气，负压排气接至不凝气总管，最终接入表面冷凝器。

2.6.4　燃烧工段

2.6.4.1　概述

本工段的目的是将蒸发工段送来的浓黑液混合碱灰后最终喷入碱回收

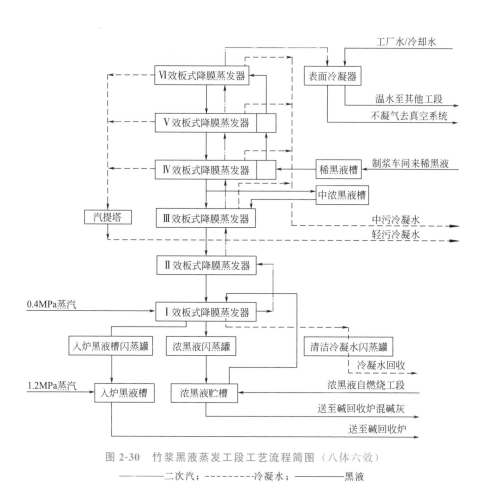

图 2-30　竹浆黑液蒸发工段工艺流程简图（八体六效）

————二次汽；--------冷凝水；————黑液

炉燃烧，黑液中的有机物燃烧后产生热量，将给水加热成为蒸汽后供厂区使用，无机物燃烧后成为熔融物进入溶解槽形成绿液（主要成分为碳酸钠），送苛化工段进一步处理得到蒸煮用的药液。

2.6.4.2　工艺流程说明

本工段系统包括给水系统、黑液系统、绿液系统、碱灰芒硝系统、供风系统、烟气系统、加药系统、吹灰系统、排污系统、中低压蒸汽系统、臭气处理系统等。

蒸发工段从入炉黑液槽送来的浓黑液先经黑液直接加热器加热，再经黑液喷枪入炉燃烧。管道上设置浓度测量及黑液切断装置，防止浓度低的黑液进入碱炉。

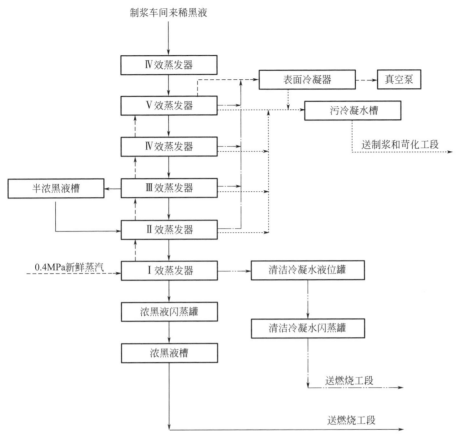

图 2-31　苇浆、麦草浆、蔗渣浆黑液蒸发工段工艺流程简图（七体五效）

───────── 黑液；──────── 二次蒸汽；──·──·── 清洁冷凝水；·········· 污冷凝水；━━━━━ 不凝气

　　碱回收炉是碱回收车间的主要设备，从蒸发工段来的浓黑液在碱炉内燃烧。其中有机物燃烧产生热能而生产出蒸汽，无机物燃烧成熔融物溶解在稀白液中成为绿液进行回收。碱回收炉给水是其他工段和本工段收集的冷凝水，回收的冷凝水需要在化学水处理站处理后送除氧器除氧，然后用于锅炉给水。

　　碱炉供风系统为多层供风系统，碱炉燃烧所需空气分三次送入，分别为一次风、二次风和三次风；其中二次风又可分为低二次风和高二次风。一次风和低二次风都是冷空气经蒸汽加热至 150℃ 左右进入炉内。高二次风常混入制浆和碱回收过程中产生的低浓臭气送入炉内燃烧。三次风多为冷风，风机直接室内取风送入炉内。烟气从碱炉的空气预热器出来后经电除尘，将烟气中的烟尘浓度降至排放要求，用引风机将其送入烟囱排空。

碱炉开停机是需要辅助燃料的，通常采用重油或天然气。碱炉配有用于重油燃烧的启动燃烧器。启动燃烧器位于二次风口的高度，助燃空气从二次风箱进入。在启动时，用启动燃烧器将碱炉加热到黑液的着火点。

绿液系统包含了碱炉熔融物、稀白液和绿液系统。黑液中有机物在碱炉中燃烧，黑液中无机物成分在碱炉底部熔融，熔融物经炉底溜槽进入溶解槽后形成绿液，绿液用泵送至苛化工段。绿液管道由于碳酸钠的析出易产生结晶而堵塞，一般设计绿液管道和稀白液管道切换运行，用稀白液洗涤绿液管道。

2.6.4.3 主要工艺技术指标

非木浆黑液燃烧工段主要工艺技术指标如表 2-37 所列。

表 2-37 非木浆黑液燃烧工段主要工艺技术指标

序号	名称	单位	竹浆	苇浆	麦草浆	蔗渣浆
1	入炉黑液浓度	%	65～68	52～54	48～50	52～55
2	入炉黑液温度	℃	135	105～115	105～110	115
3	产汽压力	MPa	6.8	3.82	1.27	3.82

2.6.4.4 主要设备选择

非木浆黑液燃烧工段主要设备见表 2-38 和表 2-39。

表 2-38 竹浆黑液燃烧工段主要设备

序号	名称	设备参数			单位	数量
		处理固形物量 500tds/d	处理固形物量 750tds/d	处理固形物量 1000tds/d		
1	碱回收炉	过热蒸汽产量约为 60t/h，6.8MPa，480℃	过热蒸汽产量约为 90t/h，6.8MPa，480℃	过热蒸汽产量约为 110t/h，6.8MPa，480℃	台	1
2	黑液燃烧装置	固定式口径≥ϕ18	固定式口径≥ϕ18	固定式口径≥ϕ18	套	1
3	除氧器	旋膜式 Q=80t/h；出水温度130℃	旋膜式 Q=120t/h；出水温度130℃	旋膜式 Q=200t/h；出水温度130℃	个	1
4	除氧水箱	V=80m^3	V=80m^3	V=100m^3	套	1

续表

序号	名称	设备参数			单位	数量
		处理固形物量 500tds/d	处理固形物量 750tds/d	处理固形物量 1000tds/d		
5	静电除尘器	单列通过烟气量 160000m³/h；入口烟气含尘量（标准状态）25g/m³，除尘效率 99.8%	单列通过烟气量 200000m³/h；入口烟气含尘量（标准状态）25g/m³，除尘效率 99.8%	单列通过烟气量 300000m³/h；入口烟气含尘量（标准状态）25g/m³，除尘效率 99.8%	套	2
6	一次风风机	$Q=35000m^3/h$	$Q=75000m^3/h$	$Q=68000m^3/h$	台	1
7	二次风风机	$Q=55000m^3/h$	$Q=85000m^3/h$	$Q=110000m^3/h$	台	1
8	三次风风机	$Q=20000m^3/h$	$Q=35000m^3/h$	$Q=45000m^3/h$	台	1
9	引风机	$Q=180000m^3/h$	$Q=250000m^3/h$	$Q=300000m^3/h$	个	2
10	芒硝碱灰黑液混合器	$V=30m^3$，材质为不锈钢	$V=40m^3$，材质为不锈钢	$V=50m^3$，材质为不锈钢	台	1
11	溶解槽	$V=100m^3$	$V=160m^3$	$V=200m^3$	台	1

注：tds 表示吨干固体，下同。

表 2-39 苇浆、麦草浆、蔗渣浆黑液燃烧工段主要设备

序号	名称	设备参数			单位	数量
		苇浆	麦草浆	蔗渣浆		
1	碱回收喷射炉	处理固形物量 440t/d	处理固形物量 420t/d	处理固形物量 450t/d	台	1
		过热蒸汽压力 3.82MPa；450℃产汽量48t/h	饱和蒸汽压力 1.27MPa；450℃产汽量32t/h	过热蒸汽压力 3.82MPa；450℃产汽量48t/h		
	固定式黑液喷射装置	机械雾化；工作压力 2MPa			套	1
	长伸缩式吹灰器	吹灰有效半径 1.5～2m			套	1
	重油燃烧器	机械雾化；工作压力 2MPa；能力 200kg/h			套	1
2	圆盘蒸发器	蒸发面积 350～400m²			台	1
3	静电除尘器	处理能力（标准状态）150000m³/h；除尘效率≥99%			台	2

序号	名称	设备参数			单位	数量
		苇浆	麦草浆	蔗渣浆		
4	引风机	$Q=166000\mathrm{m}^3/\mathrm{h}$; $H=3330\mathrm{Pa}$(工况)			台	2
5	溶解槽	$\phi4200\times3000\mathrm{mm}$; $V=30\mathrm{m}^3$			个	1
6	一、二次风风机	$Q=58570\mathrm{m}^3/\mathrm{h}$; $H=3840\mathrm{Pa}$ $Q=64000\mathrm{m}^3/\mathrm{h}$; $H=4425\mathrm{Pa}$			台	1
7	三次风风机	$Q=23600\mathrm{m}^3/\mathrm{h}$; $H=3943\mathrm{Pa}$			台	1
8	除氧器	$Q=80\mathrm{m}^3/\mathrm{h}$; $\phi800\mathrm{mm}$; 不锈钢填料环			个	1

2.6.4.5　主要设备描述及特点

（1）碱回收炉

碱回收炉是碱回收车间的主要设备。

碱炉的功能：一是回收热能，通过黑液中有机物的燃烧，产生工艺需要的蒸汽；二是回收黑液中的碱，供蒸煮使用，同时消除了黑液的污染。

碱炉总体上可分为回转炉和喷射炉。喷射炉可分为简易喷射炉、圆形喷射炉、方形喷射炉等。目前多使用的碱炉为方形喷射炉（即全水冷壁方形喷射炉），方形喷射炉的燃烧炉部分的炉壁、炉底、炉顶均采用水冷壁，且配有余热回收锅炉，自动化程度高。缺点是结构较为复杂，一次性投资高，维修、操作技术难度大。

方形喷射炉分为低压碱炉和中压（次高压）碱炉；按照汽包的配置情况，又可以分为双汽包碱炉和单汽包碱炉；另外考虑入炉黑液浓度，碱炉省煤器后部的布置又可分为带烟气空气预热器的炉型，以及带圆盘蒸发器和不带圆盘蒸发器的炉型。

低压碱炉饱和蒸汽参数一般为 1.27MPa，适用于热值低、燃烧性能差、入炉黑液浓度低的生产线。随着技术的进步及单条生产线产能的不断提高，特别是蒸发技术的突破，越来越多的碱炉选择中压或次高压碱炉。

典型的单汽包中压或次高压碱炉采用三级多次送风、立式沸腾管屏、屏式省煤器、170~180℃的排烟温度，碱炉运行周期长、系统稳定性和碱炉热效率显著提高。以竹子为原料的制浆厂，碱炉为低臭型单汽包碱炉。

碱回收炉由炉膛、水冷屏（或气冷屏）、过热器、蒸发管屏（或锅炉管束）、省煤器、汽包等组成。炉底、炉墙上部和炉顶采用碳钢管带碳钢膜式水冷壁。下部采用复合钢管带不锈钢膜式水冷壁以防腐。炉底倾斜性设计，由一层凝固的熔融物保护，可避免炉底内的气泡堆积从而保证有效的炉底管传热。膜式遮焰角位于炉膛上方，可使顶部的过热器高温部分免受炉膛直接辐射。在碱炉三次风和折焰角之间设置一个安全角，用于爆炸发生时炉膛泄压和裂开以尽量减少对锅炉受压件的损坏和人身伤害。水冷屏炉膛水冷屏位于炉膛出口以保护过热器并形成良好的烟气流程。水冷屏为刚性膜式结构。膜式炉排与最上部水冷屏管靠近以便击碎从过热器落下的较大碱块。过热器为连续回路，悬吊型，其集箱在炉膛上部。过热器管屏穿过炉顶处采用密封盒实现其气密性。过热器的管屏悬吊可以使管屏独立移动而不会产生应力。来自各换热面的汽水混合物进入汽包。水从汽包经下降管送到炉膛、水冷屏及蒸发管屏等受热面。汽包内设有旋风筒分离器，为汽水分离装置，和其上部的雾沫分离器将大部分带蒸汽的水送入汽包底部。饱和蒸汽从顶部排出后进入过热器。

碱回收炉除以上组成部分外，还需要配备辅机，这些辅机包括溶解槽、吹灰器、熔融物溜槽、黑液喷枪、放空槽、溶解槽排气洗涤器等。溶解槽的作用是溶解从燃烧炉流出的熔融物，制成一定浓度的绿液。溶解槽由钢板焊接而成，带有搅拌器和消声装置（多用蒸汽进行消声）。这些都是为了保证熔融物进入溶解槽内能迅速地形成绿液，防止引起较大振动与声响。在溶解槽顶部设爆炸释放装置和溶解槽排气管。在黑液燃烧的过程中，烟气夹带着碱灰粉尘从炉膛飞出。碱灰的主要成分为无机物盐类和未燃尽的炭粒，其特点是黏着温度低。碱灰在碱回收炉受热面上的附着和黏着会严重影响受热面的换热，进而降低传热效果，影响锅炉效率。

在碱炉过热器、锅炉管束及省煤器部位通常配备长伸缩式吹灰器进行在线吹灰。吹灰器是由一根装在炉体外面的吹灰管及该吹灰管的支撑和行走系统组成，其合理的双轨、双齿条设计确保设备运行的稳定和可靠。吹灰时传动机构动作，同时开启蒸汽门，吹灰管旋转进入炉内，蒸汽从吹灰管末端的喷嘴高速喷出，将换热面的积灰吹落至灰斗内。不吹灰的时候，吹灰管缩回炉外，蒸汽阀关闭。

（2）静电除尘器

静电除尘器的作用是净化烟气、回收碱尘、提高碱回收率，减少烟气对大气的污染。静电除尘器对于颗粒直径小的尘埃有较高的集尘效率，可达 99％以上。烟气阻力小，电耗也不高，但设备投资费用较高。

电除尘器的负极加上直流高压电源，正极接地，在负极周围形成"电晕"，产生带电粒子。含尘气体经过电场室，尘粒与带电离子相碰撞并充电而成为荷电粉尘，在强电厂的电位差作用下迫使荷电粉尘向正极运动而被吸附于接地的正极板上，再经过振打落到下面灰斗中而被收集。除尘器内部有匀流器、电场和集尘装置等。匀流器设置在烟气进入除尘器电场前，烟气经分布转向板和多孔板，以保证烟气均匀流通沿截面通过电场。电场由交错排列的电晕极和集尘极组成，其集尘装置由锁气器与输送机组成。集尘装置将碱尘收集并输送至芒硝黑液混合器内与浓黑液混合。

（3）圆盘蒸发器

圆盘蒸发器是一种黑液与烟气直接接触式的蒸发器，它兼有除尘和提高黑液浓度的作用。圆盘蒸发器由大的圆形管箱构成，几个管板轮上穿上一定数量的均布管道形成管箱。管箱和轴形成转子，整个转子安装在一个密闭的半圆形槽体内。转鼓的大半个表面暴露在烟气中。槽体内黑液液面低于轴中心，当轴转动时黑液附着在管箱的管壁上转出液面与烟气接触。高温烟气横向流过粘有黑液的管箱时，黑液中的水分得以蒸发。烟气通过此设备压力损失较小，约 980Pa，缺点是与黑液直接接触，污染环境。随着蒸发技术的发展，黑液出效浓度的提高，现已逐步淘汰该类蒸发器。

2.6.4.6　主要工艺流程简图

竹浆黑液燃烧工段工艺流程简图如图 2-32 所示；苇浆、麦草浆、蔗渣浆黑液燃烧工艺流程简图如图 2-33 所示。

2.6.4.7　本工段设计时的考虑要点

① 碱炉给水泵应设置备用泵，并应设置双电源；如无独立双电源时应设应急给水泵。

② 碱炉可采用半露天布置，建议采用紧身封闭，运转层不宜采用钢平台，经常操作的阀门宜集中于主操作层，与炉体连接的供风管、给水管、排污管道应设弹性支吊架。

③ 绿液管道和稀白液管道互相切换以防止绿液管道内结晶导致管道堵塞。

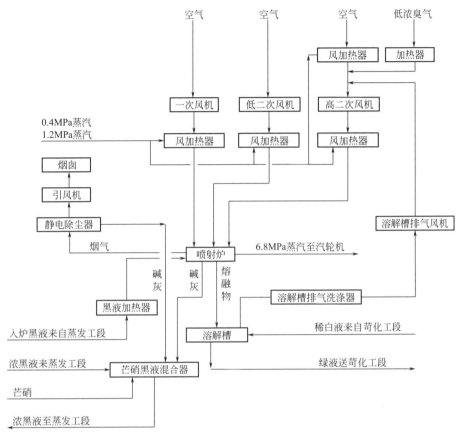

图 2-32 竹浆黑液燃烧工段工艺流程简图

④ 风道、灰斗、联箱、溜槽等部件不可与碱回收炉平台等采用固定刚性连接。

2.6.5 苛化工段

2.6.5.1 概述

黑液燃烧后的熔融物溶于热水或稀白液中，形成黄绿色溶液，称作绿液，其主要成分是碳酸钠。苛化就是把绿液与石灰进行反应，使碳酸钠转变成氢氧化钠。反应后分离出的清液（主要成分为氢氧化钠）即蒸煮白液，生成的沉淀叫白泥（主要成分有碳酸钙）。用澄清或过滤的方法将其分离，经洗涤去残碱后可回收石灰或综合利用。

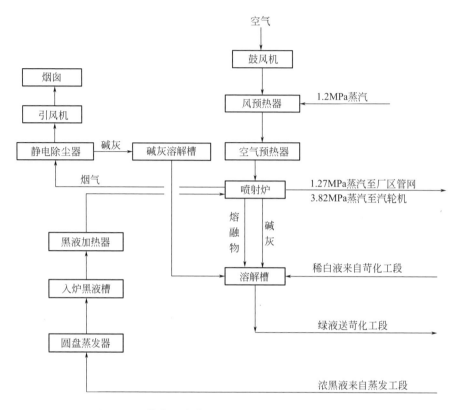

图 2-33 苇浆、麦草浆、蔗渣浆黑液燃烧工艺流程简图

2.6.5.2　工艺流程说明

由燃烧工段来的绿液经澄清过滤后与 CaO 消化，然后经苛化、过滤后产生白液用于蒸煮，白液浓度 $70\sim100g/L$（以 Na_2O 计），白液苛化度 $80\%\sim85\%$（竹浆硫化度 20%）。

螺旋给料器连续将石灰从石灰仓中送出，与澄清过滤后的绿液一起送入石灰消化提渣机进行消化。绿液澄清器中出来的绿泥，经泵送入绿泥预挂过滤机，过滤后的绿泥排出，滤液送至稀白液槽。

消化器中的消化液自流到苛化器中，在其内发生苛化反应。苛化后的乳液由泵送至白液澄清器和白液精细过滤器（只用于竹浆），澄清、过滤后的白液（含悬浮物 $\leqslant20\times10^{-6}$）送入白液贮存槽，泵送制浆车间。从白液澄清器出来的白泥送至白泥贮存槽稀释，依次送白泥洗涤器和白泥预挂过滤机进行两段洗涤，洗涤后的白泥外运。从白泥洗涤器来的稀白液送至稀白液贮存槽，泵送燃烧工段溶解槽。

2.6.5.3　主要工艺技术指标

非木浆苛化工段主要工艺技术指标见表 2-40。

表 2-40　非木浆苛化工段主要工艺技术指标

序号	名称	单位	竹浆	苇浆	麦草浆	蔗渣浆	备注
1	年工作日	d			340		
2	苇化度	%	85	80～85	80～85	80～85	竹浆硫化度20%
3	白液浓度	g/L	95～100	80～90	70～80	80～90	以 Na₂O 计
4	白泥干度	%	60	55	50～55	50～55	

2.6.5.4　主要设备选择

非木浆苛化工段主要设备见表 2-41 和表 2-42。

表 2-41　非木浆苛化工段主要设备

序号	设备名称	型号及规格			单位	数量	备注
		白液产能 1250m³/d	白液产能 1900m³/d	白液产能 2500m³/d			
1	绿液澄清器	φ15000mm×10000mm	φ18000mm×10000mm	φ21000mm×10000mm	台	1	
2	绿泥预挂过滤机	10m², φ1630mm×2000mm	15m², φ2500mm×2000mm	20m², φ2500mm×2600mm	台	1	
3	石灰消化提渣机	消化器 φ4000mm×2500mm	消化器 φ5000mm×2500mm	消化器 φ5500mm×2500mm	台	1	
4	苇化器	38m³, φ3500mm×4000mm	62m³, φ4000mm×5000mm	79m³, φ4500mm×5000mm	台	3	
5	白液澄清器	φ18000mm×10000mm	φ21000mm×10000mm	φ24000mm×10000mm	台	1	
6	白液精细过滤器	φ1600mm×3969mm	φ2000mm×3969mm	φ2400mm×3969mm	台	1	
7	白泥洗涤器	φ18000mm×10000mm	φ21000mm×10000mm	φ24000mm×10000mm	台	1	
8	白泥预挂过滤机	65m²×2, φ4110mm×5020mm	95m²×2, φ4110mm×7020mm	65m²×4, φ4110mm×5020mm	套	1	

表 2-42   苇浆、麦草浆、蔗渣浆苛化工段主要设备（配套 1.0×10^5 t/a 制浆）

序号	设备名称	型号及规格	单位	数量	备注
1	绿液澄清器	$\phi 13000mm \times 10000mm$	台	1	
2	绿泥预挂过滤机	$7 \sim 10m^2, \phi 1630mm \times 1400mm$	台	1	
3	石灰消化提渣机	消化器：$\phi 3500mm \times 2500mm$	台	1	
4	苛化器	$28m^3, \phi 3000mm \times 4000mm$	台	3	
5	白液澄清器	$\phi 16000mm \times 10000mm$	台	1	
6	白泥洗涤器	$\phi 16000mm \times 10000mm$	台	1	
7	白泥预挂过滤机	$55m^2, \phi 3000mm \times 4850mm$	台	2	

2.6.5.5   主要设备描述及特点

（1）石灰消化提渣机

石灰消化提渣机由消化器和提渣机两部分组成，前者是用绿液消化石灰，后者是把石灰乳液中的渣子分离。

石灰消化提渣机由消化器和提渣机组成，现代石灰消化器多采用螺旋式，即螺旋分级式消化提渣机，如图 2-34 所示。消化器运行时，石灰和绿液的加入量要配合恰当，绿液的供应应稳定均匀，石灰的供应量应按计算均匀加入（理论用灰量＋过量灰）。还应特别注意石灰的质量，因为石灰的质量及用量均会直接影响白液的苛化度、澄清度和过量灰等指标（石灰质量：CaO＞75％，MgO＜1.5％）。掌握消化温度也很重要，温度高有利于消化，一般消化温度保持 $80 \sim 90$℃。消化器在苛化工艺过程中起到制取石灰乳液的作用，同时在消化器内苛化反应也已经开始。

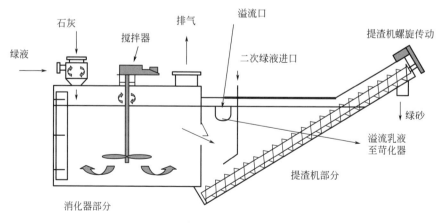

图 2-34   螺旋分级式消化提渣机

（2）苛化器

苛化器的作用是为苛化反应提供进一步反应的空间和时间，为消化后的乳液提供良好的反应条件，使苛化反应进行得较为彻底。苛化器现以连续苛化器为主。

苛化器内设搅拌器，为了使搅拌作用良好，在器壁内焊有若干直立挡板，以防滑流而形成死角。苛化器的顶盖应设有排气管接至室外。连续苛化中常将几台苛化器成阶梯形排列，串联起来运行。苛化器的进、出口都在上部，按溢流进入下一台。各苛化器可控制不同的温度，苛化乳液在苛化器中共停留 90~120min 左右。连续苛化器的结构形式如图 2-35 所示。

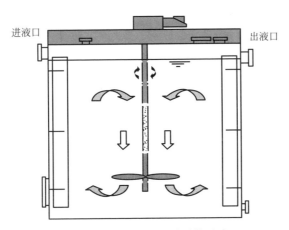

图 2-35　连续苛化器的结构形式

（3）澄清器

澄清器包括绿液澄清器、白液澄清器和白泥洗涤器，利用悬浊液中固相沉降后所形成的泥层本身作为过滤介质，对由泥层下部进入的悬浊液起到过滤层作用的以达到固液分离的目的。设备结构简单，适用于绿液澄清、白液澄清和白泥洗涤。悬浊液进入供料井，供料井的主要作用是削弱进液冲力，使进液速度减慢，泥层不受到冲击而破坏。澄清液从澄清器上端溢流到贮存槽，沉积在底部的泥用膜泵连续抽出。

澄清器按圆筒内部分隔的层次分为多层澄清器和单层澄清器（见图 2-36）。多层澄清器有平行式进液和逆流式进液两种。

（4）白液精细过滤器（用于竹浆）

白液精细过滤器筒体是一个立式压力容器，筒体顶部是弓形封头，底部是锥形封头。筒体中间有一个分布板，将筒体分为上下两腔室，工作时

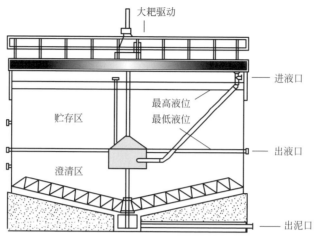

大耙驱动

进液口

最高液位
最低液位

贮存区

出液口

澄清区

出泥口

图 2-36　单层澄清器

筒体下腔室压力高于上腔室，上下腔压差作为介质过滤的动力。白液精细过滤器过滤元件由 304 件滤管和滤套组成。滤管是布满筛孔的细长钢管，滤套套在滤管之外，材质为聚丙烯，过滤元件固定在筒体内部中间的管板上，用压板和螺柱连接件压紧。

白液从进液口泵送入白液精细过滤器底部，喂料泵的正压作用使清白液通过滤套进入过滤器上部，并溢流到白液贮存槽，白液中的白泥在通过滤套时被截留于滤套的表面，当白液精细过滤器滤套内外压差大于反冲设定压差时，进行反向冲洗，反冲液到放空槽，然后泵送到绿液稳定槽；当压差达到酸洗设定压差时进行水洗和酸洗使滤布过滤能力再生。

（5）白泥预挂过滤机

白泥预挂过滤机用于白泥脱水，是苛化系统的首选设备（见图 2-37）。白泥预挂过滤机工作原理是，在转鼓面上预挂一层白泥，然后进行常规的白泥过滤，过滤过程中用刮刀刮下预挂层面上的泥渣，整个转鼓 360° 均有真空。用于白泥脱水，其干度达到 55%～65%，白泥残碱 0.1%～0.4%。

预挂式的过滤机主要由转鼓、分配阀、槽体、刮刀、喷淋管和汽罩等部分组成。其最大特点是采用了预挂技术，使过滤介质由单一的过滤网变为过滤网和白泥预挂层。由于预挂层是由白泥颗粒构成，白泥的粒度约 4～5μm，因而构成无数微孔与网眼较稀的滤网共同完成过滤介质工作。在较高的真空作用下，可以得到较好的滤液澄清度、白泥干度及较低的白泥残碱。

预挂过滤机的刮刀最初停放在距离鼓面 15mm 左右的位置上（对草浆

白泥大约 10mm），当白泥的滤饼厚度超过 15mm 时，超出部分就用刮刀刮下来，低于 15mm 的部分就预留在鼓面作为二次上料的滤网。这样工作一段时间后，预挂层会被污染（细小颗粒堵塞），这样刮刀会自动向鼓面移动，把里面的预挂层刮去一部分，露出新鲜的预挂层。一般情况下，每工作 8h 后要把全部预挂层更新，然后重新预挂，再开始工作。

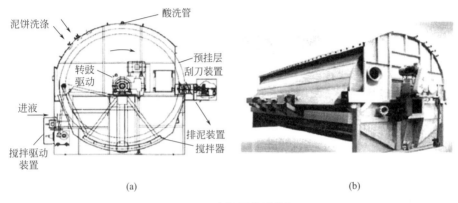

图 2-37　白泥预挂过滤机

2.6.5.6　主要工艺流程简图

非木浆苛化工段工艺流程简图见图 2-38 和图 2-39。

2.6.5.7　本工段设计时的考虑要点

（1）工艺技术

① 苛化工段的白液质量参数应满足制浆生产要求。

② 苛化工段所采用的石灰质量应满足苛化生产工艺和白液质量的要求。

③ 苛化工段各贮槽贮存时间应满足生产的连续、稳定运行的要求，同时应兼顾设备投资和运行能耗。

④ 苛化度应为 80%～85%。

⑤ 绿液宜设置澄清、贮存装置。

⑥ 石灰贮存宜采用密闭式石灰仓。

⑦ 消化后的石灰渣含碱应为 0.2%～1.0%。

⑧ 白液澄清可采用压力过滤机或澄清器，白泥洗涤设备可采用澄清器、预挂式过滤机、压力过滤机等过滤装置。

⑨ 应设置白泥洗涤工序。

⑩ 绿泥干度、绿泥残碱、白泥干度、白泥残碱应满足后续处理要求。

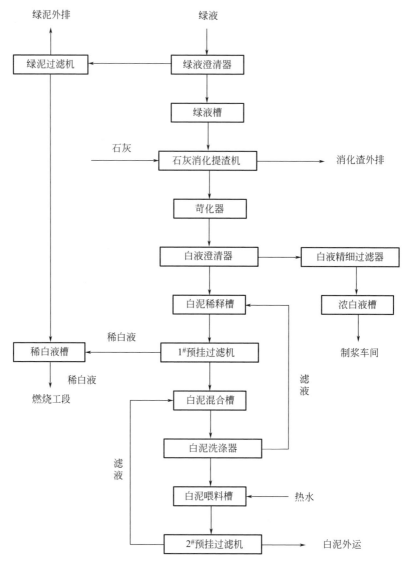

图 2-38　竹浆苛化工段工艺流程简图

⑪ 硅干扰的问题是所有非木材纤维制浆过程中的共性问题，致使无法进行石灰回收，因此需做好外排白泥的综合利用。

（2）工艺设备布置

连续苛化器间的标高差不宜小于 300mm。

（3）工艺管道

苛化液、白泥、绿泥等自流管沿介质流向坡降不应小于 3%。

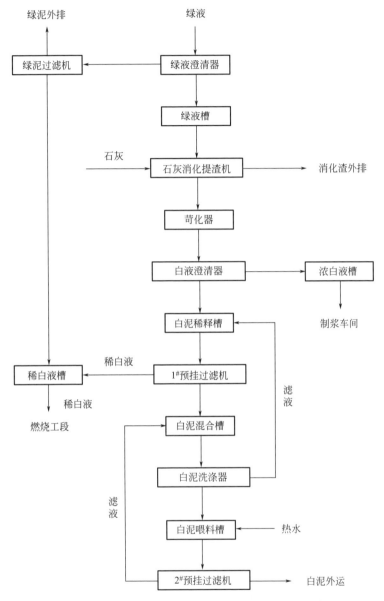

图 2-39 苇浆、麦草浆、蔗渣浆苛化工段工艺流程简图

（4）其他

对于非木浆来说，原料比较复杂，绿液的质量差别很大，含硅量又高，故其白泥的沉降速率也大打折扣。因此在选择澄清器时面积要偏大一些。对于非木浆，澄清器生产能力仅为木浆的 1/3～1/2。

3

非木浆厂其他配套设施

3.1 非木浆生产线规模

3.1.1 非木浆生产线规模划分

根据中国造纸协会关于造纸工业发展的意见：制浆造纸项目的建设要贯彻适度经济规模的要求，发挥规模效益。对新建和技术改造项目要突出起始规模，具体如下：麦草、芦苇和蔗渣等制浆单条生产线技术改造起始规模为 3.4×10^4 t/a，竹浆单条生产线技术改造起始规模为 5×10^4 t/a，非木浆新建起始规模为 1.0×10^5 t/a。

非木浆厂生产线规模划分见表3-1。

表3-1 非木浆厂生产线规模划分

规模	以制浆能力 Q 划分 /(10^4 t/a)		以单线碱炉日处理黑液固形物量 Q 划分/(tds/d)		备注
	竹浆	芦苇、麦草、蔗渣浆	竹浆	芦苇、麦草、蔗渣浆	
特大型	$Q \geqslant 20$	$Q \geqslant 20$	$Q \geqslant 1000$	$Q \geqslant 800$	
大型	$15 \leqslant Q < 20$	$10 \leqslant Q < 20$	$750 \leqslant Q < 1000$	$400 \leqslant Q < 800$	
中型	$10 \leqslant Q < 15$	$5 \leqslant Q < 10$	$500 \leqslant Q < 750$	$200 \leqslant Q < 400$	
小型	$Q < 10$	$Q < 5$	$Q < 500$	$Q < 200$	

3.1.2 新建和技术改造项目起始规模

按照中国造纸协会《关于造纸工业"十三五"发展的意见》，提高产业集中度，调整企业规模结构，改变企业数量多、规模小、布局分散的局面，大宗品种以规模化先进产能替代落后产能。"十三五"期间制浆造纸项目的建设要贯彻适度经济规模的要求，发挥规模效益。除薄页纸（$\leqslant 40g/m^2$）、特种纸及纸板等特殊品种外，对新建和技术改造项目要突出起始规模。

非木浆新建和技术改造项目起始规模如表 3-2 所列。

表 3-2　非木浆新建和技术改造项目起始规模

序号	浆种	新建起始规模	技术改造起始规模
1	化学竹浆	单条生产线 1.0×10^5 t/a 及以上	单条生产线 5.0×10^4 t/a 及以上
2	非木浆（麦草、芦苇、蔗渣等）	单条生产线 1.0×10^5 t/a 及以上	单条生产线 3.4×10^4 t/a 及以上

3.2　非木浆厂公共设施组成

3.2.1　非木浆厂项目组成

非木浆厂项目组成见表 3-3。

表 3-3　非木浆厂项目组成

工程类别	车间	单项工程
主要生产工程	原料场	原料堆场
		高架栈桥
		料仓
	制浆车间	备料工段
		蒸煮工段
		洗选工段
		漂白工段
		二氧化氯制备工段
	碱回收车间	蒸发工段
		燃烧工段
		苛化工段
公用工程		热电站
		给排水工程
		污水处理场
		供配电工程
		空压氧气压站
		总图工程

工程类别	车间	单项工程
服务性工程	仓库	危险品库、综合仓库、成品库
	厂前区	办公、技术中心、调度、中心化验室
	维修	机电仪修车间
其他工程		倒班宿舍
		职工食堂

3.2.2 选址基本要求

3.2.2.1 选址要求

① 厂址选择应符合现行国家标准《工业企业总平面设计规范》（GB 50187）的有关要求。

② 厂址选择应全面论证和评价项目建设对当地经济、社会和环境的影响，并应进行技术、经济、社会和环境的多方案比较后择优确定。

③ 大型制浆厂厂址应具备充沛合格的水资源、土地资源、环境容量、能耗指标和便捷的外部交通运输优势。工厂外部交通运输工程、水电气等外部能源供应工程以及环境保护工程等所需用地应全面考虑。

④ 大型非木浆厂周边宜有生产速度快、产量高的原料生产基地，持续定量地提供原料。

⑤ 厂址应满足近期建设所必需的场地面积，充分利用荒地、劣地，避免占用基本农田。对厂址土地权属类别、用地性质、土地利用状况、占用耕地情况、征地拆迁及移民安置等做深入细致地调研，并应结合工厂远期发展规划的需要，考虑可持续发展的条件。

⑥ 厂址选择应位于城市（镇）、居住区或人群集聚地的全年最小频率风向的上风侧，并应满足有关防护距离要求。工厂应建在河流的下游，有利于保证生产用水，且不影响上游居民的生活用水。厂址应避免位于风景区、森林及自然保护区、文物古迹和历史文物频现地区，远离飞机场起降区，避免江、河、湖、海、山洪（潮）水威胁。位于受江、河、湖、海、山洪（潮）水威胁地带的工厂，防洪（潮）标准应符合现行国家标准《防洪标准》（GB 50201）的有关规定。

⑦ 厂址应选择具备适宜的自然地形坡度和较好的工程（水文）地质条件的场地。不应在工程（水文）地质构造复杂、自然灾害多发地区进行厂

址选择。

3.2.2.2 总体规划

（1）总体规划要求

① 总体规划应满足制浆造纸厂生产、交通运输、安全卫生、环境保护等要求。总体规划应做到功能分区合理，生产流程和物流交通路线短捷顺畅，公用工程设施布置应靠近负荷中心，物流仓储设施布置宜靠近货运通道及可利用的装卸线或装卸设施。总体规划应经多方案技术经济比选后择优确定。

② 企业总体规划，应符合城乡总体规划和土地利用总体规划的要求。有条件时，规划应与城乡和邻近工业企业在生产、交通运输、动力公用、机修和器材供应、综合利用及生活设施等方面进行协作。

③ 必须充分考虑原料基地的环境容量。因此必须做到科学规划，慎重立项，防止一哄而上。

④ 鼓励现有农林场及农林业公司与国内制浆造纸企业共建原料基地。企业建设造纸原料基地要符合国家农林业专项规划的总体要求，并且必须符合土地、生态、水土保持和环境保护等相关规定。

⑤ 厂区、居住区、交通运输、动力公用设施、防洪排涝、废料场、尾矿场、排土场、环境保护工程和综合利用场地等，均应同时规划。

⑥ 分期实施的工厂总体规划，应分别列出近期和远期规划达到的各项主要技术经济指标。与厂区分开的单独场地的主要技术经济指标可分别计算。总体规划中其他配套的生活福利、教育卫生、商业文化等设施用地应与城镇或工业（开发）区总体规划协调衔接，其用地不应纳入工业项目建设用地范畴。

（2）防护间距规定

① 工厂与城镇、居住区、人群集聚地之间卫生防护距离应符合现行国家标准《工业企业设计卫生标准》（GBZ 1）和《造纸及纸制品业卫生防护距离　第1部分：纸浆制造业》（GB 11654.1）的有关规定。

② 原料堆场、危险品仓库应远离城镇居民区，架空高压输电线路的防火、防爆、卫生及环境保护应符合现行国家标准《建筑设计防火规范》（GB 50016）、《工业企业总平面设计规范》（GB 50187）和《110kV～750kV架空输电线路设计规范》（GB 50545）的有关规定。

③ "三废"处理设施宜位于厂区全年最小频率风向的上风侧及厂区边

缘地带。产生有害气体，烟、雾、粉尘等有害物质的区域与居住区之间，应按现行国家标准《制定地方大气污染物排放标准的技术方法》（GB/T 3840）和有关工业企业设计卫生标准的规定，设置卫生防护距离，并应符合下列规定：a. 卫生防护距离用地应利用原有绿地、水塘、河流、山岗和不利于建筑房屋的地带；b. 卫生防护距离内不应设置永久居住的房屋，并应绿化。

产生开放型放射性有害物质的工业企业的防护要求，应符合现行国家标准《电离辐射防护与辐射源安全基本标准》（GB 18871）的有关规定。

（3）交通运输规定

① 交通运输的规划，应与企业所在地国家或地方交通运输规划相协调，并应符合工业企业总体规划要求，还应根据生产需要、当地交通运输现状和发展规划，结合自然条件与总平面布置要求，统筹安排，且应便于经营管理、兼顾地方客货运输、方便职工通勤，并应为与相邻企业的协作创造条件。

② 外部运输方式，应根据国家有关的技术经济政策、外部交通运输条件、物料性质、运量、流向、运距等因素，结合厂内运输要求，经多方案技术经济比较后择优确定。铁路接轨点的位置，应根据运量、货流和车流方向、工业企业位置及其总体规划和当地条件等，进行全面的技术经济比较后择优确定，并应符合下列规定：a. 工业企业铁路与路网铁路接轨，应符合现行国家标准《工业企业标准轨距铁路设计规范》（GBJ 12）的有关规定；b. 工业企业铁路不得与路网铁路或另一工业企业铁路的区间内正线接轨，在特殊情况下有充分的技术经济依据，必须在该区间接轨时应经该管铁路局或铁路局和工业企业铁路主管单位的同意，并应在接轨点开设车站或设辅助所；c. 不得改变主要货流和车流的列车运行方向；d. 应有利于路、厂和协作企业的运营管理；e. 应靠近工业企业，并应有利于接轨站、交接站、企业站（工业编组站）的合理布置，并应留有发展的余地。

③ 工业企业铁路与路网铁路交接站（场）、企业站的设置，应根据运量大小、作业要求、管理方式等，经全面技术经济比较后择优确定，并应充分利用路网铁路站场的能力，避免重复建设。有条件时应采用货物交接方式。

④ 工业企业厂外道路的规划，应与城乡规划或当地交通运输规划相协调，并应合理利用现有的国家公路及城镇道路。厂外道路与国家公路或城镇道路连接时路线应短捷，工程量应小。

⑤ 工业企业厂区的外部交通应方便，与居住区、企业站、码头、废料

场，以及邻近协作企业等之间应有方便的交通联系。

⑥ 厂外汽车运输和水路运输，在有条件的地区，宜采取专业化、社会化协作。

⑦ 邻近江、河、湖、海的工业企业，具备通航条件，且能满足工业企业运输要求时，应采用水路运输，并应合理地确定码头位置。

⑧ 采用管道、带式输送机、索道等运输方式时，应充分利用地形布置，并应与其他运输方式合理衔接。

3.2.3　总平面布置与建筑

3.2.3.1　总平面布置

总平面布置应符合现行国家标准《工业企业总平面设计规范》（GB 50187）及《制浆造纸厂设计规范》（GB 51092）中的有关要求。

① 总平面布置应充分利用地形、地势、工程及水文地质条件，减少土（石）方工程量和基础工程费用。应对总平面布置做多方案比选，在项目建设实施阶段对总平面布置做进一步优化。总平面布置应符合现行国家标准《工业企业总平面设计规范》（GB 50187）的有关规定。

② 应根据工厂特点合理划分功能分区，组织协调好物流、人流。各功能分区内的各项设施布置应紧凑有序，宜按性质及使用功能相近的单个小建筑物进行合并组合。

③ 应确定总平面布置的固定端和规划发展端。工厂发展用地宜预留在厂区用地红线外。需要预留在厂区内的发展用地应符合现行国家标准《工业企业总平面设计规范》（GB 50187）的有关规定。

④ 改扩建的工厂总平面布置应与原有总体布局的功能分区协调，利用原有建（构）筑物及设施，改善提升工厂的总体布局和生产管理。

3.2.3.2　建筑

（1）一般规定

制浆造纸厂建筑设计应全面贯彻"安全、适用、经济、美观"的原则。

建筑设计应根据生产流程、使用条件、自然条件、周围环境、建筑材料和建筑技术因素，并结合工艺设计做好建筑物的平面布置、空间组合、建筑造型、色彩处理以及维护结构的选择；配合工艺专业解决建筑物内部交通、防火、防爆、防雨、防水、防结露、防尘、防小动物、抗震、隔震、防寒、保温、隔热、节能、日照、采光、自然通风、环保、防腐蚀、防噪声、隔声以及室内卫生等要求。在进行造型、外观和内部处理时应符合工业建筑的特点将建（构）筑物与工艺设备视为统一的整体考虑，并注重建（构）筑物群体周围环境的协调。

浆厂内各建（构）筑的防火设计应符合现行国家标准《制浆造纸厂设计规范》《建筑设计防火规范》及国家有关防火标准和规范的要求。

建筑结构材料宜考虑不同地区特点，因地制宜，选用地方材料和可再生可循环利用的材料，达到可再生能源系统与建筑工程同步设计、同步施工、同步验收的一体化要求；建筑砌体材料应符合国家及地方材料的要求。

以绿色、节能、环保为指导思想，建立包括绿色建筑、生态环保、绿色交通、可再生能源利用、土地集约利用、再生水利用、废弃物回收利用等内容的指标体系。

（2）主要车间建筑设计

建筑设计一般采用自然通风、自然采光，在温度和湿度较高的车间考虑机械通风；有毒或有腐蚀性的化学品贮槽的周边，应设围堰防止溢流。

制浆车间（含蒸煮工段、洗选工段、漂白工段）建筑宜采用敞开式建筑形式，车间内有良好的空气条件，采用相应的遮阳及防飘雨措施，屋面可采用压型钢板自防水屋面；楼地面根据不同的生产介质，采取相应的楼地面防腐蚀措施及防渗漏措施。

ClO_2 制备工段屋面应根据生产工艺，采取防氯气集聚措施。

碱回收车间（含蒸发工段、燃烧工段、苛化工段）：建筑应对腐蚀介质的楼地面、内墙及顶棚采用防腐处理。

3.2.4 结构

厂房结构的设计任务是在满足各种生产需要的前提下确定经济合理、技术先进、施工方便的结构方案，通过结构计算和构造处理选择合适的构件，保证厂房在各种作用及荷载下的稳定及使用要求，做到安全可靠。

（1）一般规定

各建（构）筑物按破坏后果的严重性，建筑结构安全等级的划分应符合表 3-4 的规定。

表 3-4　建筑结构安全等级的划分

安全等级	建(构)筑物名称
一级	很严重:对人的生命、经济、社会或环境影响很大
二级	严重:对人的生命、经济、社会或环境影响较大
三级	不严重:对人的生命、经济、社会或环境影响较小

注:建筑工程抗震设计中的乙类建筑,安全等级宜规定为一级;丙类建筑,安全等级宜规定为二级;丁类建筑,安全等级宜规定为三级。

① 建筑工程的抗震设防分类应符合表 3-5 的规定。

表 3-5　建筑工程的抗震设防分类

抗震设防类别	建(构)筑物名称
重点设防类 (乙类)	大型、特大型制浆造纸厂的主要装置及其控制系统和动力系统的建筑;生产或使用具有剧毒、易燃、易爆物质且具有火灾危险性的厂房及其控制系统的建筑;贮存易燃、易爆等具有火灾危险性的危险品仓库;贮存剧毒物品的仓库;消防车库及其值班用房
标准设防类 (丙类)	除本表所列明的重点设防类和适度设防类以外的其他所有建(构)筑物
适度设防类 (丁类)	贮存物品价值低、人员活动少、无次生灾害的单层仓库

② 地基基础设计等级应符合表 3-6 的规定。

表 3-6　地基基础设计等级

设计等级	建(构)筑物名称
甲级	场地和地基条件复杂的一般建筑物
乙级	除本表所列明的甲级和丙级以外的其他所有建(构)筑物
丙级	场地和地基条件简单、荷载分布均匀的一般工业建(构)筑物

湿度较大的生产区域,混凝土结构的环境类别宜按干湿交替环境条件确定为二 b 类,并按照环境类别二 b 类进行耐久性设计。

提出地质勘察技术要求时,宜在蒸煮器、碱回收炉、石灰窑、烟囱和大型贮罐等重要或重大设备基础位置布置地质勘探点;当需要对大型设备的混凝土基础进行动力分析时,地质勘察报告应提供动力分析所需的地基动力特征参数。当桩基工程验收时,上述设备基础下基桩应根据地质条件、桩型及成桩质量确定桩质量检测方法,桩身完整性的检测数量不应少于该部分桩总数的 30%。大型设备基础,宜与厂房的基础和上部结构完全脱开,地基变形除应符合现行国家标准《建筑地基基础设计规范》(GB 50007)的有关规定,还应同时满足生产工艺要求。

（2）结构防腐蚀

① 制浆车间、二氧化氯制备、碱回收车间以及化学品制备等厂房建筑物和构筑物的防腐蚀设计，应符合现行国家标准《工业建筑防腐蚀设计标准》（GB 50046）的有关规定。

② 结构防腐蚀设计应根据生产过程中产生的腐蚀介质性质，设备管道的密封情况以及施工安装、生产操作、维护管理水平确定介质对建筑结构材料的腐蚀等级。

③ 制浆车间、碱回收车间及其大型池、槽、塔、罐的平台和支柱宜采用现浇钢筋混凝土结构。

④ 室外管道支架宜采用钢筋混凝土结构。

⑤ 钢筋混凝土承重构件施工时混凝土中不应掺入氯盐类外加剂。

⑥ 楼面开孔时，孔边缘应做翻边。当无法做翻边时，梁边距孔边缘的距离不宜小于200mm，或梁侧宜涂刷耐腐蚀涂料，同时梁内受力钢筋面积宜比计算增加10%。

⑦ 漂白工段不宜采用钢结构或钢混组合结构，漂白工段屋架、屋面大梁及吊车梁宜优先采用预应力混凝土结构，预应力钢筋应优先采用粗钢筋，不宜采用冷拔低碳钢丝、碳素钢丝、刻痕钢丝等。

⑧ 钢筋混凝土碱处理塔、漂白塔等应设计防腐内衬；塔壁、塔底钢筋混凝土厚度不应小于250mm，受力钢筋直径不应小于14mm，受力钢筋的混凝土保护层厚度不应小于35mm。

⑨ 钢筋混凝土厂房主要承重构件梁、柱，箍筋直径不应小于8mm；强、中腐蚀时主筋直径不应小于18mm，弱腐蚀时主筋直径不应小于16mm。

⑩ 碱回收车间烟囱防腐蚀设计应根据烟气温度、湿度、腐蚀介质的含量，采取防腐措施，并应符合现行国家标准《工业建筑防腐蚀设计标准》（GB 50046）的有关规定。烟囱筒身宜按全现浇滑模工艺施工，混凝土的抗渗等级不宜低于P10；烟囱头部和烟囱筒内地面应按强腐蚀等级加强防护；烟囱筒外周围应设坡度不小于2%、直径不小于基础底面直径的散水。

3.2.5 电气系统

3.2.5.1 总述

非木浆生产线的生产车间主要有原料堆场、备料车间、制浆车间（蒸煮工段、洗选工段、漂白工段)、浆板车间、碱回收车间(蒸发工段、燃烧工段、苛化工段)、二氧化氯制备车间及公共配套设施。

本书主要是根据非木浆生产线的生产工艺过程,对非木浆生产线的供配电、车间动力设备配电、照明配电及防雷接地的技术规范进行描述。有关公共配套设施(如热电站、给水站、污水站、办公、宿舍等)的技术规范参照国家有关标准规范进行。

3.2.5.2 供配电设计

(1) 供电电源

电力系统所属大型电厂单位容量投资少、能效高、成本低,供电可靠性高。故非木浆制浆厂的电源宜优先取自电力系统,但在企业位于偏僻地区或远离电力系统,或生产上用蒸汽量很大的情况下,建立自备热电站更经济合理。

当制浆厂配备自备热电站时,汽轮发电机的选型一般根据以热定电的原则,并根据生产对蒸汽负荷压力的需要,选择抽气背压或背压机组,发电负荷不稳定,故制浆生产线总降压变电站需与当地电力网设置专用联络线,外部联络线供电容量宜按制浆生产线的用电负荷80%考虑,电源电压应根据本地区电网以及本厂热电联产条件确定。总降压变电站的配电系统宜选用单母线分段接线形式。

变配电所应符合现行国家标准《10kV及以下变电所设计规范》(GB 50053)、《35~110kV变电所设计规范》(GB 50059)和《3~110kV高压配电装置设计规》(GB 50060)的有关规定。

(2) 电力负荷分类

负荷等级分类应根据现行《供配电系统设计规范》(GB 50052)的相关条款规定,结合非木浆生产线的生产特点,考虑非计划性停电对人身安全、设备安全以及对生产所造成的经济损失等因数,确定合理的用电设备负荷等级分类。

非木浆生产线的负荷等级分类宜按以下原则划分。

1) 属于重要负荷的设备 制浆厂重要负荷如表3-7所列。

表3-7 制浆厂重要负荷

序号	车间或工段名称	电力负荷名称
1	碱回收车间 燃烧工段	电动机类:溜槽冷却水循环泵、CNCG污冷凝水泵、CNCG燃烧器风机、给水泵、供油泵、引风机、溶解槽搅拌器、电梯、吹灰器电源。 阀门类:紧急放水阀、主给水阀、给水旁路阀、喷水减温阀、生火排气阀、主汽阀、主汽旁路阀、吹灰蒸汽阀、汽包紧急放水阀、连续排污阀

序号	车间或工段名称	电力负荷名称
2	碱回收车间 苛化工段	绿泥槽搅拌器、白泥沉渣槽搅拌器、绿液澄清槽
3	二氧化氯 制备	采用综合法时:碱液槽输送泵、海波塔输送泵、海波风机、氢气洗涤器输送泵、浓氯酸钠供料泵、二氧化氯输送泵、电制冷机、冷冻水循环泵、冷冻水泵、脱盐水泵、阴极保护装置。 采用甲醇法时:反应槽循环泵、涤气器排风扇、循环泵、成品酸计量泵
4	污水处理站	曝气池好氧系统的鼓风机、曝气器; 厌氧系统的沼气风机
5	给水站	给水站消防泵
6	中心控制楼	UPS电源、消防控制中心、控制系统主机室的空调系统、应急照明、安防系统、通信系统

2）属于一般负荷的设备　主要包括：a. 二氧化氯制备、碱回收车间（含蒸发、燃烧、苛化）中不属于重要负荷的工艺设备；b. 制浆车间、化学品制备、浆板车间的工艺设备；c. 化水车间的工艺设备；d. 污水处理场的工艺设备；e. 其他辅助类的生产、生活负荷；f. 自备热电站厂用电的负荷等级分类宜参照 DL/T 5153 相关条款的规定；g. 消防设备的供电要求，需执行国家现行有关标准。

备料车间、制浆车间、碱回收车间、二氧化氯制备车间、污水处理场的一般负荷，宜采用双回路供电。机修、电修、中心化验室、仓库、办公楼、生活区等属于三级负荷。厂区最好有两个进厂电源（一个备用电源）。对于中、小型浆厂，停电后虽会引起减产，但一般不会引起严重事故，考虑到线路架设费用，可只设一个电源。考虑到线路停电或检修时，工厂需要有事故照明及检修用电，可要求电力单位另供一路小容量的低压备用回路。

（3）电力负荷的供电要求

重要负荷的供电场所和设备应配置后备电源。后备电源可以从以下几种供电方式中选择确定：a. 柴油发电机；b. 不间断电源系统（UPS）及应急电源系统（EPS）；c. 电网应急后备电源。

（4）电力负荷计算

电力负荷计算一般采用需要系数法进行计算，并按单位产品耗电量进行比较。

（5）供电系统的方式

供电系统的方式有干线式、放射式和混合式三种；其中以干线式供电最经济，但可靠性不及放射式。在设计中究竟采用哪种供电方式，则应根据建厂规模、工厂的远景规划、投资额和电业单位的要求，并通过技术经济比较最后做出决定。

（6）变压器的选择

变压器的容量、台数的选择应根据计算负荷、工作班制、初投资、设备折旧及维修费、电能损耗、供电贴费、电能计费等方式，进行技术经济比较，并应根据负荷的重要性和运行方式等因素决定。

所选变压器要有足够额定容量和利用系数，即额定容量应不低于最大负荷，变压器的效率应接近最大值（利用系数法确定变压器负荷率一般不大于80％；需要系数法可接近100％）。

车间用变压器容量的计算，一般是采用需要系数法，而当要粗略地估算全厂的总变压器容量时，可采用指标法计算。

3.2.5.3　车间配电

① 车间低压配电应符合现行国家标准《低压配电设计规范》（GB 50054）、《通用用电设备配电设计规范》（GB 50055）、《供配电系统设计规范》（GB 50052）和《电力装置的电测量仪表装置设计规范》（GB 50063）的有关规定。

② 车间高压配电应符合现行国家标准《3～110kV高压配电装置设计规范》（GB 50060）的有关规定。

③ 电气设备及线路的选择，应根据自然环境条件和使用场所的环境确定。

④ 车间的电气设备与线路，应安装在操作和检修便捷处，当电气设备的使用环境条件不能适应环境因素的特征时宜将电气设备集中安装在环境正常的单独房间内。

3.2.5.4　特殊环境的配电设计

① 爆炸危险环境的电力设计，应满足现行国家标准《爆炸和火灾危险环境电力装置设计规范》（GB 50058）的有关规定。

② 多尘环境、高原环境、湿热带地区、干热带地区的电气设备选择应根据国家规范执行。

③ 各种使用场所非正常的主要环境特征值如表 3-8 所列。

表 3-8　各种使用场所非正常的主要环境特征值

序号	车间名称	使用场所名称	主要环境特征
1	备料车间	原料输送栈桥	多尘
		切料筛选间	多尘
2	制浆车间	装锅（球）间、料仓	多尘
		蒸煮间	潮湿、高温
		洗选工段、漂白工段	特别潮湿、腐蚀
3	碱回收车间	蒸发工段底层	潮湿
		燃烧工段底层	潮湿、碱腐蚀
		燃烧操作层、引风机室	高温、多尘
		苛化工段	碱腐蚀、潮湿
		白泥回收炉尾部顶层	潮湿
		芒硝粉碎间	多尘、酸腐蚀
		石灰石粉碎间	多尘
4	污水处理	加药间	酸（碱）腐蚀
		厌氧	H_2S 有毒气体
		提升泵房	潮湿
5	仓库	石灰库	多尘、碱腐蚀

3.2.5.5　照明配电

照明设计应符合现行国家标准《建筑照明设计标准》（GB 50034）的有关规定。

自备热电站及总降压变电站的照明设计应符合现行行业标准《火力发电厂和变电站照明设计技术规定》（DL/T 5390）的有关规定。

消防应急照明和疏散指示标志的设置应符合现行国家标准《建筑设计防火规范》（GB 50016）的有关规定。

（1）光源

应优先采用光效高、寿命长、符合使用要求及环境条件的照明光源，并宜采用新型绿色照明光源。

应急照明应选用能快速开启的光源。

在有爆炸和火灾危险或震动较大的场所，不应采用卤钨灯等高温光源。各生产车间和工作场所的照度值应按国家规范取值。

（2）照度

① 车间内的适宜照度，是操作者能长时间高效率工作的保证。不同的工作性质对照度的要求不一样，因此对照度的选择也有经济性和需求的统一。制浆厂不同车间和场所对照度标准值的要求可参照表 3-9 [摘自《制浆造纸厂设计规范》（GB 51092）附录 E]。

表 3-9 制浆厂不同车间和场所对照度标准值的要求

房间及场所	参考平面及高度	照度标准值 /lx	照明功率密度限值/(W/m²)	显示指数 R_a
机柜室	0.75m 水平面	500	18	80
配电装置室	0.75m 水平面	200	8	60
变压器室	地面	100	5	20
门厅	地面	100	5	60
走廊	地面	50	5	60
楼梯	地面	30	3	60
卫生间	地面	75	5	60
贮料场	0.75m 水平面	30	3	60
备料车间	0.75m 水平面	150	6	60
制浆车间	0.75m 水平面	200	8	60
碱回收蒸发器	地面	50	3	40
碱回收碱炉本体	地面	50	3	40
碱回收其他区域	0.75m 水平面	200	8	40
风机、空调机房	地面	100	5	60
制氧站、空压站、冷冻站	地面	150	6	60
污水处理场室外	地面	100	5	60
机修车间	0.75m 水平面	200	8	80
仓库	1.0 水平面	50	3	20

② 照度计算。厂房照明设计常用利用系数法进行照度计算。对某些特殊地点或特殊设备（如变配电所、空调机房等）的水平面、垂直面或倾斜面上的某点，可采用逐点法进行计算。

采用利用系数法进行平均照度计算和点光源的照度计算可参见《照明

设计手册》的相关内容。

3.2.5.6　消防用电及火灾自动报警系统

非木浆生产线各车间的消防等级为二级，整个消防系统的控制由消防控制室火灾报警控制器完成，消防控制室内的主要设备有区域火灾报警联动控制器、多线电话（主机设在消防中心，本区域内按规范要求设消防分机）、多线联动控制盘、联动电源、计算机数据处理终端系统、实时记录打印机等。通讯干线引自主楼消防控制中心，厂区所有区域的消防均归消防控制中心集中管理、控制。

（1）消防电源

消防用电设备均二级负荷供电，消防用电设备采用两个独立的供电回路供电，并在消防设备供电末端安装电源自动切换装置。

应急照明和疏散指示标志宜采用蓄电池做备用电源，连续供电时间不小于 30min。

（2）火灾自动报警系统

非木浆生产厂宜采用集中报警控制系统，各车间消防报警系统为全厂报警系统的子系统。

3.2.6　自动化仪表和控制系统

3.2.6.1　一般规定

以非木材制浆生产线为例，自动化仪表工程包括控制系统和现场仪表两个主要部分。全厂宜采用一套集中控制系统，现场仪表宜采用统一的信号标准及接口标准，以提高现场仪表及控制系统的通用性和互换性，减少备品备件的数量。

3.2.6.2　控制系统

（1）集散控制系统

非木浆规模化生产连续过程控制应采用分散型控制系统（Distributed Control System，DCS），即集散控制系统。

分散型控制系统（DCS）设计应符合现行行业标准《分散型控制系统工程设计规范》（HG/T 20573）的有关规定。

制浆过程是一个复杂的工业过程，具有高度不确定性（环境结构和参数的未知性、时变性、随机性、突变性）、非线性、关联性、大滞后和状态不完全性等特点。传统的以二次仪表作为控制器来进行控制的仪表控制系统和继电器逻辑控制系统，基本上是一种独立、分离的控制，随着制浆造纸生产工艺和设备的不断进行，制浆生产线规模的扩大，控制对象的复杂化和分散化，控制性能要求的提高以及节能降耗、绿色环保等时代发展的新准则的要求，传统的控制模式已经无法满足制浆工业发展的要求，DCS 开始逐步取代二次仪表控制系统在制浆生产中占据主导地位。

制浆生产过程的 DCS 控制系统包括若干个子工段控制系统，如湿法备料及连蒸、洗选、漂白、二氧化氯制备、蒸发、燃烧、苛化等。每个控制子系统既有着相对的独立性又彼此互相联系，因此整个系统采用控制环节分散、数据处理集中的方式，即多操作站的 DCS 系统。DCS 通过系统总线把车间和各工段的 DCS 联成一个网络。DCS 系统主要由过程站、I/O 单元、操作站、工程师站、通信网络、应用软件和附属打印设备组成，再加上生产现场的检测仪表、执行机以及控制中心组成一个完整的制浆生产的自动控制系统。DCS 控制系统的系统结构一般分为过程级、操作级和工厂信息管理级（见图 3-1）。

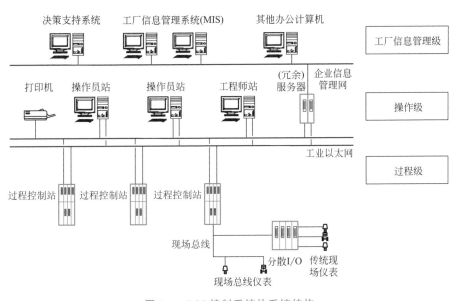

图 3-1　DCS 控制系统的系统结构

系统硬件配置一般为：a. 工业控制计算机作为操作员站组成上位机管理系统；b. 工业控制器组成自动化中心控制系统；c. 操作显示终端作为现

场人机界面；d. 分布式远程控制站作为控制单元。

过程控制级的操作界面采用工业控制计算机，使用标准软件和网络，以实现过程诊断、过程监视、控制及信息管理。标准的显示和操作窗口，实时显示工艺流程控制点的过程参数，操作员可以很方便地通过动态画面，实时监视设备状态。

（2）可编程序逻辑控制器系统

制浆生产过程及设备中的顺序控制、连锁、开停车等宜采用可编程序逻辑控制器系统（PLC），其数据通过 Profibus 或其他 DCS 可接受的方式通信至 DCS，可编程序逻辑控制器系统（PLC）设计应符合现行行业标准《可编程控制器系统设计规定》（HG/T 20700）的有关规定。

制浆生产过程控制系统应尽可能采用统一的 DCS，以实现系统连锁、工艺控制的连续性和统一性。

（3）安全仪表系统

安全仪表系统（SIS）包括安全连锁系统、紧急停车系统和有毒有害、可燃气体及火灾检测保护系统等。SIS 系统监测生产过程中出现的或者潜伏的危险，发出警告信息或直接执行预定程序，立即进入操作，防止事故的发生、降低事故带来的危害及影响。安全仪表系统独立于过程控制系统，生产正常时处于休眠或静止状态，一旦生产装置或设施出现可能导致安全事故的情况时能够瞬间准确动作，使生产过程安全停止运行或自动导入预定的安全状态。规模化的蒸煮车间、漂白车间、碱回收炉应配置安全仪表系统。

（4）信息化接口

各控制系统和工厂管理网络之间可根据需要设置信息化接口。信息化接口宜采用基于传输控制协议（TCP）/网际协议（IP）标准的以太网接口。

（5）视频监视系统

备料车间、制浆车间、碱回收车间等操作人员需要经常观测的部位宜设置视频监视系统。

视频监视系统的设计应符合现行国家标准《工业电视系统工程设计规范》（GB 50115）的有关规定。

3.2.6.3 仪表的选型

① 测量和控制仪表应优先选用电子式。

② 在现场安装的电子式仪表应根据危险区域的等级划分，来选择满足该危险区域的相应仪表，防爆设计应符合现行国家标准《爆炸危险环境电力装置设计规范》（GB 50085），所选择的防爆产品应具有防爆合格证。

③ 仪表的防护等级应符合现行国家标准《外壳防护等级（IP 代码）》（GB 4208）的有关规定，现场安装的电子式仪表不宜低于 IP65 的防护等级，在现场安装的非电子式仪表防护等级不宜低于 IP54。

④ 管道安装仪表（节流装置、流量计、调节阀等）过程连接的压力等级应满足管道材料等级表的要求。

⑤ 仪表量程的选择。在参数变化较平稳时可选在 1/3～3/4 范围内，而当参数经常波动时可选在 1/3～2/3 之间，以防由于波动，超出测量极限而使仪表损坏。

⑥ 仪表精度级的选择，在满足生产要求的前提下尽量考虑经济合理，不能片面追求高精度。

⑦ 尽量考虑型号的统一，以保证较好的互换性，减少备品，便于维护保养。

3.2.6.4 仪修

新建非木浆厂宜在靠近全厂生产区域处设置仪修间，配置常用标准校验仪器和维护维修工具。

3.2.7 热电站

非木材浆厂碱回收车间碱炉产汽不能完全满足浆厂自身的供热需求，需要另外设置动力锅炉，动力锅炉容量一般超过浆厂用热需求的 50% 以上（竹浆厂除外，大型竹浆厂可达到 80% 以上）。

浆厂自备热电站的锅炉包括碱回收炉和动力锅炉，两者应就近布置，方便蒸汽母管连接，并可以共用烟囱。碱回收炉的产汽量由制浆产量和工艺确定，不能作为蒸汽调节锅炉，动力锅炉应选用调节能力较大的炉型。

供热方案根据全厂用热负荷特点，贯彻"热电联产、以热定电"原则，进行技术经济比较后确定最佳方案。热电联产方案应符合国家产业政策，满足国家能源、大气污染物防治、热电联产及节能减排等方面最新法律、法规的规定。

根据主汽初参数及单机容量大小，自备热电站设计应符合现行国家标准《小型火力发电厂设计规范》（GB 50049）或《大中型火力发电厂设计规范》（GB 50660）的有关规定；锅炉房设计还应符合现行国家标准《锅炉房设计规范》（GB 50041）的有关规定；制浆造纸自备热电站还应符合《制浆造纸厂设计规范》（GB 51092）的有关规定。

当燃料中涉及制浆造纸废弃物和生物质燃料时，自备热电站设计还应符合现行行业标准《生活垃圾焚烧处理工程技术规范》（CJJ 90）及现行国家标准《秸秆发电厂设计规范》（GB 50276）的有关规定。

自备热电站消防设计应符合现行国家标准《火力发电厂与变电站设计防火规范》（GB 50229）和《建筑设计防火规范》（GB 50016）的有关规定。封闭式室内锅炉房的外墙、楼地面或屋面应有相应的防爆措施，设计应符合现行国家标准《锅炉房设计规范》（GB 50041）的有关规定；自备热电站防爆分区及设计应符合现行国家标准《爆炸危险环境电力装置设计规范》（GB 50058）的有关规定。

自备热电站职业安全设计应符合现行行业标准《火力发电厂职业安全设计规程》（DL 5053）的有关规定。自备热电站职业卫生设计应符合现行行业标准《火力发电厂职业卫生设计规程》（DL 5454）的有关规定。

碱炉对锅炉给水质量的要求较高，浆厂自备热电站的锅炉给水质量既要满足动力锅炉的给水水质要求，也要满足碱炉的给水要求。

浆厂生产过程有不少含纤维的固废，动力锅炉的燃料宜设置成燃煤（或其他清洁能源）+生物质固废的形式。

3.2.8 压缩空气站

（1）概述

非木浆厂内生产需要用到压缩空气，根据浆厂产量不同，可参考表 3-10 所列设置集中压缩空气站。

表 3-10 压缩空气消耗量

序号	浆厂产量/(adt/d)	压缩空气消耗量(标准状态)/(m³/min)
1	300	100
2	450	115
3	600	130

（2）工艺流程

压缩空气工艺流程简图如图 3-2 所列。

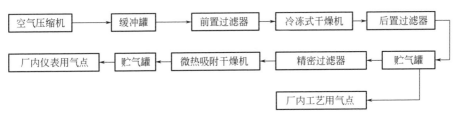

图 3-2 压缩空气工艺流程简图

（3）用户对压缩空气质量等级要求

压缩空气质量等级要求见表 3-11。

表 3-11 压缩空气质量等级

项目	固体最大粒子尺寸/μm	固体最大粒子浓度/(mg/m³)	最高压力露点/℃	最大含油量/(mg/m³)
工艺用气	15	8	+7	5
仪表用气	1	1	−40	1.0

（4）主要设备

确定厂内压缩空气消耗量、供气压力及用气品质后应根据当地气候条件、用户的特点和要求，经综合考虑后进行压缩机类型的选择。站内机组台数应以在正常计划检修条件下能保证生产用气量为原则，不宜小于 3 台。

压缩空气站内辅助设备一般包括过滤器、冷干机、微热吸附干燥机（宜 1 用 1 备）、贮气罐等。

（5）设计要点

① 压缩空气站的布置应当根据厂区总图布置及主要用气点来确定；供水、供电要合理；考虑压缩空气站扩建的可能性；压缩空气站应避免靠近散发腐蚀性和有毒气体以及粉尘等有害物质的场所，宜位于上述场所全年最小频率风向的下风侧。

② 压缩空气站的容量应综合考虑生产所需最大用气量及用气时间，工艺、仪表专业宜参照上表进行压缩空气消耗量提资。

③ 压缩空气站内机组工作时发热量大，机器间要有良好的通风条件，空气压缩机吸气要求洁净。压缩空气站的朝向宜使站内有良好的穿堂风，并应减少夕晒。当能利用自然通风时，应充分利用大门及下部低侧窗进风，从机器间顶部气楼排风；有噪声控制要求不允许打开门窗时应采取机

械通风，进、排风口处应采取消声措施。

④ 压缩空气站设计应符合现行国家标准《压缩空气站设计规范》（GB 50029）的有关规定。

3.2.9 氧气站

（1）概述

非木浆厂工艺生产需要用到浓度≥93％的氧气，设置氧气站，站内采用变压吸附（简称 VPSA）制氧机，在常温常压的条件下，利用 VPSA 专用分子筛选择吸附空气中的 N_2、CO_2 和水分等杂质，从而连续取得纯度较高的氧气（见表 3-12）。

表 3-12　氧气消耗量

序号	浆厂产量/(adt/d)	氧气消耗量/(m³/h)
1	300	335
2	450	495
3	600	670

（2）工艺流程

制氧站工艺流程如图 3-3 所示。

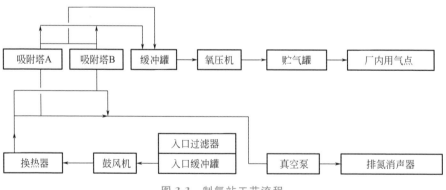

图 3-3　制氧站工艺流程

（3）主要设备

制氧站内变压吸附制氧装置主要由空气鼓风机、真空泵、制氧吸附塔、产品贮罐、均压缓冲罐及管路控阀组成。

（4）设计要点

① 制氧站的布置应当根据厂区总图布置及主要用气点来确定；供水、供电要合理；考虑制氧站扩建的可能性；制氧站布置宜远离易产生空气污染的生产车间，布置在空气清洁的地区，宜位于有害气体和固体尘粒散发源的全年最小频率风向的下风侧。

② 氧气站的布置应符合有关防火和卫生标准的要求。

③ 氧气站设计应符合现行国家标准《氧气站设计规范》（GB 50030）的有关规定。

3.2.10 采暖通风与空调

浆厂采暖、通风系统设计应符合现行国家标准《制浆造纸厂设计规范》（GB 51092）和《工业建筑供暖通风与空气调节设计规范》（GB 50019）的有关规定。

浆厂内电气房间设备散热量大，应根据当地气候条件及厂区综合条件设置空调系统。选用空调系统时应根据电气房间的布置、建厂地区的气象条件、冷源条件等进行技术经济比较确定，采用经济可靠、管理维护方便的系统。空调系统可采用集中式和分散式系统；集中式空调系统可在厂区内设置集中式冷冻站为各个车间提供冷源，空调末端选用组合式空调机组；分散式系统选用单元式空调机。

3.2.11 给排水工程

3.2.11.1 给水工程

（1）供水来源

工业水源可使用地表水或地下水。地表水根据季节性因素和流域的底层特性，不同数量的有机物与无机物杂质进行分析，其主要需要处理的杂质为泥沙。地下水一般取自水井或泉水，这类水通常泥沙、有机物等污染物含量很低，但具有较高的可溶性矿物质。制浆厂由于取水规模较大，一般采用地表水作为工厂工业用水。

（2）供水水质

给水处理站工业用水应符合制浆工艺要求水质，一般情况下标准不应超过表 3-13 所列的数值。

表 3-13　制浆厂用水质量标准

项目	浊度 （以 SiO$_2$ 计） /(mg/L)	色度 （以铂单位计） /(mg/L)	总硬度 （以 CaCO$_3$ 计） /(mg/L)	铁 /(mg/L)	氯化物 （以氯计） /(mg/L)	pH 值
本色浆	100	100	350	1.5	250	6.5～8
漂白浆	40	30	350	0.3～1	250	6.5～8
生活用水	符合《生活饮用水卫生标准》(GB 5749)					

（3）给水水量

给水处理站处理能力应满足工艺对水量的要求及车间生活用水需求，车间生活用水量应采用 25～35L/(人·班)，小时变化系数取 3，设有浴室的车间用水应按 40～60L/(人·班)，淋浴时间取 1h。需要给工厂附属生活区供水时，生活区水量应按现行的《室外给水设计标准》（GB 50013）进行设计。

根据国家发改委、生态环境部、工信部发布的《制浆造纸行业清洁生产评价指标体系》非木浆单位产品取水量如表 3-14 所列。

表 3-14　非木浆单位产品取水量　单位：m^3/t 风干浆

浆种 ＼ 分类	Ⅰ	Ⅱ	Ⅲ
漂白竹浆	38	43	65
漂白芦苇、蔗渣浆	80	90	100
漂白麦草浆	80	100	110
本色竹浆	23	30	50

（4）清水处理工艺

清水处理站应根据原水水质、产水水质要求进行设计，清水处理工艺流程如图 3-4 所示。

生活用水处理一般工艺流程如图 3-5 所示。

制浆厂用水水源一般来自地表水，通常清水处理站主要针对的指标为 SS、浊度，因此常规处理工艺为沉砂、混凝沉淀、过滤。当原水含沙量较小时处理工艺可采用混凝沉淀、过滤。

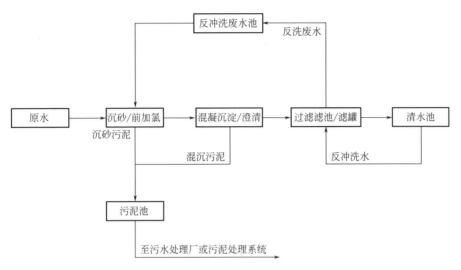

图 3-4 清水处理工艺流程简图

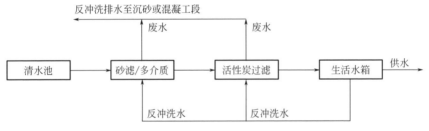

图 3-5 生活用水处理一般工艺流程简图

1）沉砂池 沉砂池设计参数应根据原水含砂量及颗粒级配而定，原水设有斜管取水头部时，由于粒径≥0.1mm 的砂粒已被去除，因此大多沉砂池按去除粒径≥0.03mm 砂粒设计，原水无斜管取水头部时，沉砂池可以按去除粒径≥0.05～0.5mm 砂粒进行设计。

沉砂池一般采用平流式沉砂池，设计数量不小于 2 座，设计时根据去除目标砂粒的沉降速率计算池体面积及流速，沉砂池砂粒沉降速率可使用经典牛顿和斯托克斯沉淀定律计算，也可根据实际实验数据选定。沉砂池应配置可靠的排泥砂系统，根据泥砂量的多少，可使用砂水分离器将砂子直接分离后外运或排至污泥处理系统进行处置。

2）混合和絮凝 混合和絮凝是水处理过程中重要的单元操作，混凝剂的水解产物迅速混合到水体的每一个细部，并使水中胶体颗粒脱稳，同时产生凝聚是取得好的絮凝效果的先决条件，也是节省运行费用的关键。

对于清水处理，通常在沉砂池后投加混凝剂（当进水浊度较高时，也可在沉砂池前增加混凝剂投加点），混合搅拌可选用管式混合，隔板混合，水泵混合及机械搅拌混合等混合方式，清水池投加的混凝剂主要是聚合氯化铝，一般选用管式混合器或机械搅拌混合。

采用管式混合器时，经典的混合时间在 $1\sim3s$；采用机械搅拌混合时一般混合时间为 30s。对于管式混合器，混合程度与经过混合器的水头损失（压降）有关，由于各厂家提供的混合器内部混合叶片几何形状不同，因此水头损失应采用供应商提供的数据或压降曲线作为计算依据。管式混合器的功率损耗可用下式计算：

$$P = rQh$$

式中　P——功率损耗，kW；

r——水的相对密度，kg/m^3；

Q——流量，m^3/s；

h——水头损失，m。

清水处理絮凝的目的在于将精细分散的颗粒物和化学失稳的粒子形成聚集体或者絮体，絮凝是使失稳粒子之间碰撞形成大粒子的过渡阶段，絮凝混合器主要可分为静力混合器、浆板混合器、透平和螺旋浆混合器。

目前浆厂主要采用静力混合器，如波纹板絮凝池、星形絮凝池、折板式絮凝池等絮凝反应池。

3）沉淀　经过絮凝反应的清水，其中的悬浮物、脱稳胶体在沉淀区完成泥水分离过程，沉淀是通过重力沉降分离重于水的悬浮粒子。

清水处理过程中，一般采用斜板/斜管式沉淀池，沉淀池投影水利负荷可取 $0.6\sim1.0m^3/(m^2\cdot h)$，填料的倾斜角度一般为 $60°$，底部设排泥管路，可采用自动或手动方式排泥，为防止排泥管淤积堵塞，可在排泥管上设置反吹接口。

4）过滤　对于清水浊度要求较高的工厂，混凝沉淀尚不能满足处理要求，需要增加滤池进一步节流悬浮物，常用的滤料主要有石英砂、纤维球等，常用的滤池形式主要有快滤池、V 形滤池、纤维滤池、翻板滤池等。

工厂清水通常采用石英砂 V 形滤池或纤维滤池，V 形滤池滤速一般控制 $8\sim12m/h$，采用海砂，纤维滤池通常根据使用的纤维填料特点进行设计，一般滤速较高。滤池采用气-水联合反冲洗，气洗强度一般在 $12L/(s\cdot m^2)$，水洗强度一般在 $3\sim5L/(s\cdot m^2)$。

5）清水池　清水池主要保证工厂供水稳定，水池容积根据工艺要求停留时间设计，一般取 4～8h 停留时间。清水池兼作消防供水时需分两座设置，设计时需符合相关消防规范要求。清水池内设折流隔墙避免出现水力死区，北方地区清水池需满足防冻需求。

3.2.11.2　排水工程

厂区排水应雨污分流，雨水、排水管网设计需符合现行的《室外排水设计规范》，原料堆场初期雨水可经管网收集至污水处理系统进行处理。

排水地埋管需根据土壤腐蚀性及输送介质腐蚀性选用管材，输送含硫酸盐较高的污水管网不宜使用混凝土排水管。

3.2.11.3　循环水

厂区循环水主要为工艺、热力等专业服务，循环水量应根据工艺要求及项目所在地自然条件进行计算，冷却塔一般选用逆流式机械冷却塔，设计时应符合现行的《工业循环冷却水处理设计规范》（GB/T 50050）。

3.2.11.4　消防供水

厂区消防供水管网应根据项目实际情况进行设计，工厂消防系统设计需符合现行的消防规范。

3.2.12　污水处理场

3.2.12.1　制浆造纸工业污水污染物简述

（1）工厂排放至污水处理场的主要污染物

工厂排放至污水处理场的主要污染物可分为如下几类。

1）悬浮物　生产过程中产生的悬浮物包括可沉降悬浮物和不可沉降悬浮物两种，排放到污水处理场的主要是泥沙、原料碎屑、纤维、杂质（如破碎纤维、细胞碎屑）及纤维。

2）有机物　有机物主要包括低分子量的半纤维素、多糖、甲醇、甲酸、乙酸、细胞溶出物等可生物降解或易生物降解的物质，大分子量的碳水化合物、木质素等难生物降解物质，以及原料自带或生产过程中产生的毒性有机物如甲基硫、甲硫醚等。

3）无机盐 由于生产工艺的差异，由车间进入污水处理场的无机盐种类与浓度均有所不同，有碱回收的硫酸盐浆厂污水中 TDS 主要为硫酸钠，进入污水处理场的 TDS 约为 2500mg/L。

4）酸碱物质 碱法制浆漂白前及碱回收污水 pH 值一般为 9～12，漂白污水 pH 值波动很大，可在 2～12 范围波动。

5）色度 进入污水处理场的污水色度较高，其主要组分是制浆中段水所残余的木质素。

6）酸性废液 蔗渣堆场会产生酸性废液，废液属高浓度有机污水。

（2）制浆过程中产生的污水

1）黑液 黑液一般不外排，现代非木浆厂采用蒸发浓缩-燃烧工艺处理黑液，回收黑液中的热值。同时燃烧后获得无机物，回收了黑液中的碱。

2）制浆污水 污水处理场主要的处理对象，包含备料污水、漂白污水、污冷凝水和车间冲洗水等，综合污水的各项指标如表 3-15 所列。

表 3-15 综合污水的各项指标（备料污水经预处理后）

项目	COD/(mg/L)	BOD/(mg/L)	SS/(mg/L)	pH 值
综合污水	1400～2500	400～650	600～1200	6～9

3.2.12.2 处理工艺简述

目前国内主要处理制浆污水的流程：首先污水由各车间经管网收集至污水处理场，进入一级处理工段，经格栅后进入污水处理场混合池进行混合均质；而后经泵提升进入后续处理。经格栅后主要采用物理或物理化学结合的方法，去除水中大部分悬浮物及一部分有机物，其主要的技术有机械澄清、重力沉淀、筛滤、气浮等，经一级处理后污水由泵提升进入二级处理。二级处理主要是利用微生物活动去除水中的大部分可生物降解有机物，利用微生物节流部分水中不可溶、不可生物降解的有机物，已达到降解污水 COD 的目的，主要技术有厌氧生物反应（UASB/EGSB/IC）、好氧生物反应（活性污泥法/接触氧化法），由于行业污染物控制规范提高了 COD 等污染物的排放指标，目前经过二级处理的污水需要再进行深度处理，常规的深度处理技术有混凝沉淀、气浮、Fenton 氧化以及臭氧、臭氧＋生化、过滤等技术。

根据现行的国家和地方相关排放标准、污染物的水质、排水去向及处理效率确定污水处理场的处理程度，选择相应的处理级别和治理工艺，要点如下所述。

① 排入城镇、工业园区污水处理场的企业根据污水处理场接管要求可选择一级或一级＋二级处理工艺。

② 执行 GB 3544 表 1 和表 2 标准的企业可选择一级＋二级或一级＋二级＋三级处理工艺。

③ 执行 GB 3544 表 3 标准或《城镇污水处理厂污染物排放标准》（GB 18918）一级 A 标准的企业应选择一级＋二级＋三级处理工艺。

④ 执行类《地表水环境质量标准》（GB 3838—2002）中Ⅳ类标准或类零排放的制浆企业应选择一级＋二级＋三级处理＋高级处理工艺。

（1）一级处理

1）物理筛滤和均质调节　污水处理场第一个处理单元是筛滤，筛滤工艺通常用于去除水中较大的悬浮物、漂浮物，由于固形物的堵网或塞网作用，使用细筛更彻底的去除悬浮物是不现实的。由于污水中 SS 含量较多，粒径颗粒分布范围较大，因此可根据情况采用多道物理筛滤，物理筛滤根据孔径可分为粗筛、细筛、微滤等，根据筛渣清除方式可以分为机械筛、斜筛等。

① 格栅（机械筛）。厂区污水一般利用重力流经管网送入污水处理场，为防止水中夹杂异物堵塞后续水泵、阀门、管道，首先设置机械格栅拦截杂物，机械格栅可减少人工清理工作强度，同时可以拦截部分水中粒径较大的杂物。

粗格栅可采用人工或机械清污格栅，过栅流速宜为 0.6～1.0m/s；细格栅可选用具有自清洗能力的机械格栅；格栅上部应设置工作平台，其高度应高出格栅最高设计水位 0.5m，工作平台上应有安全和冲洗设施；栅渣可通过机械输送、脱水后外运。格栅除污机、输送机和压榨脱水机的进出料口宜采用密封形式，将收集的臭气净化后排放。

格栅按栅条间隙可分为粗格栅（50～100mm）、中格栅（10～50mm）、细格栅（＜10mm）。制浆厂一般采用 10～20mm 中格栅，倾角 60°～70°的循环齿扒式格栅除污机。

制浆污水温度、TDS 较高，主要阴离子为 SO_4^{2-}，金属材料应使用不锈钢，齿扒可使用 ABS 材料或不锈钢。

② 调节/均质。污水经过格栅流入调节池，调节池根据功能可分为均量（水量）池、均质（水质）池，制浆厂正常运行时排水一般比较稳定，因此格栅后的调节池主要用于稳定水质，兼顾调蓄水量的功能。

调节池一般与格栅合建，选用全地下式，调节池内配置搅拌器防止水中悬浮物沉淀。由于温度、硫酸盐浓度较高，调节池停留时间一般取 1h，停留时间不宜过长，搅拌应均匀，避免死水区，防止硫酸盐还原菌增殖产生大量硫化氢气体。加盖做臭气收集的调节池为防止厌氧情况，可选用空气搅拌，空气风量应根据池型、水深、传氧效率进行计算后确定。

调节池的有效容积应大于 4h 最大日污水量。调节池内应设置混合设施，当设置潜水推进器时，混合功率可采用 $6\sim8W/m^3$；当采用曝气设备（曝气管或曝气器）时，曝气量不宜小于 $4m^3/(m^2 \cdot h)$。在污水进入调节池前设置营养盐投加和 pH 值调整设施。

事故池有效容积应根据环评要求确定，应能接纳最大一次事故排放的污水总量，并满足以下要求：a. 事故池内应设置提升设施，将事故污水均匀排入初沉池或调节池并不能造成较大的冲击负荷；b. 事故池底部应设有集水坑和泄水管，池底应有不小于 0.01 的坡度，坡向倾向集水坑，池壁宜设置爬梯；c. 事故池可设置混合设施、液位控制和报警装置。

集水池的容积应根据设计流量、水泵能力和水泵工作情况等因素确定，水力停留时间采用 $10\sim30min$；集水池池底应设集水坑，倾向坑的坡度不宜小于 10%，池壁应设置爬梯和溢水管；集水池可设置事故溢出口，将事故排水排入事故池；集水池应设冲洗装置，宜设清泥设施；集水井应设置液位控制和报警装置；自然通风条件差的水泵间应设机械送排风综合系统。

③ 斜筛。完成均质调节的污水由泵提升进入细网斜筛进行第二次物理筛分，回收水中夹杂的纤维，同时减少后续沉淀的污泥负荷。斜网筛一般倾角在 $45°\sim55°$ 之间，根据筛分的物料不同应选用不同倾角，泥沙含量较多时倾角应较小，纤维含量较多时倾角可适当加大。

斜筛一般选用 $60\sim100$ 目筛网，过水能力一般控制在 $8\sim15m^3/(m^2 \cdot h)$ 之间，斜筛骨架可做成混凝土防腐形式、钢结构形式，做成钢结构形式时由于环境腐蚀性较强，应定期检查设备情况。斜筛间空气湿度、腐蚀性较高，应与其他车间分离、隔断，斜筛间需要保证良好的通风环境，定期监测空气中硫化氢浓度。

采用无动力弧型细格栅时，栅缝宜为 $0.2\sim0.25mm$；采用重力自流式过滤筛网时，筛网间隙 $60\sim100$ 目，过水能力 $10\sim15m^3/(m^2 \cdot h)$；采用旋转过滤机、反切单向流旋转过滤机、机械转鼓细格栅等设备时栅缝在 $0.2mm$ 左右。

2）混凝、沉淀和气浮　污水在前端经过了 60～100 目（网孔径 0.3～0.15mm）斜筛拦截细小颗粒物，因此沉淀池针对的主要是粒径＜150μm 的颗粒、水中胶体等悬浮物，为了加强沉淀效果，一般在沉淀前先投加药剂进行混凝。

① 混凝。混凝是向水体中投加一定药剂（主要为铁盐、铝盐、高分子有机物）通过凝聚剂水解产物压缩胶体颗粒的扩散层，达到胶体脱稳和相互聚结，或通过高聚物的强烈吸附架桥作用，使胶体颗粒被吸附黏结。

混凝沉淀处理过程主要包括凝聚和絮凝两个阶段，在凝聚阶段水中的胶体双电层被压缩失去稳定而形成较小微粒，在絮凝阶段投加高分子 PAM 使得这些微粒相互凝聚，形成大颗粒絮凝体，然后在后续沉淀过程中分离。

对于机械混合装置（桨叶搅拌），混凝反应一般控制时间为 30s～2min，搅拌强度应控制平均速度梯度 G 在 500～1500s^{-1} 之间；絮凝反应一般控制反应时间 10～30min，反应平均速度梯度 G 在 50～150s^{-1} 之间。

② 沉淀。沉淀是利用重力沉降原理去除污水中悬浮固体的工艺过程，沉淀池按水流方向可分为平流式、竖流式、辐流式三种，在制浆厂污水处理中目前使用较多的是辐流式沉淀池。

辐流式沉淀池呈圆形，中心进水。直径大于 20m 的辐流式沉淀池配置周边传动回转式刮泥机，对于前端有斜筛处理的污水，可使用螺旋线式刮泥机，对于前端没有斜筛处理的污水，由于水中 SS 含量、颗粒物相对密度较大，可考虑选用重载型刮泥机。

辐流式沉淀池径深比一般不超过 12，且应根据地质条件考虑适当的直径，辐流式沉淀池直径越大，结构施工难度越高，池体整体水平度越难保证。

无论如何设计，沉淀装置必须提供一个相对平稳的流态以及一定的沉降时间。国内初沉池表面负荷一般为 1.0m^3/(m^2·h) 左右，国外典型的表面负荷为 32.6～40.8m^3/(m^2·d)。由于水温较高，过大的表面极易造成密度流破坏沉淀效果，停留时间一般考虑在 2h 左右，过长的停留时间容易导致污水厌氧产生 H$_2$S 等有毒性气体，同时产生的气泡会使沉淀的污泥上浮，导致出水 SS 升高。

初沉池表面必须配备刮渣设备，避免浮渣在池内积累，池底部向中心的倾角可按 1∶12，以便有利于污泥的排除。初沉池采用重度防腐措施以保护混凝土池体。

初沉池对 SS 的去除率在 50%～90% 之间，一般出水 SS＜300mg/L。一级处理对污水的后续处理至关重要，一般经过一级处理，制浆污水 COD

降至 900～1300mg/L 左右，SS 一般降至 300mg/L 以下。

③ 气浮。气浮技术是利用空气在一定压力下分散或溶于水中产生高度分散的微小气泡作为载体黏附污水中的悬浮物，使其密度小于水而上浮到水面以实现固液分离的过程。COD_{Cr} 去除率为 30％～50％，BOD_5 去除率为 25％～40％，SS 去除率为 70％～85％。

（2）生物处理

生物处理是人工模拟天然自我净化的过程，是相对于污水的天然自我净化而言。

生化处理系统包括水解酸化、厌氧和好氧处理单元。制浆厂排水温度较高，在进入生化处理前由冷却塔进行降温，将温度控制在 35℃ 以下再进入生化处理系统

1）冷却塔　冷却塔根据流态形式可以分为逆流式冷却塔、横流式冷却塔；根据结构形式可分为自然通风冷却塔、机械通风冷却塔。制浆污水处理场常选用机械通风冷却塔，逆流式、横流式冷却塔均有使用。

由于污水虽然经过沉淀，但其中依然夹杂部分 SS，同时水中硬度较高，因此在经济条件允许的情况下冷却塔可采用不易结垢、容易清洗的横流式船型冷却塔。

2）厌氧生物处理技术

① 水解酸化。水解酸化技术是将厌氧生物反应控制在水解和酸化阶段，利用厌氧或兼性菌在水解和酸化阶段的作用，将污水中悬浮性有机固体和难生物降解的大分子物质（包括碳水化合物、脂肪和脂类等）水解成溶解性有机物和易生物降解的小分子有机物的方法。该技术通常作为生物处理的预处理技术。COD_{Cr} 去除率为 10％～30％，BOD_5 去除率为 10～20％，SS 去除率为 30％～40％。该技术适用于 COD_{Cr} 浓度低于 2000mg/L 的污水预处理，出水需进一步进行好氧生化处理。

可根据来水水质情况确定采用何种工艺对好氧生化处理前的污水进行生物预处理。当一级处理后污水 COD_{Cr} 浓度在 1200～2000mg/L 时，可采用水解酸化＋好氧处理工艺；当一级处理后污水 COD_{Cr} 浓度大于 2000mg/L 时，采用厌氧＋好氧处理工艺；当一级处理后污水 COD_{Cr} 浓度小于 1200mg/L 时，采用好氧处理工艺。

水解酸化调节池可以和一级处理调节池合并设置（采用两段厌氧法时综合考虑），水力停留时间 4h 左右，pH 值在 6.5 左右，预酸化产生的 H_2S 气体应收集后回收利用或净化后排放；应投加氮磷营养物质，使进入厌氧（水解酸化）系统的污水中 BOD_5：N：P 达到 200：5：1，进入好氧

系统的污水中 BOD_5：N：P 达到 100：5：1。

水解酸化池的设计参数应根据类比资料或实验确定，当无相关资料时停留时间宜采用 4～8h，水解酸化池产生的臭气应收集净化后排放；水解酸化池可采用升流式或完全混合的形式，采用升流式时应合理设置布水、出水、排泥设施，其有效水深 4～6m，上升流速 0.7～1.5m/h；采用完全混合时，水解池后应设沉淀池，沉淀池表面负荷 0.6～1.2 $m^3/(m^2 \cdot d)$，污泥回流比 30%～50%。进入 UASB 和内循环升流式厌氧反应器（IC）的进水悬浮物浓度控制在 500mg/L 以下；控制进入厌氧反应器污水的 SO_4^{2-} 和 COD_{Cr} 浓度的比值在 10% 以下，SO_4^{2-} 浓度在 450mg/L 以下。当浓度较高时，可采用两段厌氧法，一段厌氧产生的 H_2S 气体应收集后回收利用或净化后排放。

② 升流式厌氧污泥床（UASB）技术。升流式厌氧污泥床技术是指污水通过布水装置依次进入底部的污泥层和中上部污泥悬浮区，使污水与其中的厌氧微生物反应，将污水中的有机物降解，生成沼气。气、液、固混合液通过上部三相分离器进行分离，污泥回落到污泥悬浮区，分离后污水排出系统，同时回收沼气。COD_{Cr} 去除率为 50%～60%，BOD_5 去除率为 60%～80%，SS 去除率为 50%～70%。该技术适用于 COD_{Cr} 浓度高于 2000mg/L 的污水处理，出水需进一步进行好氧生化处理。产生的生化污泥中除有部分纤维外，还含有较丰富的氮、磷等营养物质，可用于制有机肥或干化焚烧。沼气可用于发电、供热，若沼气量较小，可直接火炬燃烧。

UASB 厌氧反应器应设置均匀布水装置和三相分离器，反应器分离区出水采用溢流堰出水方式，堰前应设置浮渣挡板；可采用外循环方式提高 UASB 和内循环升流式厌氧反应器内的上升流速，循环量宜根据设定的反应器表面负荷及沼气产量自动调整；UASB 反应器的有效高度一般为 5～7m，不宜超过 10m，单座体积不宜超过 3000 m^3。

厌氧处理系统的主要工艺参数应根据试验和类比资料确定，缺乏相关资料时可参考表 3-16。

表 3-16 厌氧处理系统主要工艺参数

好氧单元类型	反应温度/℃	污泥浓度/(g/L)	容积负荷 [gCOD_{Cr}/(m^3·d)]	水力停留时间/h	污泥回流比/%	上升流速/(m/h)	沼气产率/(m^3/kg COD_{Cr})
升流式厌氧污泥床（UASB）	32～35	10～20	5～10	12～20	—	0.5～1.5	0.4～0.5

好氧 单元类型	反应 温度 /℃	污泥 浓度 /(g/L)	容积负荷 [gCOD$_{Cr}$ /(m^3·d)]	水力停留 时间/h	污泥 回流比 /%	上升流速 /(m/h)	沼气产率 /(m^3/kg COD$_{Cr}$)
内循环升流式 厌氧反应器(IC)	32～35	20～40	10～25	6～12	—	3～8	0.4～0.6
接触厌氧池(AC)	30～38	5～8	3～6	18～28	100～150	—	0.4～0.5

③ 内循环升流式厌氧（IC）技术。内循环升流式厌氧技术的核心是借助反应器内所产沼气的提升作用实现内循环，达到强化过程传质、提高基质转化效率的作用。污水基质浓度越大、沼气产生量越大、内循环作用越强、传质过程越强烈、基质转化效率越高。该技术具有布水均匀、容积负荷高、抗冲击能力强、出水效果好、占地少的特点，特别适用于高浓度有机污水的处理。COD$_{Cr}$ 去除率为 50%～60%，BOD$_5$ 去除率为 60%～80%，SS 去除率为 50%～70%。该技术适用于 COD$_{Cr}$ 浓度高于 2000mg/L 污水的处理，出水需进行好氧生化处理。产生的生化污泥中除有部分纤维外，还含有较丰富的氮、磷等营养物质，可用于制有机肥或干化焚烧。沼气可用于发电、供热，若沼气量较小，可直接火炬燃烧。

内循环升流式厌氧反应器（IC）是继厌氧消化池、UASB 后开发的第三代厌氧反应器，属于高速厌氧反应器，是目前国际上最先进的厌氧处理技术。近年来，内循环升流式厌氧反应器（IC）在制浆污水处理中得到广泛应用，是处理中高浓度制浆污水的主流设备。内循环升流式厌氧反应器（IC）的构造特点是具有很大的高径比，一般可达 2～5，反应器的高度高达 16～24m。从外观上看，IC 反应器由第一厌氧反应室和第二厌氧反应室叠加而成，每个厌氧反应器的顶部各设一个气-固-液三相分离器，如同两个 UASB 反应器的上下串联叠放。

IC 高速厌氧反应器的进水由反应器底部的配水系统分配进入膨胀床室，与厌氧颗粒污泥均匀混合；大部分有机物在这里被转化成沼气，所产生的沼气被第一级三相分离器收集。沼气将沿着上升管上升，沼气上升的同时把颗粒污泥膨胀床反应室的混合液提升至反应器顶部的气液分离器。被分离出的沼气从气液分离器的顶部的导管排走，分离出的泥水混合液将沿着下降管返回到膨胀床室的底部，并与底部的颗粒污泥和进水充分混合，实现了混合液的内部循环，内部循环的结果使膨胀床室不仅有很高的生物量，很长的污泥龄，并具有很大的升流速度，使该室内的颗粒污泥完全达到流化状态，有很高的传质速率，使生化反应速率提高，从而大大提高去除有机物能力。

IC 高速厌氧反应器是由 4 个不同的功能部分组合而成，即混合区、膨胀区、精处理区和回流系统。

Ⅰ.混合区：从反应器的底部进入的污水与颗粒污泥和内部气体循环所带回的出水有效地混合，形成了进水有效地稀释和混合作用。

Ⅱ.膨胀区：这一区域是由包含高浓度的颗粒污泥膨胀床所构成。床体的膨胀或流化是由于进水回流和产生的沼气的上升流速所造成的。工艺水和污水之间有效地接触使得污泥具有高的活性，可以获得高的有机负荷和转化效率；

Ⅲ.精处理区：在这一区域内，由于低的污泥负荷率、相对长的水力停留时间和推流状态的流态特性，产生了有效的后处理。另外，由于沼气产生的扰动在精处理区较低，使得生物可降解 COD 几乎全部的去除。虽然与 UASB 反应器条件相比，反应器总的负荷率较高，但因为内部循环体不经过这一区域，因此在精处理区的上升流速也较低，这两个特点也共同促进了最佳的固体停留。

Ⅳ.回流系统：分外回流和内回流，内回流是利用汽提原理，因为在上层与下层的气室间存在着压力差。回流的比例是由产气量（进水 COD 浓度）所决定的，因此是自调节的。外回流是通过外回流泵控制回流水量在反应器的底部进入系统内，从而在膨胀床部分产生附加扰动，这使得系统的启动过程加快。在调试初期或发生冲击时可启动外回流。

IC 高速厌氧反应器监控系统也是厌氧反应器的重要环节，它通过对进水量、回流量的监控，可保证系统高效稳定运行，避免反应器因水质的波动受到冲击，造成反应器长时间不能恢复正常运行，使整个运行管理简单、操作方便。

布水系统是厌氧反应器的关键配置，它对于形成污泥与进水间充分的接触、最大限度地利用反应器的污泥是十分重要的。布水系统兼有配水和水力搅动作用，为了保证这两个作用的实现，需要满足如下原则：a.进水装置的设计使分配到各点的流量相同；b.进水管不易堵塞；c.尽可能满足污泥床水力搅拌的需要，保证进水有机物与污泥迅速混合，防止局部产生酸化现象。

高速厌氧反应器的特点如下。

Ⅰ.容积负荷率高，水力停留时间短。

Ⅱ.IC 高速厌氧反应器生物量大（可达到 60g/L），污泥龄长，特别是由于存在着内、外循环，传质效果好。处理高浓度有机工艺水，进水容积

负荷率可达 $10\sim30$kg COD/(m^3·d)。

Ⅲ.抗冲击负荷强。在高速厌氧反应器中，当 COD 负荷增加时，沼气的产生量随之增加，由此内循环的汽提增大。处理高浓度污水时，循环流量可达进水流量的 $10\sim20$ 倍。工艺水中高浓度和有害物质得到充分稀释，大大降低有害程度，从而提高了反应器的耐冲击负荷能力；当 COD 负荷较低时沼气产量也低，从而形成较低的内循环流。

Ⅳ.避免了固形物沉积。有一些工艺水中含有大量的悬浮物质，会在 UASB 等流速较慢的反应器内发生累积，将厌氧污泥逐渐置换，最终使厌氧反应器的运行效果恶化乃至失效。而在高速厌氧反应器中，高的液体和气体上升流速，将悬浮物冲击出反应器。

Ⅴ.基建投资省和占地面积小。由于 IC 高速厌氧反应器的容积负荷率比普通的 UASB 反应器要高 $3\sim4$ 倍以上，则高速厌氧反应器的体积为普通 UASB 反应器的 $1/4\sim1/3$ 左右；而且有很大的高径比，所以占地面积特别省，非常适用于占地面积紧张的厂家采用。并且，可降低反应器的基建投资。

Ⅵ.减少药剂投量，降低运行费用。内外循环的液体量相当于第一级厌氧出水的回流，对酸碱度起缓冲作用，使反应器内的 pH 值保持稳定。可减少进水的投碱量，从而节约药剂用量，而减少运行费用。

Ⅶ.可以在一定程度上减少结垢问题。由于 IC 高速厌氧反应器采用的是内循环，沼气中的 CO_2 不像外循环一样可以从水中逸出，从而可以避免结垢问题。

Ⅷ.出水的稳定性好。IC 高速厌氧反应器相当有上、下两个 UASB 反应器串联运行；下面一个 UASB 反应器具有很高的有机负荷率，起"粗"处理作用；上面一个 UASB 反应器的负荷较低，起"精"处理作用。一般多级处理工艺比单级处理的稳定性好，出水水质稳定。

内循环升流式厌氧反应器（IC）示意如图 3-6 所示。

④ 厌氧膨胀颗粒污泥床（EGSB）技术。厌氧膨胀颗粒污泥床技术是指污水通过水泵提升到厌氧反应器的底部，使污水与高浓度的厌氧污泥充分接触和传质，将污水中的有机物降解，产生的沼气进入三相分离器内部通过管道排出，污水分离沉淀后排出，污泥则在分离区沉淀浓缩并回流到三相分离器的下部。EGSB 反应器是一种改进的 UASB 反应器，较高的上升流速使颗粒污泥床处于膨胀状态，不仅能使进水与颗粒污泥充分接触，提高传质效率，而且有利于基质和代谢产物在颗粒污泥内外的扩散、传送，保证反应器在较高容积负荷条件下正常运行。COD$_{Cr}$ 去除率为 $50\%\sim$

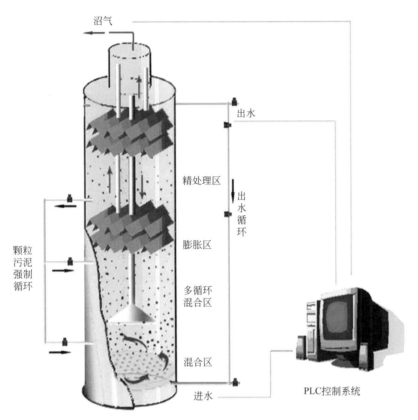

图 3-6 内循环升流式厌氧反应器（IC）示意

60%，BOD$_5$ 去除率为 60%～80%，SS 去除率为 50%～70%。该技术适用于 COD$_{Cr}$ 浓度高于 2000mg/L 污水的处理，出水需进一步进行好氧生化处理。产生的生化污泥中除有部分纤维外，还含有较丰富的氮、磷等营养物质，可用于制有机肥或干化焚烧。沼气可用于发电、供热，若沼气量较小，可直接火炬燃烧。

3）好氧生物处理技术 好氧生物处理技术是指在有氧条件下，活性污泥吸附、吸收、氧化、降解污水中的有机污染物，一部分转化为无机物并提供微生物生长所需能源，另一部分转化为微生物自身，通过沉降分离，从而使污水得到净化。常用处理工艺包括完全混合活性污泥法、氧化沟、生物接触氧化、序批式活性污泥（SBR）法、厌氧/好氧（A/O）工艺等。好氧单元宜选用有机负荷低、抗冲击能力强的延时曝气活性污泥处理工艺，如氧化沟、带选择区的完全混合曝气、SBR 或两段好氧生化处理工艺等，当处理亚硫酸铵制浆污水时应采用具有脱氮功能的 A/O 等工艺。

该技术可有效降低污水中可生物降解的溶解性有机物，上述好氧处理工艺对制浆企业污水主要污染物的去除效率见表 3-17。该技术适用于制浆企业污水的二级生物处理。好氧系统产生的污泥可进行堆肥或干化后焚烧，也可填埋处置。

表 3-17 好氧处理工艺对制浆企业污水主要污染物去除效率

好氧处理工艺	污染物去除率/%		
	COD_{Cr}	BOD_5	SS
完全混合曝气	60～80	80～90	70～85
氧化沟	70～90	70～90	70～80
生物接触氧化	65～85	70～90	40～80
A/O	75～85	70～90	40～80

好氧系统选用有机负荷低、抗冲击能力强的延时曝气活性污泥处理工艺，如氧化沟、推流或完全混合式曝气池、SBR 处理工艺等。好氧系统的主要工艺参数应根据试验和类比资料确定，缺乏相关资料时可参考表 3-18。

表 3-18 好氧系统的主要工艺参数

好氧单元处理工艺	污泥浓度/(gMLSS/L)	污泥负荷/[kgCOD_{Cr}/(kgMLSS·d)]	容积负荷/[kgCOD_{Cr}/(m³·d)]	水力停留时间/h	污泥回流比/%	污泥沉降比/%	泥龄/d
氧化沟	3.0～6.0	0.1～0.3	0.4～1.2	18～32	60～150	50～80	18～25
曝气池	2.5～6.0	0.15～0.4	0.5～1.5	15～30	100～120	30～80	12～20

采用氧化沟时，曝气系统除满足供氧要求外应保持池内泥、水的充分混合，控制沟内平均流速 0.3～0.5m/s，应根据曝气机水力模型计算确定是否满足推流要求，必要时设置推流器；为避免曝气池产生污泥膨胀，完全混合式曝气工艺应采用带选择池的完全混合曝气池，选择池水力停留时间 1h 左右，应采用好氧选择池。

采用 SBR 时，反应池个数应为 2 个以上，其运行周期宜为 6～12h，充水比宜为 0.15～0.3，满水位时池内污泥浓度为 3000～6000mg/L。

生物反应池中好氧区的污水需氧量应根据去除的含碳有机物确定，计算方法应参照现行《室外排水设计规范》（GB 50014）的规定，也可采用 $0.6～1.2kgO_2/kgCOD_{Cr}$ 进行估算。

　　好氧生化处理工艺最核心的设备是曝气系统，曝气设备宜选用表面曝气机、潜水曝气机、射流曝气器、可提升式微孔曝气器、旋流切割气泡曝气器等防堵塞、易维修的曝气设备。选用微孔曝气器应充分考虑制浆污水易结垢的特点，宜采取有效的防堵塞和清洗措施。曝气设备应能根据污水水质、水量调节供氧量，$20000m^3/d$ 以上规模的处理工程应考虑能自动调节供氧量的设施，如采用变频电机、风叶导向调节装置等。制浆污水处理厂多采用底部曝气设备＋鼓风机的曝气形式，由于水中硬度、硫酸盐含量较高，常规的微孔曝气器使用一段时间后容易堵塞、老化，因此底部曝气多采用射流曝气形式，也有使用浮链式微孔爆气设备或悬混曝气设备。

　　配合底部曝气的鼓风机一般根据曝气池设计液位及供气量进行选择，单级高速离心式鼓风机相对更节能，螺杆式鼓风机造价相对较低。曝气风量需根据进水水质、前端处理工艺选择等情况进行计算后确定。

　　曝气池应考虑设置泡沫阻隔和消除设施，可采用加大曝气池超高、添加消泡剂、喷水消泡和机械消泡等措施。好氧生化反应池（SBR 反应池除外）后应设置二沉池，一般选用辐流式沉淀池，二次沉淀池表面负荷为 $0.5\sim0.6m^3/(m^2\cdot h)$，固体负荷不超过 $150kgSS/(m^2\cdot d)$。

　　经过冷却的污水自流进入生化池选择区，与二沉池回流污泥混合后进入曝气池。硫酸盐法化学浆的活性污泥通常成棕褐色絮状，在运行较好的生化池中，活性污泥直径一般约为 $0.02\sim2mm$，MLSS 约为 $3\sim6g/L$，VSS/SS 值约为 $0.7\sim0.85$，絮体沉降性能较好。

　　4）二沉池　二次沉淀池的主要作用是使混合液澄清、污泥与水分离并将活性污泥回流至曝气池。其设计的优劣直接影响生物处理的出水水质。二沉池主要有以下特点：a.污泥较松散，密度相对初沉池污泥较小，污泥沉降属于成层沉淀；b.沉降速率较初沉池污泥小。

　　制浆污水处理场一般处理规模较大，因此多采用辐流式二沉池，根据二沉池直径选用刮泥机或刮吸泥机。

　　二沉池计算一般根据表面负荷计算辐流式二沉池直径，再对固体通量进行校核，通常表面负荷取 $0.6\sim0.8m^3/(m^2\cdot h)$，固体通量一般取不大于 $150kg/(m^3\cdot d)$。

　　制浆厂生物处理后 COD 与工厂生产有关，通常小于 $300mg/L$，为满足排放指标制浆污水处理场通常在生物处理完成后再进行深度处理，以保证 SS、COD_{Cr} 满足排放指标要求。

　　（3）三级处理

　　由于生化处理后的制浆污水中色度或一些残余难降解的有机物含量较

高，随着排放标准的加严，二级处理后的污水需要进一步处理即三级处理才能做到达标排放。根据经生化处理后的污水的水质特征，目前可供选择的三级处理工艺包括深度生化处理和物化处理两种方法。二级处理后的污水可生化性较差，继续采用常规的生物处理已经很难取得理想的效果，必须通过前处理（如混凝沉淀、氧化还原等技术）才能提高污水的可生化性或采用特种生物强化处理技术降解 COD。目前已用于制浆造纸污水三级处理的深度生化处理法主要为生物膜法如曝气生物滤池，为了提高深度处理效果，也有采用生物炭工艺，或在填料中包埋特种菌（如真菌）或生物酶的改良方式，但曝气生物滤池处理后的造纸污水尚不能满足水质净化要求，而包埋特种菌这种技术虽然在一定程度上提高了生化处理效果，提高了污水的 COD 去除率，但目前在制浆造纸污水处理领域尚无大规模成功运行的工程实例。

常用的物化法主要包括混凝沉淀（或气浮）、过滤、化学氧化和高级氧化技术。高级氧化技术通常包括硫酸亚铁-双氧水催化氧化（Fenton 氧化）、湿式催化氧化、臭氧氧化及超临界氧化等。目前通常采用 Fenton 氧化法，亚铁离子作为过氧化氢的催化剂，在酸性条件下，反应过程中产生羟基自由基（·OH）。羟基自由基可氧化污水中的可氧化物质，二价铁离子（Fe^{2+}）被氧化为三价铁离子（Fe^{3+}），在一定条件下，生成 $Fe(OH)_3$ 胶体，利用胶体的絮凝作用，去除污水中的悬浮物。该技术处理效率较高，但会消耗酸、碱、双氧水及硫酸亚铁等化学药品。COD_{Cr}、BOD_5、SS 去除率均达到 $70\%\sim90\%$，出水污染物浓度取决于化学药品的添加量。该技术适用于制浆造纸企业污水二级处理后的三级强化处理。该技术化学品消耗较高，产生的污泥金属盐含量较高，通常采取与其他污泥混合焚烧或填埋的处置措施。

1）混凝沉淀（气浮）处理技术　三级处理采用混凝沉淀（气浮）处理技术时，其设计要点和主要工艺设计参数如下：a.混凝剂和助凝剂的种类和投加量应通过试验确定，常用的混凝剂有铁盐、石灰、铝盐及其高分子混凝剂，常用的助凝剂是 PAM；b.应充分考虑混凝反应过程中 pH 值对药剂投加量和处理效果的影响；c.混凝工艺的混合区 G 值 $300\sim600s$，混合时间 $30\sim120s$，反应区 G 值 $30\sim60s$，反应时间 $10\sim20min$；d.化学沉淀池宜选用辐流式沉淀池，表面负荷 $0.5\sim0.7m^3/(m^2 \cdot h)$，水力停留时间 $3.5\sim4.5h$；e.采用气浮工艺时，表面负荷宜采用 $4\sim5m^3/(m^2 \cdot h)$；f.可采用混凝剂复配和改性、预氧化等措施提高混凝沉淀（气浮）的净水效果。

当 SS 指标要求较严（如达到一级 A 标准）时，混凝沉淀（气浮）后的污水需进行过滤处理，其工艺要求如下：a. 过滤的进水悬浮物宜小于 30mg/L；b. 过滤系统可采用各种过滤池和机械过滤器；c. 可采用无烟煤、石英砂、陶粒滤料、聚苯烯泡沫滤珠、金刚砂、纤维球、纤维束等滤料；d. 过滤池设计可参照 GB/T 50335 的规定和同类企业运行数据确定，过滤器的选用和工艺设计应根据设备供应商提供的资料和同类企业运行数据确定。

2）Fenton 氧化工艺

① 概述。Fenton 高级氧化技术是 1894 年法国科学家 HJ. H. Fenton 发现的，他发现采用 Fe^{2+}/H_2O_2 体系能氧化多种有机物。后人将亚铁盐和过氧化氢的组合称为 Fenton 试剂。1964 年 Eisenhouser 首次使用 Fenton 试剂处理苯酚及烷基苯污水，开创了 Fenton 试剂在环境污染物处理中应用的先例。该法既可以作为污水处理的预处理，也可以作为污水处理的最终深度处理。因此，Fenton 试剂法受到了环境工作者的广泛关注，在国内外污水处理中有着广阔的应用前景，日益受到国内外的关注和研究。Fenton 试剂可以将造纸污水中难以生化降解的木质素、纤维等一些有机污染物有效氧化为易降解小分子或直接转化为 CO_2 和 H_2O。

② Fenton 技术的氧化机理。主要原理：Fenton 药剂——H_2O_2 氧化剂＋Fe^{2+} 催化剂，两者在适当的 pH 值下会反应产生羟基自由基（·OH），·OH 是一种很强的氧化剂，其氧化电极电位为 2.80V，在已知的氧化剂中仅次于 F_2；具有较高的电负性或电子亲和能（569.3kJ）。·OH 的强氧化能力与污水中的有机物反应可分解氧化有机物，进而降低污水中生物难分解的 COD。

$$Fe^{2+} + H_2O_2 \longrightarrow Fe^{3+} + OH^- + \cdot OH$$
$$Fe^{3+} + H_2O_2 \longrightarrow Fe^{2+} + HO_2 \cdot + H^+$$
$$Fe^{2+} + \cdot OH \longrightarrow OH^- + Fe^{3+}$$
$$RH + \cdot OH \longrightarrow R \cdot + H_2O$$
$$R \cdot + Fe^{3+} \longrightarrow R^+ + Fe^{2+}$$
$$R^+ + O_2 \longrightarrow ROO^+ \rightarrow \cdots \rightarrow CO_2 + H_2O$$

Fenton 反应优点为降解较彻底、操作简单、反应物易得、费用便宜、无复杂设备；缺点为加药量大、产泥量大、化学泥脱水困难、脱水后化学泥处理难度较大，处理费用较高。

Fenton 高级氧化技术在处理难降解有机污水时具有一般化学氧化法无

法比拟的优点，至今已成功运用于多种工业污水的处理。Fenton 在污水处理中的应用可分为两个方面：一是单独作为一种处理方法氧化有机污水；二是与其他方法联用，如与气浮法、混凝沉降法、活性炭、生物法等联用已取得良好的效果。

Fenton 技术深度处理制浆厂生化出水，污水的 COD 可从 300～600mg/L 降至 30～100mg/L，色度可从 30～50 倍降至 5 倍左右，难降解的 COD 去除率达到 80％以上，Fenton 处理后污水可达到新的国标排放要求。

在 Fenton 化学氧化＋沉淀系统的快速搅拌池内设有快速混凝搅拌器，先投加硫酸，控制池内 pH 值在 3.3～4.0 左右；随后投加硫酸亚铁（$FeSO_4 \cdot 7H_2O$）与污水快速混合；然后在第一级反应池内投加双氧水（H_2O_2），并保证充分搅拌和强化氧化反应，同时维持 30～45min 停留时间，后投加 NaOH 回调污水 pH 至中性；随后在絮凝池投加 PAM，形成片状污泥；然后进入沉淀处理单元进行泥水分离。

③ Fenton 处理技术设计要点。Fenton 氧化包括 pH 值调整、Fenton 氧化反应、中和、脱气、混凝沉淀单元，各单元所采用的设备和材料应具有耐酸碱和抗氧化腐蚀能力；Fenton 氧化法试剂投加量应通过实验确定，氧化反应时间 20～40min，反应 pH 值为 3～5；氧化反应后的污水应加碱中和，可采用 NaOH 或 Ca（OH）$_2$ 作为中和剂，脱气、中和反应时间宜大于 10min，综合后的 pH 值控制在 6～7，脱气一般采用鼓风曝气法；反应后的污水应通过沉淀分离出污水中的含铁悬浮物，宜投加 PAM 强化混凝效果，混凝沉淀的技术要求同化学沉淀池；为提高处理效率、降低运行成本和减少化学污泥量，建议采用非均相催化氧化流化床技术；为降低铁离子和 SS 的含量，可在 Fenton 氧化法后串联过滤等其他深度处理单元技术。

3）Fenton 沉淀分离　Fenton 沉淀原理与初沉类似，制浆污水处理场通常采用辐流式沉淀池，Fenton 反应后形成的絮体较松散，相对密度较大，一般表面负荷按 0.7～1.5$m^3/(m^2 \cdot h)$。

Fenton 沉淀池配备周边传动刮泥设备及污泥泵。

（4）高级处理

鉴于有些地区水环境容量小、生态环境脆弱，环保部门要求部分企业外排污水达到类《地表水环境质量标准》（GB 3838）中Ⅳ类标准或类零排放，采用上述三级处理已不能满足要求。借鉴国内外制浆企业污水处理的经验，提出高级处理的概念和推荐处理工艺供参考。高级处理与三级处理并无严格界限，二者可统称为深度处理。

当采用上述三级处理技术不能达到类《地表水环境质量标准》（GB 3838）中Ⅳ类标准，有条件的地区可利用荒地、闲地、河道选用适当的自然净化工艺，优先采用潜流＋表流人工湿地工艺，工艺设计应符合 CJJ/T 54、RISN-TG 006、HJ 2005 和 GB 50014 等标准的规定，且不得降低周围的环境质量和行洪能力。人工湿地设计参数参见现行《人工湿地污水处理工程技术规范》（HJ 2005）。

要求达到类零排放的企业可在三级处理基础上采用膜集成处理工艺。

① 膜集成处理一般采用预处理＋超滤＋反渗透工艺。预处理的目的是降低污水中硬度、胶体、SS 等杂质，主要根据水质分析指标，采用投加 Na_2CO_3、NaOH、PAC，用 NaOH 降低水中的碳酸盐硬度，用 Na_2CO_3 降低非碳酸盐硬度，然后用絮凝沉淀＋过滤的方法；沉淀池一般采用机械加速澄清池，滤池一般采用 V 形滤池，设计参数参见现行《室外给水设计标准》（GB 50013）。预处理后碳酸盐硬度建议小于 600mg/L（以 $CaCO_3$ 计），SS 小于 5mg/L。超滤（UF）技术是以压力差为推动力的筛分过程，孔径大约在 $0.005\sim0.1\mu m$ 范围内，切割分子量约为 $1000\sim500000$ Dalton，几乎可以完全截留水中的污染物、细菌等大分子物质，COD 去除率在 20％～60％之间。超滤系统包括预超滤装置、气洗系统和反洗泵等设备。应采用化学稳定性好、抗污染性能好及机械强度好的膜组件（如外压式、PVDF 材质超滤膜）。膜丝断裂伸长率要求在 150％以上，抗拉伸强度达到 5.0MPa，年断丝率小于 0.2％。超滤膜设计通量不大于厂家推荐的在类似水源类型应用的最大值，且不应大于 $50L/(m^2 \cdot h)$（按净产水量计算），应合理选择膜数量，保证超滤装置的正常运行、合理的反洗间隔和化学清洗周期，以尽可能提高超滤装置水的回收率，单套超滤回收率＞90％。反渗透膜系统主要去除水中溶解盐类。反渗透是以膜两侧的压力差为驱动力，以反渗透膜为过滤介质，将进料中的水（溶剂）和离子（或小分子）分离，从而达到纯化和浓缩的目的。反渗透系统包括保安过滤器、高压泵、反渗透膜装置、膜清洗设备等。反渗透膜设计要求：建议采用低压抗污染聚酰胺复合膜，反渗透装置回收率不低于 70％，采用宽进水流道 34mil（1mil＝1609.344m）、膜面积 $400ft^2$（1ft＝0.3048m）的运行能耗低、抗污染性能好及脱盐率高的涡卷式芳香聚酰胺低压复合膜元件。反渗透膜元件的设计通量应不大于膜厂商《设计导则》中规定的最大通量值，且应满足反渗透膜元件设计通量 $[\leqslant 17L/(m^2 \cdot h)]$。应合理选择膜数量及排列组合，以保证反渗透装置的正常运行和合理的清洗周期。

② 超滤浓水及反冲洗污水回至本系统均质池或深度处理系统，反渗透淡水可回用于生产车间替代清水、锅炉房及冷却塔补水等，反渗透浓水要有合理的处置。

③ 反渗透浓水在蒸汽热源丰富的企业可采用三效蒸发工艺，无蒸汽热源的企业可采用机械再压缩结晶技术，结晶盐用作工业原料或作危废处置，污冷凝水回至污水处理系统。

（5）典型膜集成处理工艺流程简介

工艺过程描述：浆厂污水处理场尾水自流或通过冷却塔冷却送至均质池，同时均质池内曝气搅拌，然后再用泵（离心泵）提升到机械搅拌澄清池，在预反应池中投加 NaOH 和 Na_2CO_3，降低尾水中硬度、SS、胶体等杂质后，自流进入 V 形砂滤池，通过各种粒径的石英砂等粒状滤料对污水进行过滤而达到截留水中悬浮固体和部分细菌、微生物等目的。砂滤池出水自流进入砂滤产水池，砂滤产水经离心泵提升通过自清洗过滤器后进入超滤单元，超滤产水自流进超滤产水池，再用离心泵打入反渗透单元，脱盐后反渗透产水自流到回用水池，再用离心泵送至清水站清水池，反渗透浓水到浓水处理系统进一步处理。V 形砂滤池和超滤的反洗水回流到均质池进行再处理。

3.2.12.3 运行成本

满足《制浆造纸工业水污染物排放标准》（GB 3544—2008）排放标准的污水处理场，通常的电耗约 $1.8\sim2.5kW\cdot h/m^3$ 污水，药剂（主要是铝基或铁基的混凝剂、高分子 PAM 絮凝剂、营养盐）费用约 $1.5\sim2.0$ 元$/m^3$ 污水。

综合污水处理成本（直接运行成本）约 $2.5\sim3.5$ 元$/m^3$。

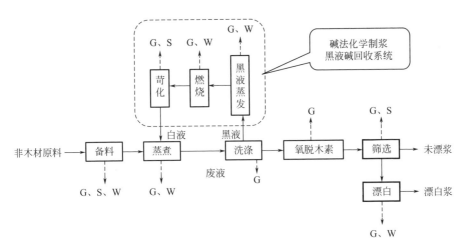

4

环境污染治理措施与环境管理

4.1 非木浆生产过程环境污染物排出

非木材制浆过程中会向水体、大气、土壤等环境排放污染物质，其中水污染问题最为突出。

非木浆制浆生产工艺及主要产污节点见图4-1。

图 4-1   非木浆制浆生产工艺及主要产污节点
W—废水；S—固体废物；G—废气

（1）污水

化学法制浆产生的污水主要包括备料污水、黑液蒸发产生的污冷凝水、粗浆洗涤筛选污水、漂白污水（采用元素氯漂白会产生一定浓度的 AOX 和二噁英）、各工段临时排放的污水。污水中主要污染物为碳水化合物的降解产物、低分子量的木素降解产物、有机氯化物及水溶性抽出物等。

（2）废气

化学法制浆的大气污染主要来源包括备料、蒸煮、洗涤、漂白、漂白化学品制备、黑液蒸发、动力锅炉、碱回收炉、苛化、污水处理场等。排放物主要包括粉尘、二氧化硫、氮氧化物、臭气等。

（3）固体废物

制浆固体废物主要来源于备料工段产生的废渣、尘土，筛选工段产生的浆渣，碱回收工段产生的绿泥、白泥，污水处理过程中产生的污泥以及动力锅炉产生的煤灰渣等。

（4）噪声

化学法制浆产生的噪声分为机械噪声和空气动力性噪声，主要噪声源包括切草机、传动类、泵类、风机压缩机、间歇喷放或放空、工艺设备或管道压力、真空清洗或吹扫等。

4.2 环境污染治理措施

4.2.1 污水处理措施

非木材制浆工艺产生的污水按照"清污分流""污污分治"和"梯度利用"的原则，对不同污水分别进行处理。

（1）备料污水

采用湿法备料会产生备料污水，该污水是洗涤原料的排出水，污染物含量低，通过系统内配置的一体化沉淀池处理后循环使用，多余的污水全部送污水处理站与中段污水共同处理。

蔗渣堆场贮存的新鲜蔗渣含有残糖，必须用水不间断喷淋来降低残糖发酵的温度，同时置换出残糖发酵后产生的酸性废液；废液属高浓度有机污水，可生化性好，采用厌氧生化法进行处理，厌氧处理后再与中段污水共同处理。

（2）污冷凝水

生产过程中产生的污冷凝水应根据实际生产情况最大化回用。

（3）中段污水

制浆中段污水主要来自漂白工段及临时排放污水，全程采用中浓技术，漂白工艺用先进的中浓 ECF 替代了氯漂技术，中段污水产生量有所削减，所排出的中段污水全部送污水处理站处理后达标排放（处理方案具体详见污水处理章节）。

4.2.2　一般废气处理措施

（1）备料粉尘治理措施

① 原料等在输送过程应提高密闭化、机械化和自动化程度，减少转运点。输送和搬运应避免散落，造成二次扬尘。

② 备料车间应合理组织各粉尘作业点的通风换气，限制室内的空气流速，避免二次扬尘。

③ 切草机、除尘器、皮带输送机等产生粉尘的设备应在粉尘逸出部位设置吸尘罩等控制措施，并根据自身工艺流程、设备配置、厂房条件和产生粉尘的浓度设置除尘系统。

（2）碱炉、动力锅炉废气处理措施

碱回收炉氮氧化物产生的因素包括黑液固形物浓度、燃烧过程中过量氧气和一氧化碳含量、进气系统及碱回收炉的设计特点、碱回收炉负荷等。通过控制黑液固形物浓度在合理区间、优化燃烧室供风、控制过量氧气和一氧化碳［浓度控制在 $(250\sim500)\times10^{-6}$］在合理水平、保证碱回收炉正常负荷运行、优化控制系统等措施，可以有效减少氮氧化物的产生。碱炉烟气经静电除尘器除尘后再经烟囱达标排放。

动力锅炉产生的烟气经脱硫和脱硝系统，除去其中的大部分二氧化硫及氮氧化物后达标排放。

（3）其他废气处理措施

① 蔗渣堆场喷淋污水及时排放，降低蔗渣发酵废气产生的概率；加高蔗渣堆场围墙，使臭气向高处扩散，防止臭气对低地面的影响。

② 制浆车间洗浆气罩废气、塔槽废气、碱回收蒸发、苛化等槽罐排气等碱性废气，采用风机集中收集、洗涤后送碱炉二次风入炉燃烧。

③ 漂白过程漂白塔槽溢出的废气、漂白洗浆机气罩排气等酸性废气，集中收集后，在尾气洗涤塔采用碱液洗涤排放。

④ 苛化石灰破碎主要为石灰颗粒，布袋除尘后通过排气管排放，布袋

除尘器捕集的石灰返回系统使用。

⑤ 污水处理场臭气处理。厌氧反应器产生的沼气脱硫后可用于沼气发电、提纯，也可送入碱炉或燃煤锅炉燃烧，多余部分送沼气燃烧器燃烧处理。对产生恶臭气体的水池要进行封闭加盖，并将水池中挥发的废气用风机收集至后续除臭装置进行处理，达到国家规定排放标准后由烟囱进行排放。水池一般采用反吊膜＋钢结构的形式进行封闭，因沉淀池池面上都有转动式刮泥机，为了提高设备运营维护效率，降低操作风险，减少设备腐蚀和降低废气收集量，沉淀池的封闭通常采用随动式反吊膜进行封闭，其他水池则采用固定式反吊膜进行密封加盖。废气治理工艺一般采用"碱液洗涤喷淋＋生物除臭"废气治理技术，其废气处理原理是臭气经收集后集中送到碱液洗涤后用生物除臭塔装置处理，碱液洗涤是用浓度为 30％的氢氧化钠或次氯酸钠溶液对臭气中的酸性气体（如 H_2S 等）进行处理，去除大部分的酸性物质和部分的颗粒物质，降低废气恶臭浓度。经过碱液洗涤预处理后臭气通过湿润、多孔和充满活性的微生物滤层，利用微生物细胞对恶臭物质的吸附、吸收和降解功能，微生物的细胞个体小、表面积大、吸附性强、代谢类型多样的特点，将剩余的恶臭物质吸附后分解成 CO_2、H_2O、SO_4^{2-}、NO_3^- 等无毒无害的无机物。通过"碱液洗涤喷淋＋生物滤池"处理技术的组合，恶臭气体的去除效率能达到 90％以上，确保污水处理厂内的臭气最终达到无毒无害、无异味，且达到环评以及国家/地方规定的排放标准。

污水处理场恶臭气体处理工艺流程如图 4-2 所示。

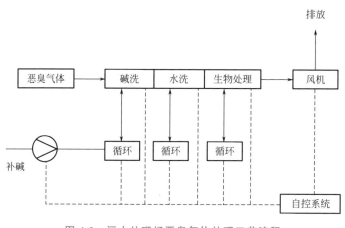

图 4-2　污水处理场恶臭气体处理工艺流程

———物料线；------控制线

4.2.3 竹浆硫酸盐法制浆臭气收集及处理

4.2.3.1 工段概述

采用硫酸盐法制浆时，由于硫化物的存在，硫酸盐浆厂在制浆及碱回收系统的不同部位均能散发有特殊气味的含硫化合物气体，包括硫化氢（H_2S）、甲硫醇（CH_3HS）、二甲硫醚（CH_3SCH_3）和二甲二硫醚（CH_3SSCH_3）等。由于这些气体均具有被氧化性能，一般统称为总还原性硫化物（Total Reduced Sulfur，TRS）。含有 TRS 的气体在工艺系统中不能被冷凝，因此也被称为不凝性气体（Non-condensible-gases，NCG），可从蒸煮器、蒸发器、液体槽罐、汽提塔、反应器或洗浆机等设备或槽罐中散发出来。

由于 NCG 具有腐蚀性、毒性和爆炸性等危险，因此硫酸盐浆厂必须对 NCG 进行收集并处理。

4.2.3.2 工艺流程说明

根据 NCG 的成分，不凝性气体可以分为三类，即小容积高浓度不凝性气体（CNCG）、大容积低浓度不凝性气体（DNCG）、汽提塔气体（SOG）。

CNCG 主要来源于蒸煮工段和蒸发工段的蒸煮器、真空收集槽、污冷凝水槽和浓黑液槽等设备。从各产生点来的 CNCG 汇集在集气槽，经蒸汽喷射器后送液滴分离器，最后经火焰阻火器入燃烧器燃烧。当系统出现故障时 CNCG 可通过旁路送火炬燃烧。

DNCG 来源广泛，其主要来源于蒸煮工段、洗选工段、氧脱工段、蒸发工段、燃烧工段和苛化工段的未漂浆洗浆机、除节机、未漂浆槽、水封槽、黑液槽、绿液槽、石灰消化提渣机、苛化器和白泥预挂过滤机等设备。从各产生点来的 DNCG 先经低浓臭气洗涤器洗涤，再经气水分离器后用低浓臭气风机送雾沫分离器，最后送碱炉高二次风。

SOG 来源于蒸发工段，是重污冷凝水汽提塔塔顶分离出来的气体。从汽提塔来的 SOG 先送液滴分离器，再经火焰阻火器入燃烧器燃烧。当系统出现故障时，SOG 可通过旁路送火炬燃烧。

4.2.3.3 主要工艺技术指标

主要工艺技术指标如表 4-1 所列。

表 4-1 主要工艺技术指标

序号	名称	单位	数据	备注
1	年工作日	d	340	
2	蒸发工段来 CNCG 温度	℃	50	
3	蒸发工段来 SOG 温度	℃	95	
4	洗涤后 DNCG 温度	℃	50	

4.2.3.4 主要设备选择

主要设备选择如表 4-2 所列。

表 4-2 主要设备选择

序号	设备名称	型号及规格			单位	数量	备注
		300adt/d	450adt/d	600adt/d			
1	制浆车间 DNCG 文丘里	进口直径：ϕ650mm	进口直径：ϕ800mm	进口直径：ϕ950mm	台	1	
2	制浆车间 DNCG 洗涤器	ϕ1800mm×3850mm	ϕ2000mm×3850mm	ϕ2300mm×3850mm	台	1	
3	蒸发工段 DNCG 洗涤器	ϕ1000mm×3200mm	ϕ1200mm×3200mm	ϕ1400mm×3200mm	台	1	与苛化工段共用
4	溶解槽 DNCG 洗涤器	ϕ2100mm×5000mm	ϕ2500mm×5000mm	ϕ3000mm×5000mm	台	1	
5	火炬	ϕ1400mm	ϕ1600mm	ϕ1800mm	台	1	

4.2.3.5 主要原材料及动力消耗

设备布置在各车间或工段，相应原材料及动力消耗均分摊在各车间或工段。

4.2.3.6 设备描述及特点

（1）DNCG 洗涤器

DNCG 洗涤器分为两层洗涤，为了使气体和洗涤液充分接触，两层中间设置有鲍尔环填料层。气体从底部进，从顶部出。第一层洗涤液通过外部泵打循环，同时与第一层液位连锁，不断排出多余的洗涤液。第二层洗涤液亦通过外部泵打循环，并通过板式换热器对洗涤液进行降温。通过监测洗涤液的 pH 值，当 pH 值降低时往循环泵入口补充稀白液，维持洗涤液的 pH 值为 9～10。

（2）火炬

火炬是 CNCG 和 SOG 的应急燃烧点，当碱炉负荷降低或因故停机时，CNCG 和 SOG 送往碱炉顶部火炬燃烧，并同时要伴烧柴油或天然气。

4.2.3.7 主要工艺流程简图

（1）CNCG 处理工艺流程

CNCG 处理工艺流程如图 4-3 所示。

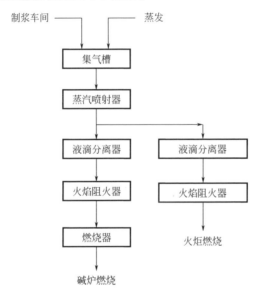

图 4-3　CNCG 处理工艺流程

（2）DNCG 处理工艺流程

DNCG 处理工艺流程如图 4-4 所示。

（3）SOG 处理工艺流程

SOG 处理工艺流程如图 4-5 所示。

4.2.3.8 本工段设计时的考虑要点

（1）CNCG

① 因为含有酸性冷凝水等腐蚀性物质，系统在设计时应使用抗不凝性

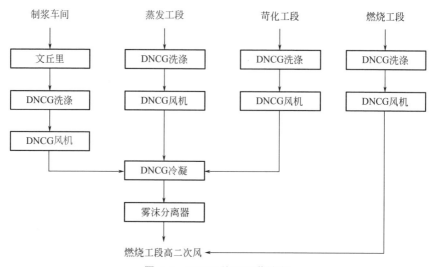

图 4-4　DNGG 处理工艺流程

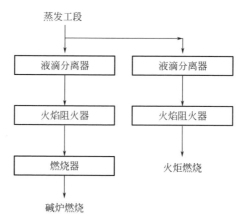

图 4-5　SOG 处理工艺流程

气体（NCG）腐蚀的不锈钢材料。

　　② 系统的设计应防止空气漏入，其全部部件应当密封，防止漏气。

　　③ CNCG 的输送必须用蒸汽喷射器。

　　④ 蒸汽喷射器应尽量装在靠近燃烧器的地方。

　　⑤ 为了使系统中的水蒸气不冷凝，蒸汽喷射器以后的蒸汽——CNCG 混合气体的全部管线应当保温，保证不发生蒸汽冷凝。

　　⑥ CNCG 在燃烧前，应除去其中的雾沫或冷凝水。所以，蒸汽喷射器后面应装有液滴分离器或雾沫消除器。

⑦ 为了防止发生火灾，在系统应装有火焰阻火器，防止火灾扩散，减少管线、设备损伤。

⑧ 为了防止 CNCG 爆炸损伤管线，系统应该装有防爆膜，并且防爆膜必须装在安全位置上，防爆膜破裂时要及时排空管线中的 CNCG。

⑨ CNCG 系统必须有排空管，在开、停机或是系统出现故障时要把气体排入大气，排空管要尽量装得高一些，使排气直接上升，且不要靠近房屋和平台。

⑩ CNCG 系统设计应考虑的另一个问题是管线中的冷凝水。CNCG 一般含有饱和蒸汽，输送过程中会有水分在管线中冷凝，因此管线应有一定的斜度，以免冷凝水积聚在管线中，并在低处设排水口。

⑪ CNCG 系统冷凝水污染负荷很大，应该收集起来送污冷凝水气提系统处理。

（2）DNCG

① 因为含有酸性冷凝水等腐蚀性物质，系统在设计时应使用抗不凝性气体（NCG）腐蚀的不锈钢材料。

② 由于 DNCG 浓度较低，不会发生爆炸，因此 DNCG 可采用蒸汽喷射器或是风机作为输送动力。但是 DNCG 体积较大，目前在设计和实际操作中都普遍采用风机输送 DNCG。

③ 在 DNCG 燃烧前，一般先送 DNCG 去填料塔进行洗涤。DNCG 洗涤的目的有两个：第一是冷却 DNCG 缩小体积和减少水分；第二是去除 DNCG 中的 TRS。

④ 经过洗涤后的 DNCG，其 TRS 的去除率为 $40\%\sim90\%$，一般情况下可达到约 70%，这与所选用的洗涤介质和 DNCG 的流量有关。在碱炉或石灰窑中燃烧 DNCG，洗去 TRS 可减少 SO_2 的排放。在石灰窑中燃烧 DNCG，SO_2 将造成结圈，通过洗涤 DNCG，可减少此类问题的发生。

⑤ 为了除去系统中的水分，在低浓臭气洗涤器后、风机前应设气水分离器。

⑥ DNCG 在燃烧前，应除去其中的雾沫或冷凝水。所以，风机后面应装有液滴分离器或雾沫消除器。

⑦ DNCG 系统必须有排空管，在开、停机或是系统出现故障时要把气体排入大气，排空管要尽量装得高一些，使排气直接上升，且不要靠近房屋和平台。

⑧ DNCG 系统设计应考虑的另一个问题是管线中的冷凝水。DNCG

一般是热的，并且含有饱和蒸汽，因此会有水分在管线中冷凝；管线应有一定的斜度，以免冷凝水积聚在管线中，并在低处设排水口。

⑨ DNCG 系统冷凝水污染负荷较小，一般收集起来送碱炉溶解槽。

（3）SOG

① 因为含有酸性冷凝水等腐蚀性物质，系统在设计时应使用抗不凝性气体（NCG）腐蚀的不锈钢材料。

② 系统的设计应防止空气漏入，其全部部件应当密封，防止漏气。

③ 由于 SOG 汽提工艺是在一定压力下进行，所以其可不用蒸汽喷射器或是风机输送。

④ 由于 SOG 温度高，含水量大，为了防止蒸汽冷凝，SOG 全部管线应当保温。

⑤ SOG 在燃烧前，应除去其中的雾沫或冷凝水，因此应装有液滴分离器或雾沫消除器。

⑥ 为了防止发生火灾，在系统应装有火焰阻火器，防止火灾扩散，减少管线、设备损伤。

⑦ 为了防止 SOG 爆炸损伤管线，系统应该装有防爆膜，并且防爆膜必须装在安全位置上，防爆膜破裂时要及时排空管线中的 SOG。

⑧ SOG 系统必须有排空管，在开、停机或是系统出现故障时要把气体排入大气，排空管要尽量装得高一些，使排气直接上升，且不要靠近房屋和平台。

⑨ SOG 系统设计应考虑的另一个问题是管线中的冷凝水。SOG 一般含有饱和蒸汽，输送过程中会有水分在管线中冷凝，因此管线应有一定的斜度，以免冷凝水积聚在管线中，并在低处设排水口。

⑩ SOG 系统冷凝水污染负荷很大，应该收集起来送回污冷凝水汽提系统处理。

4.2.4　固体废弃物

4.2.4.1　固体废弃物处置技术

（1）制浆浆渣

草节、竹节、蔗髓、浆渣等有机固体废物可送锅炉掺煤燃烧或综合利用。

（2）苛化白泥、绿泥和石灰渣

非木浆黑液碱回收系统白泥硅含量高，不能采用常规的煅烧法回收石灰。在环保政策日趋严格的形势下，非木浆黑液碱回收白泥的处理已是影响非木纤维生存和发展的瓶颈。黑液碱回收白泥有许多的综合利用途径，但均受到使用量、使用时间等的影响，特别是浆厂规模越来越大，无法实现全部白泥的综合利用，黑液碱回收白泥综合利用技术有待进一步发展和提高。虽然白泥可作为锅炉炉内脱硫剂，可作为原料烧制水泥，可配合其他基料作为涂料，可作为制砖用材料，但均有限制条件，导致目前大部分浆厂白泥、绿泥和苛化石灰渣送往固体废弃物堆场填埋。

（3）煤灰渣

自备热电站锅炉房产生的煤灰渣用途较广，可作制砖和铺路，也可将炉渣送至水泥厂作为添料，可以全部综合利用。

（4）污泥

污水处理场的污泥含有纤维、木素等物质。初沉污泥、剩余污泥、终沉污泥和Fenton污泥经过收集排入污泥浓缩池进行浓缩，浓缩池上清液自流至集水池再处理，其浓缩的污泥由污泥输送泵泵送至污泥调理池调理后，泵送至板框压滤机或双螺旋旋转浓缩＋挤压脱水机进行脱水处理，滤液排入集水池，干泥可利用锅炉烟气废热干燥后焚烧。为提高污泥焚烧综合热值、污泥干度和处理生产中产生的固废浆渣，在污泥中通常加入一定比例的浆渣。来自污水处理场的污泥和浓缩脱水后的浆渣、絮凝剂稀释溶液经过污泥混合罐充分混合，先送到双螺旋旋转浓缩机浓缩，浓缩后的污泥经过挤压脱水机脱水后，45％干度的泥饼即可送到污泥深度干燥系统。污泥脱水系统流程简图见图4-6。

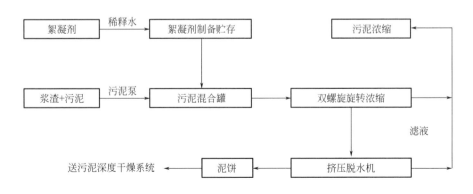

图4-6 污泥脱水系统流程简图

　　湿污泥通过场内运输设施运送到污泥深度干燥系统的湿污泥仓，湿污泥仓有一定的缓存能力，湿污泥仓内的污泥由给料机送入干燥机，在干燥机内通过锅炉的高、低温烟气进行脱水处理，之后污泥粉尘与锅炉烟气的混合气体通过布袋除尘器实现污泥粉尘与锅炉烟气的分离，分离后的干污泥粉尘通过罗茨风机送入锅炉进行焚烧，污泥和煤的配比为 1∶5，而除尘后的烟气则通过引风机送到锅炉的脱硫除尘系统进行脱硫除尘处理。通过污泥深度干燥系统后污泥的固形物含量约为 70%。污泥深度干燥系统流程简图见图 4-7。

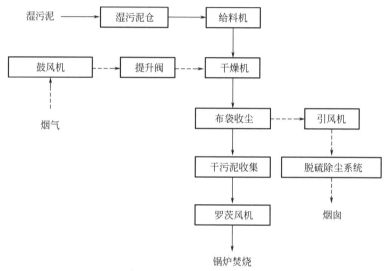

图 4-7　污泥深度干燥系统流程简图
———物料；-------烟气

4.2.4.2　固体废弃物综合利用技术

（1）用作造纸原料

筛选净化分离出的可利用浆渣及污水处理场细格栅截留的细小纤维经单独处理后，可用于配抄低价值纸板或纸浆模塑产品。

（2）制备有机肥

备料过程产生的废渣中含有氮、磷、钾、镁、钙及硫等营养元素，还田后可增加土壤有机质，增肥地力。

（3）白泥生产碳酸钙

碱法制浆碱回收白泥存在着白度低、杂质含量高、$CaCO_3$ 纯度低、硅含量高、碱含量高、粒子的匀整性差等问题，使得其回收利用较为困难。但白泥可精制成轻质碳酸钙加填到纸幅中。

碱回收白泥的精制实质是通过一系列的化学处理，即加入一定量的化学助剂和物理过程如洗涤、过滤、匀整等以除去渣、残碱，提高白泥碳酸钙粒子的匀整性和纯度。在生产过程中再给予精制碳酸钙一定的特性，使其满足纸页的加填和提高其在纸中加填的效果。

1）白泥除碱　苛化白泥通过碱回收预挂过滤机洗涤后还残余了一定量的碱，通入氯气进行中和处理将白泥碳酸钙乳液的 pH 值由原来的 12 调整到 11 以下。经除碱反应后，白泥送白泥精制车间还需进行浓缩洗涤，以尽可能地除去反应生成的可溶性盐。

2）白泥除杂　经过几级分选，白泥中固体杂质去除率可达到 90% 以上，白泥除杂过程产生的粗渣与绿液澄清器抽出的绿泥在绿泥洗涤槽中混合，送往预挂过滤机进行处理，滤液进入苛化系统回收绿泥中钠盐，分离出来的滤渣提高干度至 50% 左右送至热电公司作为脱硫剂综合利用。

3）碳酸化修正　碳酸化修正即白泥 pH 值调节，经过脱碱处理的白泥，含有 2%～4% 的 $Ca(OH)_2$，白泥的 pH 值调节过程就是除去 $Ca(OH)_2$ 纯化产品，在白泥乳液中加入一定量的二氧化碳，使 $Ca(OH)_2$ 转化为 $CaCO_3$，以实现白泥碳酸钙乳液 pH 值的调节。

4）白泥匀整　白泥的高强分散与匀整处理是在白泥匀整机中进行，控制好匀整工艺可得到平均粒度在 4～7μm，表面带阳离子电荷的超细活性碳酸钙产品。调节该产品的浓度至 18%～20% 可直接送抄纸车间作纸页加填使用。

其主要流程简图如图 4-8 所示。

4.2.5　噪声

噪声污染控制通常从声源、传播途径和受体防护三个方面进行。尽可能选用低噪声设备，采用消声、隔声及减震等措施，从声源上控制噪声；采用隔声、吸声及绿化等措施在传播途径上降低噪声。制浆企业主要的可行降噪措施包括：由振动、摩擦和撞击等引起的机械噪声，通常采取减振、隔声措施，如对设备加装减振垫、隔声罩等，也可将某些设备传动的硬件连接改为软件连接；车间内可采取吸声和隔声等降噪措施；对于空气动力性噪声，通常采取安装消声器的措施。

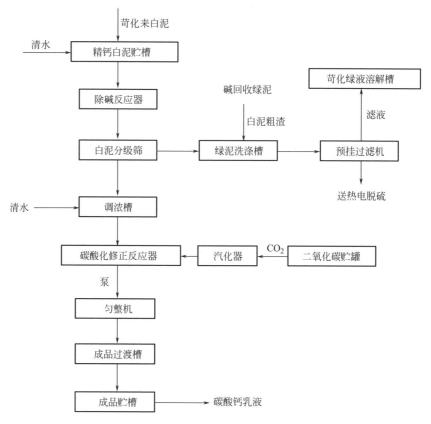

图 4-8　碱回收白泥精制工艺流程简图

① 设置能观察生产的操作值班室，避免工人连续 8h 长期在高噪声区域工作。尽量采取自动化生产，远程操作等手段，减少工人与噪声源的接触；建筑上采用吸音材料进行处理。

② 粉碎机采取有效的减震措施；各大型风机均有高效消声器。

③ 汽轮机组不设齿轮减速器，选用与发电机直连机组，以减少运行噪声，为了减少锅炉和汽轮机启动时的蒸汽排空噪声，在锅炉过热器放空管和汽轮机放空管上加装排汽消声器。

④ 碱炉、锅炉间动力消耗较大的鼓风机、引风机及水泵等布置在底层平面，各设备采用防震基础，送风机进风管加装消声器，送风机出口加装波形补偿器防止噪声传播。引风机布置在车间外的单层引风机房内。

⑤ 在总图布置上考虑减少噪声对办公区生活区等环境的影响，留有一定的防护距离。

⑥ 污水处理场鼓风机放于室内。

4.3　生产环境管理

4.3.1　环境管理

环境管理是指运用行政、法律、经济、教育和科学技术手段，协调社会经济发展同环境保护之间的关系，处理国民经济各部门、各社会集团和个人有关环境问题的相互关系，使社会经济发展在满足人们物质和文化生活需要的同时，防止环境污染和维护生态平衡。按照"三同时"制度的指导思想，在企业内部建立环境管理机构和制订针对企业性质的环境监测计划，加强企业的环境管理工作，开展企业内环境监测与监督，并把环保工作纳入生产管理中，以确保环保措施的实施和落实，从而减少企业污染物排放，促进资源的合理利用与回收，提高企业的经济效益和环境效益。

4.3.2　环境管理政策

（1）《制浆造纸工业水污染物排放标准》

为贯彻《中华人民共和国环境保护法》《中华人民共和国水污染防治法》《中华人民共和国海洋环境保护法》《国务院关于落实科学发展观加强环境保护的决定》等法律、法规和《国务院关于编制全国主体功能区规划的意见》，保护环境，防治污染，促进制浆造纸工业生产工艺和污染治理技术的进步，环境保护部（现生态环境部）、国家质量监督检验检疫总局（现国家市场监督管理总局）发布了《制浆造纸工业水污染物排放标准》（GB 3544—2008）。规定了制浆造纸工业企业水污染物排放限值、监测和监控要求。

（2）《制浆造纸行业清洁生产评价指标体系》

为贯彻落实《清洁生产促进法》（2012 年修正案），进一步形成统一、系统、规范的清洁生产技术支撑文件体系，指导和推动企业依法实施清洁生产，国家发展和改革委员会、环境保护部（现生态环境部）、工业和信息化部联合发布了《制浆造纸行业清洁生产评价指标体系》（2015 年第 9号公告）。

《制浆造纸行业清洁生产评价指标体系》对非木浆清洁生产提出了要求，并制订了清洁生产管理指标；其中"漂白化学非木浆评价指标项目、权重及基准值"见表 4-3，"制浆企业清洁生产管理指标项目基准值"见表 4-4。

表 4-3 漂白化学非木浆评价指标项目、权重及基准值

序号	一级指标	一级指标权重	二级指标		单位	二级指标权重	Ⅰ级基准值	Ⅱ级基准值	Ⅲ级基准值
1	生产工艺及设备要求	0.3	备料	麦草浆		0.1	干湿法或干法备料，洗涤水循环利用		
				蔗渣浆、苇浆			除髓蔗渣/湿法堆存、干湿法苇浆备料		
2			蒸煮工艺	麦草浆		0.1	低能耗连续或间歇蒸煮，氧脱木素	低能耗连续或间歇蒸煮	
				蔗渣浆、苇浆					
3			洗涤工艺	麦草浆		0.1	多段逆流洗涤		
				蔗渣浆、苇浆					
4			筛选工艺	麦草浆		0.15	全封闭压力筛选	压力筛选	压力筛选
				蔗渣浆、苇浆					
5			漂白工艺	麦草浆		0.2	ECF 或 TCF	ClO_2 或 H_2O_2 替代部分元素氯漂白，ECF	ClO_2 替代部分元素氯漂白
				蔗渣浆、苇浆					
6			碱回收工艺			0.25	碱回收设施齐全，有污冷凝水汽提、副产品回收		碱回收设施齐全，运行正常
7			能源回收设施			0.1	有热电联产设施		有热回收设施
8	资源和能源消耗指标	0.2	*单位产品取水量	麦草浆	m^3/adt	0.5	80	100	110
				蔗渣浆、苇浆			80	90	100
9			*单位产品综合能耗（外购能源）	麦草浆（自用浆）	kgce/adt	0.5	420	460	550
				蔗渣浆、苇浆（自用浆）			400	440	500

续表

序号	一级指标	一级指标权重	二级指标		单位	二级指标权重	Ⅰ级基准值	Ⅱ级基准值	Ⅲ级基准值
10	资源综合利用指标	0.2	*黑液提取率	麦草浆	%	0.17	88	85	80
				苇浆			92	90	88
				蔗渣浆			90	88	86
11			*碱回收率	麦草浆	%	0.29	80	75	70
				蔗渣浆、苇浆			85	80	75
12			*碱炉热效率		%	0.23	65	60	55
13			水重复利用率		%	0.17	85	80	75
14			锅炉灰渣综合利用率		%	0.06	100	100	100
15			*白泥残碱率（以 Na_2O 计）		%	0.08	1.0	1.2	1.5
16	污染物产生指标	0.15	*单位产品污水产生量	麦草浆	m³/adt	0.47	60	85	90
				苇浆			60	75	85
				蔗渣浆			70	75	85
17			*单位产品 COD_{Cr} 产生量[①]	麦草浆	kg/adt	0.33	150	200	230
				蔗渣浆、苇浆　烧碱法			110	165	230
				硫酸盐法			125	165	230
18			可吸附有机卤素（AOX）产生量		kg/adt	0.2	0.4	0.6	0.9

① COD_{Cr} 不包括湿法备料洗涤产生的污水。

注 1. 其他草浆产品指标同麦草浆指标。

2. 带 * 的指标为限定性指标。

3. kgce 表示 kg（标煤）/t，下同。

表 4-4　制浆企业清洁生产管理指标项目基准值

序号	一级指标	二级指标	指标分值	Ⅰ级基准值	Ⅱ级基准值	Ⅲ级基准值
1	清洁生产管理指标	*环境法律法规标准执行情况	0.155	符合国家和地方有关环境法律、法规,污水、废气、噪声等污染物排放符合国家和地方排放标准；污染物排放应达到国家和地方污染物排放总量控制指标和排污许可证管理要求		

续表

序号	一级指标	二级指标	指标分值	Ⅰ级基准值	Ⅱ级基准值	Ⅲ级基准值
2	清洁生产管理指标	* 产业政策执行情况	0.065	生产规模符合国家和地方相关产业政策,不使用国家和地方明令淘汰的落后工艺和装备		
3		* 固体废物处理处置	0.065	采用符合国家规定的废物处置方法处置废物;一般固体废物按照 GB 18599 相关规定执行;危险废物按照 GB 18597 相关规定执行		
4		清洁生产审核情况	0.065	按照国家和地方要求,开展清洁生产审核		
5		环境管理体系制度	0.065	按照 GB/T 24001 建立并运行环境管理体系,环境管理程序文件及作业文件齐备		拥有健全的环境管理体系和完备的管理文件
6		污水处理设施运行管理	0.065	建有污水处理设施运行中控系统,建立治污设施运行台账	建立治污设施运行台账	
7		污染物排放监测	0.065	按照《污染源自动监控管理办法》的规定,安装污染物排放自动监控设备,并与环境保护主管部门的监控设备联网,并保证设备正常运行	对污染物排放实行定期监测	
8		能源计量器具配备情况	0.065	能源计量器具配备率符合 GB 17167、GB 24789 三级计量要求	能源计量器具配备率符合 GB 17167、GB 24789 二级计量要求	
9		环境管理制度和机构	0.065	具有完善的环境管理制度;设置专门环境管理机构和专职管理人员		
10		污水排放口管理	0.065	排污口符合《排污口规范化整治技术要求(试行)》相关要求		
11		危险化学品管理	0.065	符合《危险化学品安全管理条例》相关要求		
12		环境应急	0.065	编制系统的环境应急预案并开展环境应急演练	编制系统的环境应急预案	
13		环境信息公开	0.065	按照《环境信息公开办法(试行)》第十九条要求公开环境信息		按照《环境信息公开办法(试行)》第二十条要求公开环境信息
14			0.065	按照 HJ 617 编写企业环境报告书		

注:带 * 的指标为限定性指标。

（3）《制浆造纸厂设计规范》

国家住房和城乡建设部、国家质量监督检验检疫总局（现国家市场监督管理总局）联合发布了《制浆造纸厂设计规范》（GB 51092—2015）。规定了以非木材为原料的制浆造纸厂的设计要求。

① 制浆造纸设计应符合国家现行标准《公共建筑节能设计标准》（GB 50189）、《制浆造纸工业水污染物排放标准》（GB 3544）、《建设项目竣工环境保护验收技术规范—造纸工业》（HJ/T 408）和《制浆造纸企业综合能耗计算细则》（QB 1022）的有关规定。

② 制浆造纸厂中生产环节所产生的废弃物必须按照环境影响评价的要求处理达标排放。

③ 新建扩建项目或技术改造项目、化学制浆项目必须有碱回收和污水处理工序，所产生的污水必须经处理后达到现行国家排放标准后有组织排放。

④ 生产环节有利用价值的废弃物及余能，宜回收或综合利用，在污染物或废弃物处理或综合利用的过程中，应采取防止二次污染的措施。

⑤ 在生产工艺可行的条件下，工艺用水应按水质和工艺条件逐级在工艺系统中回用。

（4）《造纸工业污染防治技术政策》

为贯彻《中华人民共和国环境保护法》等法律法规，防治造纸企业因污水、废气、固体废物、噪声等排放造成的环境污染，提高污染防治技术水平，促进造纸工业健康持续发展，保护生态环境，改善环境质量，环境保护部（现生态环境部）2017 年 8 月 1 日发布了《造纸工业污染防治技术政策》（2017 年第 35 号公告）。

（5）《制浆造纸工业污染防治可行技术指南》

为贯彻《中华人民共和国环境保护法》《中华人民共和国水污染防治法》《中华人民共和国大气污染防治法》等法律，落实《国务院办公厅关于印发控制污染物排放许可制实施方案的通知》（国办发〔2016〕81 号），建立健全基于排放标准的可行技术体系，防治环境污染，改善环境质量，推动制浆造纸工业污染防治技术进步，环境保护部 2018 年 1 月 4 日发布了《制浆造纸工业污染防治可行技术指南》（HJ 2302—2018）。

（6）《中国造纸协会关于造纸工业"十三五"发展的意见》

2017 年 6 月 27 日，中国造纸协会发布《中国造纸协会关于造纸工业"十三五"发展的意见》，以做到统筹行业全局发展，统筹行业区域发展，统筹行业与环境和谐发展，统筹国内发展和对外开放，为加快实现我国造纸工业的现代化和可持续发展打下坚实基础，推进我国造纸工业从造纸大国向现代化强国迈进。

加大清洁生产力度，推动循环经济发展，充分发挥纸业的绿色属性优势。鼓励企业按照全生命周期管理理念，提高资源的高效和循环利用，推动造纸行业循环经济发展。开发绿色产品，创建绿色工厂，引导绿色消费。转变发展方式，按照减量化、再利用、资源化的原则，提高水资源、能源、土地及植物原料等使用效率，通过节约资源、减少能源消耗和污染物排放，建设资源节约型、环境友好型造纸产业。

提高资源综合利用水平。充分利用好黑液、废渣、污泥、生物质气体等典型生物质能源，提高热电联产水平，对生产环节产生的余压、余热等能源，废气（沼气及其他废气）、废液（纸浆黑液及其他污水）及其他废弃物进行回收利用，最大限度地实现资源化，提升非木材制浆清洁生产工艺技术、高值化利用技术及废液综合利用技术。

（7）《制浆造纸单位产品能源消耗限额》

2015 年 6 月，国家质量监督检验检疫总局（现国家市场监督管理总局）、国家标准化管理委员会共同发布了国家标准《制浆造纸单位产品能源消耗限额》（GB 31825—2015），规定了纸浆、机制纸和纸板主要生产系统单位产品能源消耗限额的技术要求、统计范围、计算方法和节能管理措施。

4.3.3 环境管理重点和目标

环境管理重点主要是生产过程中产生的污水、废气和固体废物的管理。环境管理用于指导建设项目的环境保护工作，同时进行系统的环境监测，有针对性地提出相应的环境保护的目标和环境管理监控计划，以加强对污染源的治理，减轻或消除其不利影响。

环境管理的目标就是要推动企业依法实施清洁生产，提高资源利用率，不断采取改进设计、使用清洁的能源和原料、采用先进的工艺技术与设备、改善管理、综合利用等措施，从源头削减污染，提高资源利用效率，减少或者避免生产、服务和产品使用过程中污染物的产生和排放，以减轻或者消除对人类健康和环境的危害。

漂白化学非木浆评价指标项目、权重及基准值如表4-3所列；制浆企业清洁生产管理指标项目基准值如表4-4所列。

5

典型案例分析

5.1 案例一：竹浆

5.1.1 原料存储、备料工艺和核心设备选择

以年产 2.0×10^5 t 竹浆厂备料为例。

（1）工艺描述

制浆原料全部采用外购竹片，竹片堆场采用散堆方式，贮存时间30d，装载机负责堆料和卸料。竹片堆场共设置三处外购竹片地下接收仓。由竹片接收仓输送出的竹片经粗筛后送往竹片筛选工段。竹片经筛选后，合格竹片由皮带机送至竹片洗涤工段。竹片筛筛出的大片经鼓式再碎机再碎后与合格竹片汇合直接送往竹片洗涤工段。竹片筛筛出的竹末送至竹末贮存棚进行贮存。竹片经洗涤脱水后送至竹片料仓进行储存。洗涤水净化设备采用回转格栅筛和除砂器。洗涤水贮槽和沉淀槽采用混凝土结构。回转格栅筛筛出的竹末送至室外堆存，定期清理运走。竹片料仓采用混凝土倒锥式活底料仓，料仓竹片由螺旋出料，再由皮带机送往蒸煮工段。

竹浆存储备料工艺流程如图 5-1 所示。

（2）核心设备表

竹浆备料核心设备如表 5-1 所列。

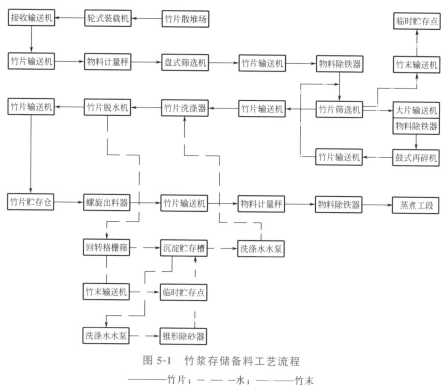

图 5-1　竹浆存储备料工艺流程

———竹片；— — —水；————竹末

表 5-1　竹浆备料核心设备表

序号	名称	规格	单位	数量	备注
1	螺旋输送机	600m³/h	台	3	竹片接收仓
2	竹片筛选机	200m³/h	台	3	
3	鼓式再碎机	30m³/h	台	1	
4	竹片洗涤器	600m³/h	台	1	
5	螺旋脱水机	600m³/h	台	1	
6	竹片贮存仓	2000m³	台	1	
7	螺旋出料器	200～1200m³/h	台	2	

5.1.2　制浆工艺和核心设备

5.1.2.1　蒸煮工段

（1）工艺描述

本案例的蒸煮工段采用 4 台立锅间歇置换蒸煮，单线能力为 600t/d。
由备料车间竹片仓通过计量送来的合格竹片从蒸煮锅顶部装入锅内，

并同时用80℃的稀黑液预浸，待竹片和黑液装满锅后关上锅盖，然后分别用130℃和160℃的黑液依次顺序置换。在置换过程中使竹片进行渗渍和升温，并按照工艺要求在置换过程中同时注入白液。当用高温黑液置换结束，锅内物料温度已升到150℃，大约有50%的木素被去除，并用蒸汽加热循环，使温度升至160℃，然后保温；当H-因子达到设定值后，即用洗浆来的稀黑液按照3台不同温度的黑液槽分别置换出浆料中的热量供下一锅使用，当浆料温度降至约90℃时用泵送喷放锅贮存。置换出的温黑液经黑液过滤机过滤后，送蒸发工段。

（2）核心设备表

蒸煮工段核心设备具体参数如表5-2所列。

表5-2 蒸煮工段核心设备具体参数

序号	设备名称	型号及规格	单位	数量	备注
1	蒸煮锅	$250m^3$	台	4	材质：碳钢CS+316L复合板
2	喷放锅	$1500m^3$	台	1	
3	回收槽	$1380m^3$	台	1	材质：碳钢
4	热黑液槽	$839m^3$	台	1	材质：碳钢
5	温黑液槽	$932m^3$	台	1	材质：碳钢
6	冷黑液槽	$916m^3$	台	1	材质：碳钢
7	热白液槽	$178m^3$	台	1	材质：碳钢CS+316L复合板
8	冷白液槽	$280m^3$	台	1	材质：碳钢
9	放锅泵	$Q=3420m^3, H=43m$	台	1	变频
10	蒸煮锅循环泵	$Q=1332m^3, H=39m$	台	5	
11	滤液冷却器	水冷却黑液	台	1	
12	温黑液冷却器	水冷却黑液	台	1	
13	黑液/白液热交换器	黑液加热白液	台	1	
14	白液加热器	蒸汽加热白液	台	1	
15	黑液过滤机	$\phi 0.1mm, 20m^2$	台	2	纤维含量低于30×10^{-6}

5.1.2.2 洗选工段

（1）工艺描述

由蒸煮工段喷放锅送来的粗浆稀释到3.0%送到压力除节机，除节后的良浆送真空洗浆机组（4台串联）进行逆流洗涤，压力除节机排出的节子通过洗涤器对纤维进行回收。

洗涤后的浆料进行氧脱木素处理。洗选来浆料进入氧脱段中浓泵，通过蒸汽混合器和一台氧气混合器后，浆料被送到氧反应器反应结束后入喷放锅。浆料再喷放锅底部被稀释，再进入筛选系统。

浆料先进入一段筛，良浆送至两台串联真空洗浆机组进行洗涤浓缩后送至未漂浆塔贮存，供漂白工段使用。一段压力筛的尾浆经泵送至二段压力筛，良浆返回氧脱木素段。浆渣送至除砂器及三段压力筛，以回收纤维并去除砂石。

（2）核心设备表

竹浆洗选工段主要设备如表 5-3 所列。

表 5-3　竹浆洗选工段主要设备

序号	设备名称	型号及规格	单位	数量	备注
一		洗选工段			
1	鼓式真空洗浆机组	转鼓面积 120m²	台	4	4 台串联
2	压力除节机	孔筛,孔径 8mm,筛选面积 0.9m²	台	1	
3	一段压力筛	缝筛,筛缝 0.2mm,筛选面积 3.25m²	台	1	
4	二段压力筛	缝筛,筛缝 0.2mm,筛选面积 0.9m²	台	1	
5	三段压力筛	缝筛,筛缝 0.22mm,筛选面积 0.3m²	台	1	
二		氧脱木素			
6	氧气混合器				引进
7	中浓泵	$Q=300m^3/h$			
8	氧脱反应塔	252m³			
9	氧脱喷放锅	80m³			
10	氧脱洗浆机	转鼓面积 120m²			2 台串联
11	浆料输送螺旋	ϕ800mm×9514mm,材质 SS304L			
12	未漂浆塔	850m³			

5.1.2.3　漂白工段

（1）工艺描述

案例厂竹浆漂白流程 D_0-E_{OP}-D_1（ECF）三段漂白工艺。

从未漂浆塔来的浆料经过真空洗浆机浓缩进入中浓浆泵，加入二氧化氯，经化学混合器后进入到升流式 D_0 漂白塔。反应后的浆料经 D_0 漂白塔顶部卸料排入 D_0 真空洗浆机洗涤。

经 D_0 段洗浆机洗涤后的浆料落入 E_{OP} 段中浓浆泵，在此加入碱液和氧，经蒸汽混合器及氧混合器混合后，再进入 E_{OP} 段预反应管及 E_{OP} 漂白塔。从 E_{OP} 塔底部出来的浆料被稀释到 $1.5\% \sim 2\%$ 浓度后进入 E_{OP} 段洗浆机洗涤。

经 E_{OP} 段洗浆机洗涤后的浆料落入 D_1 段中浓浆泵，然后加入二氧化氯，经蒸汽混合器及二氧化氯混合器混合后进入 D_1 段预反应塔及 D_1 漂白塔。反应后的浆料经 D_1 段洗浆机洗涤，再由中浓浆泵送至高浓浆塔贮存。

（2）核心设备表

竹浆漂白工段主要设备如表 5-4 所列。

表 5-4 竹浆漂白工段主要设备

序号	设备名称	型号及规格	单位	数量	备注
1	真空浓缩机	转鼓面积 110m²	台	1	
2	D_0 段				
	混合器		台	1	引进
3	中浓浆泵	12%，$Q=290\text{m}^3/\text{h}$	台	1	
4	D_0 漂白塔	$V=279\text{m}^3$，升流	台	1	碳钢衬砖
5	真空洗浆机	转鼓面积 100m²	台	1	
	E_{OP} 段				
6	混合器		台	1	
7	中浓浆泵	12%，$Q=290\text{m}^3/\text{h}$	台	1	
8	E_{OP} 预反应塔	$V=172\text{m}^3$，升流	台	1	材质 316L
	E_{OP} 塔	$V=384\text{m}^3$，降流	台	1	材质 316L
9	真空洗浆机	转鼓面积 100m²	台	1	
	D_1 段				
10	混合器		台	1	引进
11	中浓浆泵	12%，$Q=290\text{m}^3/\text{h}$	台	1	
12	D_1 预反应塔	$V=160\text{m}$，升流	台	1	玻璃钢
	D_1 漂白塔	$V=850\text{m}^3$，降流	台	1	碳钢衬砖
13	真空洗浆机	转鼓面积 100m²	台	1	
14	螺旋输送机	$\phi800\text{mm}\times9514\text{mm}$	台	1	
15	漂后贮浆塔	$V=850\text{m}^3/\text{h}$	台	1	

5.1.3 浆板车间工艺和核心设备选择

（1）工艺描述

以日产 600t 漂白竹浆浆板车间流程为例进行介绍。

由制浆车间漂白浆塔来 3.5%～4% 的漂后浆送至浆板车间混合浆槽，漂白浆与损纸浆塔来损纸浆混合后，经稀释由混合浆泵泵送至一段压力筛进行筛选，一段压力筛的良浆进入纸机浆槽，渣依次进入二段压力筛及四段除渣器逐级进行净化；进入纸机浆槽的良浆经过微调稀释至 1.8%～2.5% 后泵送至上浆泵前上网。浆料经由夹网成型部、三辊两压区复合压榨及一道大辊压榨后进入气垫干燥机。纸页出网部干度≥30%，出压榨部干度≥50%，出干燥部干度≥85%，温度≤40℃。

浆板由干燥机引出后进入切纸理纸机，经切纸机切好的浆板摞通过转向输送机送至加压打包装置，经过称重、记录、加压、小包捆扎后再将八包打成一大包，由叉车将其送往成品库堆存。

（2）核心设备表

竹浆板车间设备如表 5-5 所列。

表 5-5 竹浆板车间设备

序号	名称	型号及规格	数量	备注
1	一段压力筛	F50	1台	
2	二段压力筛	F30	1台	
3	一段重质除渣器	ZCF160-R-8	1套	
4	二段重质除渣器	ZCF160-R-3	1套	
5	三段重质除渣器	ZCF160-JC-2	1套	
6	轻质锥形除渣器	QCF-5	1套	
7	上浆泵	FP40-400.12	1台	
8	浆板机	净纸宽 4200mm； 设计车速 95m/min； 计算定量 1100g/m²； 定量范围 800～1300g/m²；其中包括高浓流浆箱、夹网成型部、复合压榨＋大辊压榨、气垫干燥机	1套	
9	切纸机/堆纸台	净纸宽 4200mm； 浆板尺寸 600mm×800mm； 工作车速 100m/min	1套	

续表

序号	名称	型号及规格	数量	备注
10	完成打包线	运行能力 160 包/h	1 套	
11	两小车桥式起重机	两小车,16t/32t,最大起重量为 32t; 跨度 21m,提升高度 14.5m	1 套	

5.1.4 碱回收工艺和核心设备

以年产 2.0×10^5 t 漂白竹浆厂为例进行介绍。

5.1.4.1 蒸发工段

（1）工艺描述

制浆车间送来的 14% 稀黑液经稀黑液槽贮存,泵送Ⅳ效蒸发器闪蒸,自流至Ⅴ效、Ⅵ效,然后按Ⅵ→Ⅴ→Ⅳ→Ⅲ→Ⅱ→Ⅰ逆流蒸发至浓度 55% 送浓黑液槽暂存,送燃烧工段,在燃烧工段中的芒硝黑液混合器里与芒硝和碱灰混合后回至蒸发工段,浓黑液从浓黑液槽泵入Ⅰ效,进一步结晶蒸发增浓。浓度约至 65%～68% 时出蒸发器,经闪蒸罐闪蒸后进入入炉浓黑液槽贮存。因其内黑液浓度较高,为降低黏度,入炉黑液槽通入中压蒸汽保持压力贮存,再送碱炉燃烧。

表压为 0.4MPa（g）的蒸汽进入Ⅰ效加热黑液,自身冷凝为清洁冷凝水,送锅炉或燃烧工段使用。Ⅱ、Ⅲ、Ⅳ、Ⅴ、Ⅵ及表面冷凝器冷凝下来的污冷凝水送至苛化工段使用。

（2）核心设备表

竹浆蒸发工段核心设备如表 5-6 所列。

表 5-6 竹浆蒸发工段核心设备

序号	设备名称	型号及规格	单位	数量
1	Ⅰ效板式降膜蒸发器	四体,加热面积 2500m²; 板式降膜,加热元件、除沫器、黑液分配槽为不锈钢,其余为碳钢	台	4
2	Ⅱ效板式降膜蒸发器	单室,加热面积 3000m²; 板式降膜,加热元件、除沫器、黑液分配槽为不锈钢,其余为碳钢	台	1
3	Ⅲ效板式降膜蒸发器	单室,加热面积 3000m²; 板式降膜,加热元件、除沫器、黑液分配槽为不锈钢,其余为碳钢	台	1

序号	设备名称	型号及规格	单位	数量
4	Ⅳ效板式降膜蒸发器	单室,加热面积3000m²; 板式降膜,加热元件、除沫器、黑液分配槽为不锈钢,其余为碳钢	台	1
5	Ⅴ效板式降膜蒸发器	单室,加热面积3000m²; 板式降膜,加热元件、除沫器、黑液分配槽为不锈钢,其余为碳钢	台	1
6	Ⅵ效板式降膜蒸发器	单室,加热面积3200m²; 板式降膜,加热元件、除沫器、黑液分配槽为不锈钢,其余为碳钢	台	1
7	板式降膜冷凝器	单室,换热面积2500m²; 板式降膜,加热元件、除沫器、黑液分配槽为不锈钢,其余为碳钢	台	1
8	稀黑液槽	$V=2500m^3$,碳钢	台	2
9	半浓黑液槽	$V=2500m^3$,不锈钢	台	1
10	轻污冷凝水槽	$V=500m^3$,不锈钢	台	1
11	浓黑液贮存槽	$V=1000m^3$,不锈钢	台	1
12	汽提塔	$\phi1700mm$,不锈钢	台	1
13	温水槽	$V=500m^3$,碳钢	台	1
14	重污冷凝水槽	$V=300m^3$,不锈钢	台	1
15	入炉黑液贮存槽	$V=300m^3$,不锈钢	台	1

5.1.4.2 燃烧工段

（1）工艺描述

本工段系统包括给水系统、黑液系统、绿液系统、碱灰芒硝系统、供风系统、烟气系统、加药系统、吹灰系统、排污系统、中低压蒸汽系统、臭气处理系统等。蒸发工段从入炉黑液槽送来的浓黑液先经黑液直接加热器加热，再经黑液喷枪入炉燃烧。绿液系统包含了碱炉熔融物、稀白液和绿液系统。黑液在碱炉中燃烧成为熔融物进入溶解槽后形成绿液，绿液用泵送至苛化工段。碱炉锅炉管束、省煤器以及电除尘收集的碱灰通过刮板输送机送入芒硝黑液混合器，与蒸发送来的浓黑液混合后返回蒸发工段。碱炉供风系统为多层供风系统，碱炉燃烧所需空气分三次送入，分别为一次风、二次风和三次风；其中二次风又可分为低二次风和高二次风。一次风和低二次风都是冷空气经蒸汽加热至150℃左右进入炉内。高二次风混入低浓臭气送入炉内燃烧。三次风为冷风，风机直接室内取风送入炉内。

烟气从碱炉的空气预热器出来后经电除尘，将烟气中的烟尘浓度降至排放要求，用引风机将其送入烟囱排空。

（2）核心设备表

竹浆碱回收工段主要设备如表 5-7 所列。

表 5-7 竹浆碱回收工段主要设备

序号	名称	设备参数	数量
1	碱回收炉	处理黑液固形物量1000tds/d； 过热蒸汽产量≥110t/h； 6.8MPa； 480℃	1
2	除氧器	旋膜式； $Q=180$t/h； 出水温度130℃	1
3	静电除尘器	单列通过烟气量280000m³/h； 入口烟气含尘量(标准状态)25g/m³； 除尘效率99.8%	2
4	一次风风机	$Q=68000$m³/h	1
5	低二次风风机	$Q=65000$m³/h	1
6	高二次风风机	$Q=65000$m³/h	1
7	三次风风机	$Q=45000$m³/h	1
8	引风机	$Q=300000$m³/h	2
9	溶解槽	$V=200$m³	1

5.1.4.3 苛化工段

（1）工艺描述

由燃烧工段来的绿液经澄清过滤后与 CaO 消化，然后经苛化、过滤后产生白液用于蒸煮。

螺旋给料器连续将石灰从石灰仓中送出，与澄清过滤后的绿液一起送入石灰消化提渣机进行消化。

绿液澄清器中出来的绿泥，经泵送入绿泥预挂过滤机，过滤后的绿泥排出，滤液送至稀白液槽。

消化器中的消化液自流到苛化器中，在其内发生苛化反应。苛化后的乳液由泵依次送至白液澄清器和白液精细过滤器，澄清、过滤后的白液（含悬浮物≤20×10⁻⁶）送入白液贮槽，泵送制浆车间。从白液澄清器出来的白泥送至白泥贮槽稀释,依次送白泥洗涤器、1#预挂过滤机和2#预挂过滤机洗涤,洗涤后的白泥外运。

（2）核心设备表

竹浆苛化工段主要设备如表 5-8 所列。

表 5-8　竹浆苛化工段主要设备

序号	设备名称	型号及规格	单位	数量	备注
1	绿液澄清器	$\phi 22000mm \times 10000mm$	台	1	
2	绿泥预挂过滤机	$20m^2$,$\phi 2500mm \times 2600mm$	台	1	
3	石灰消化提渣机	消化器:$\phi 5600mm \times 2560mm$	台	2	
4	苛化器	$126m^3$,$\phi 4800mm \times 7000mm$	台	3	
5	白液澄清器	$\phi 22000mm \times 10000mm$	台	1	
6	白液精细过滤器	$\phi 2000mm \times 3969mm$	台	2	
7	白泥洗涤器	$\phi 20000mm \times 10000mm$	台	1	
8	一段白泥预挂过滤机	$45m^2$	台	2	
9	二段白泥预挂过滤机	$20m^2$	台	1	

5.1.5　污水处理场工艺和核心设备选择

（1）工艺描述

污水处理系统工艺流程主要包括格栅渠、集水池、快慢混池、初沉池、冷却塔、预酸化池、生物选择池、曝气池、二沉池、中间池、Fenton氧化池、中和脱气池、絮凝反应池、终沉池。

系统设计处理能力 $30000m^3/d$,主要的进出水设计指标如表 5-9 所列。

表 5-9　污水处理场进出水设计指标

污染物名称	单位	设计进水指标	设计出水指标	备注
COD_{Cr}	mg/L	1850	≤90	
BOD_5	mg/L	500	≤20	
SS	mg/L	1200	≤30	

污水自流至格栅渠中,设置格栅以拦截粗大悬浮物,格栅渠出水自流至集水池中,集水池主要起到污水的收集作用,避免提升泵的频繁启动,通过集水池收集后的污水统一泵至快慢混池。

初沉混凝池分为快混池和慢混池,在快混池中投加聚合氯化铝

（PAC），通过快速搅拌与污水中细小纤维物质发生混凝反应；在慢混池中投加聚丙烯酰胺（PAM），低速搅拌作用可以促进污水中的絮凝物进一步絮凝，增大絮凝体体积。

初沉池设计为辐流式沉淀池，污水在该池中经静置沉淀进行泥水分离。在池内设置刮泥机，以便收集沉积于池底的污泥。收集的污泥经污泥泵送至污泥处理系统处理，初沉池出水泵至冷却塔。冷却塔为中空喷雾冷却塔。冷却塔出水自流至预酸化池。

冷却塔出水和从二沉池回流的活性污泥在此池相互混合接触。生物选择池是按照活性污泥种群组成动力学的规律而设置的，创造合适的微生物生长条件并选择出絮凝性细菌。生物选择池还可有效地抑制丝状菌的大量繁殖，克服污泥膨胀，提高生物系统运行的稳定性。生物选择池出水自流入曝气池中。

根据污水的特点，采用浮管式微孔曝气器工艺。在曝气池内，借助好氧微生物的吸附、分解有机物的作用，使污水的 BOD_5、COD_{Cr} 降低。曝气池出水自流入二沉池。

经过好氧处理的污水自流至二沉池，二沉池为辐流沉淀式，在此进行泥水分离，在池内设置刮泥机，以便收集沉积于池底的污泥，收集的部分污泥回流至生物选择池，剩余污泥经浓缩后泵送至污泥处理系统处理，二沉池出水自流至中间池。

沉淀混凝池分为快混池和慢混池：在快混池中投加 PAC，通过快速搅拌与二沉池出水中细小纤维物质发生混凝反应；在慢混池中投加 PAM，低速搅拌作用可以促进污水中的絮凝物进一步絮凝，增大絮凝体体积。

终沉池采用辐流式沉淀池，污水在沉淀池中静置沉淀进行泥水分离。在池内设置刮泥机，以便收集沉积于池底的污泥。收集的污泥经污泥泵送至污泥处理系统处理，终沉池出水进入回用水池，部分进入 Fenton 系统。

竹浆污水处理场各工段处理效果如表 5-10 所列。

表 5-10 竹浆污水处理场各工段处理效果

处理工段	COD_{Cr}/(mg/L)	BOD_5/(mg/L)	SS/(mg/L)	温度/℃
集水池	1850	500	1200	45～55
初沉池出水	1100	450	150～300	45～53
冷却塔出水	1100	450	150～300	34～40
二沉池	280	20	100～150	34～40
终沉池	60	18	15～30	32～35
监测水池	60	18	15～30	30～35

初沉污泥、剩余污泥、终沉污泥和 Fenton 污泥经过收集排入污泥浓缩池进行浓缩，浓缩池上清液自流至集水池再处理，其浓缩的污泥由污泥输送泵泵送至污泥调理池调理后，一部分泵送至螺旋压滤机进行脱水处理，另一部分泵送至带式压滤机进行脱水处理。压滤机滤液排入集水池，干泥外运处置。

（2）核心设备表

竹浆污水处理核心设备如表 5-11 所列。

表 5-11　竹浆污水处理核心设备

序号	设备名称	型号及规格	单位	数量	备注
1	机械格栅	渠宽 1200mm； 渠深 2.60m； 有效水深 0.60m； 卸渣高度 1.00m； 格栅缝隙 15mm； 安装角度 70°	台	1	
2	集水池	池型 24m×16m×5.6m； ϕ2000mm（单层）	台	1	
3	洗竹污水水力筛	筛细 120 目； 斜网 3.0m×4.5m；Q＝150m³/h	台	1	
4	制浆污水水力筛 A～B	筛细 100 目； 斜网 2.0m×12.0m；Q＝563m³/h	台	2	
5	洗竹筛渣无轴螺旋输送机	ϕ260mm； L＝8m； N＝3.0kW； Q＝3m³/h	台	1	
6	制浆筛渣无轴螺旋输送机	ϕ260mm； L＝13.0m； N＝3.0kW； Q＝1m³/h	台	4	
7	初沉池	池径 30m； 周边池深 H＝4.5m	台	2	
8	逆流全混结构冷却塔 A～B	Q＝800m³/h 进水温度 t_1＝55℃； 出水温度 t_2＝35℃； 湿球温度 δ＝28℃	台	2	
9	选择区曝气器	ϕ260mm 或曝气管，提拉式， 充氧能力≥20%（35℃）	台	1	
10	曝气池曝气器	ϕ260mm 或曝气管，提拉式， 充氧能力≥20%（35℃）	台	1	

序号	设备名称	型号及规格	单位	数量	备注
11	周边传动半桥刮泥机 GZG-22×4	沉淀池直径 $D=22m$； 周边池深 $H=4m$； 周边线速度≤3m/min	台	1	
12	竹屑输送皮带机	带宽600mm； 输送长度5.5m； 输送能力5t/h	台	1	
13	斗式提升机	提升高度10m,输送能力5t/h	台	1	
14	旋转过滤机	单台绝干基污泥处理能力为30t/24h	台	1	
15	螺旋挤压脱水机	单台绝干基污泥处理能力为30t/24h	台	1	
16	立式絮凝反应器	单台绝干基污泥处理能力为30t/24h	台	1	
17	Fenton反应塔	$\phi 2.8m \times 13.5m$	台	1	
18	中和脱气池鼓风机	$Q=4.35m^3/min, P_{压力}=49kPa, P_{功率}=7.5kW$	台	2	

5.2 案例二：苇浆

5.2.1 原料存储、备料工艺和核心设备选择

以年产 5×10^4 t 苇浆某厂备料车间为例。

（1）工艺描述

苇捆运至切苇筛选工段进行苇子切片和苇片筛选，筛后苇片直接送往制浆车间。筛后苇末等杂质送往除尘系统。

苇浆存储备料工艺流程如图 5-2 所示。

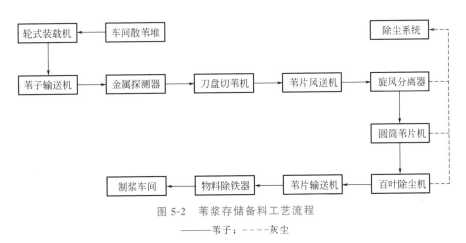

图 5-2 苇浆存储备料工艺流程

——苇子；----灰尘

（2）核心设备表

苇浆备料核心设备如表 5-12 所列。

表 5-12　苇浆备料核心设备

序号	名称	规格	单位	数量	备注
1	刀盘切苇机	14bdt/h	台	2	三班制
2	苇片风送机	14bdt/h	台	2	三班制
3	旋风分离器	14bdt/h	台	2	三班制
4	圆筒苇片机	14bdt/h	台	2	三班制
5	百叶除尘机	14bdt/h	台	2	三班制

注：bdt/h 为吨（绝干浆）/小时。

5.2.2　制浆工艺和核心设备

5.2.2.1　蒸煮工段

（1）工艺描述

案例：新疆某苇浆厂横管连续蒸煮工艺，单线生产能力为 150t/adt。

湿法备料后的合格苇片，经脱水螺旋脱水后进入回料螺旋，苇片经回料螺旋的第一个出料口并通过销鼓计量器，定量地进入连蒸系统，约 5% 的剩余料片通过回料螺旋的第二个出料口返回湿法备料碎草机里。

恒定量的苇片在预汽蒸螺旋中用蒸汽预热至 85℃ 左右，在此处料片中的空气得以排除。苇片连续均衡的送入螺旋进料器中，在此料片被挤压并形成料塞，然后进入带压的 T 形管。物料进入 T 形管后马上膨胀并吸收药液和蒸汽，然后进入蒸煮管中进行蒸煮反应，同时连续封闭住蒸汽气压，保证蒸煮管中蒸煮温度稳定

苇片蒸煮成浆后，最后经中间管在立式卸料器中与送来的经过冷却的稀黑液混合，使温度降至 95℃、浓度约 5%～6%，经喷放阀喷放至喷放锅内贮存。

（2）核心设备表

新疆某厂采用一条连续蒸煮线，单线能力为 150t/d，蒸煮工段横管连蒸线核心设备具体参数如表 5-13 所列。

表 5-13　蒸煮工段横管连蒸线核心设备具体参数

序号	设备名称	型号及规格	数量(台)	备注
		蒸煮(单线设备)		
1	销鼓计量器	ϕ551mm; 材质与物料接触部分为 SS316; 功率为 11kW	1	
2	螺旋喂料器	螺旋规格 23″(ϕ585mm); 锥形室和与物料接触部分为 SS316; 压缩比 1∶3; 螺旋轴堆焊钴钨合金; 功率为 200kW	1	
3	T 型管及防反喷装置	规格 ϕ915mm×2500mm; 气缸压缩空气压力 0.8~1.0MPa; 主要材质和与介质接触部分为 SS304	1	
4	蒸煮管	螺旋规格 ϕ1520mm×10500mm, 转速为 0~4.2r/min(变频调速); 主要材质为 16MnR; 功率为 22kW	4	
5	中间管	规格 ϕ720mm×2000mm; 主要材质 20#		
6	立式卸料器	规格 ϕ752mm; 主要材质,法兰 16Mn,筒体 20#; 功率为 11kW	1	
7	喷放锅	容积 330m^3; 推进器 ϕ1330mm; 功率为 37kW	1	

5.2.2.2　洗选工段

（1）工艺描述

湖南某苇浆厂,200t/adt 漂白苇浆生产线。

洗选工段流程简述:由蒸煮工段喷放锅送来的粗浆稀释到 3.5% 送到压力除节机,除节后的良浆送真空洗浆机组（4 台串联）进行逆流洗涤,压力除节机排出的节子洗涤器对纤维进行回收。洗涤后的浆料进行氧脱木素处理。洗选来浆料进入氧脱段中浓泵,通过蒸汽混合器和一台氧气混合器后,浆料被送到氧反应器后入喷放锅。浆料再喷放锅底部被稀释,再进入筛选。氧脱木素反应塔出来的浆料进入贮浆塔,再送第一段压力筛进行筛选。第一段压力筛的良浆送两段真空洗浆机进一步洗涤浓缩,然后送筛

后浆塔缓存，备送漂白工段进行漂白。第一段压力筛的尾浆在进入第二段
压力筛筛选前，先经过除砂器除去尾浆中的砂石，二段压力筛良浆回第一
段压力筛，尾浆再经过除砂器后进入三段压力筛，除节机排出的浆渣和三
段压力筛浆渣各自进入节子洗涤器和浆渣洗涤器，浆渣及砂石则排出系
统。提取出来的黑液一部分送蒸煮工段换热后冷喷放用，其余在黑液过滤
机过滤后送至碱回收蒸发工段。

（2）核心设备表

苇浆洗选工段主要核心设备如表 5-14 所列。

表 5-14　苇浆洗选工段主要核心设备

序号	设备名称	型号及规格	数量/台	备注
1	黑液槽	$250m^3$	6	
2	黑液过滤机	筛选面积 $0.3m^2$	1	
3	鼓式真空洗浆机组	过滤面积 $60m^2$； 其中 3 台串联	4	
4	氧脱木素反应塔	$V=108m^3$	1	
5	氧脱喷放锅	$V=128m^3$	1	
6	压力除节机	筛板孔径 4.5mm； 筛选面积 $0.9m^2$	1	
7	一段压力筛	处理能力 250t/d(风干浆)； 筛缝 0.2mm	1	
8	二段压力筛	能力 60t/d； 筛缝 0.2mm	1	
9	三段压力筛	能力 40t/d； 筛缝 0.2mm	1	
10	鼓式真空洗浆机组	过滤面积 $60m^2$； 2 台串联	2	氧脱筛选后洗涤用

5.2.2.3　漂白工段

（1）工艺描述

案例厂苇浆漂白流程采用 D_0-E_{OP}-D_1（ECF）三段漂白工艺。

从未漂浆塔来的浆料经过真空洗浆机浓缩进入中浓浆泵，加入二氧化

氯，经化学混合器后进入到升流式 D_0 漂白塔。反应后的浆料经 D_0 漂白塔顶部卸料排入 D_0 真空洗浆机洗涤。

经 D_0 段洗浆机洗涤后的浆料落入 E_{OP} 段中浓浆泵，在此加入碱液和氧，经蒸汽混合器及氧混合器混合后，再进入 E_{OP} 段预反应管及 E_{OP} 漂白塔。从 E_{OP} 塔底部出来的浆料被稀释到 $1.5\% \sim 2\%$ 浓度后进入 E_{OP} 段洗浆机洗涤。

经 E_{OP} 段洗浆机洗涤后的浆料落入 D_1 段中浓浆泵，然后加入二氧化氯，经蒸汽混合器及二氧化氯混合器混合后进入 D_1 段预反应塔及 D_1 漂白塔。反应后的浆料经 D1 段洗浆机洗涤，再由中浓浆泵送至高浓浆塔贮存。

（2）核心设备表

苇浆漂白工段主要设备如表 5-15 所列。

表 5-15 苇浆漂白工段主要设备

序号	设备名称	型号及规格	数量/台	备注
1	D_0 漂白塔	$V=125m^3$	1	碳钢内衬耐酸砖
2	D_0-E_{OP}-D_1 真空洗浆机	过滤面积 $50m^2$	3	
3	E_{OP} 预反应塔	$V=60m^3$	1	材质：SS316L
4	E_{OP} 漂白塔	$V=200m^3$	1	材质：SS316L
5	D_1 漂白塔	$V=300m^3$	1	碳钢内衬耐酸砖
6	贮浆塔	$V=503m^3$	1	材质：SS316L

5.2.3 碱回收工艺和核心设备

5.2.3.1 蒸发工段

以湖南某苇浆厂为例。

（1）工艺描述

制浆车间送来的 9.5% 稀黑液经稀黑液槽贮存，泵送Ⅳ效蒸发器闪蒸，自流至Ⅴ效，然后按Ⅵ→Ⅴ→Ⅳ→Ⅲ→Ⅱ→Ⅰ逆流蒸发至浓度 $44\% \sim 48\%$ 送浓黑液槽暂存，送燃烧工段。表压为 0.4MPa（g）的蒸汽进入Ⅰ效加热黑液，自身冷凝为清洁冷凝水，送燃烧工段使用。二次蒸汽污冷水 70℃，送制浆洗涤；板式冷凝器产温水 45～50℃，送制浆及苛化洗涤。

（2）核心设备表

苇浆蒸发工段主要设备如表 5-16 所列。

表 5-16　苇浆蒸发工段主要设备

序号	设备名称	型号及规格	数量/台	备注
1	Ⅰ效蒸发器	外流自由降膜板式 756m^2	3	
2	Ⅱ效蒸发器	外流自由降膜板式 1293m^2	1	
3	Ⅲ效蒸发器	外流自由降膜板式 1120m^2	1	
4	Ⅳ效蒸发器	外流自由降膜板式 1120m^2	1	
5	Ⅴ效蒸发器	外流自由降膜板式 1293m^2	1	
6	板式表面冷凝器	650m^2	1	
7	稀黑液槽	1300m^3	2	
8	稀黑液槽	1000m^3	2	

5.2.3.2　燃烧工段

（1）工艺描述

以湖南某苇浆厂为例，处理固形物能力 180t/d。

本工段系统包括给水系统、黑液系统、绿液系统、碱灰系统、供风系统、烟气系统、加药系统等。蒸发工段送来的浓黑液先经圆盘蒸发器浓缩后进入入炉黑液槽，再经黑液直接加热器加热，最后经黑液喷枪入炉燃烧。碱炉产的 3.82MPa 的蒸汽并入蒸汽管网。熔融物进入溶解槽后形成绿液，绿液用泵送至苛化工段。碱炉收集的碱灰和电除尘的碱灰在各自的碱灰溶解槽内溶解后泵入溶解槽。烟气从碱炉的空气预热器出来后经电除尘，将烟气中的烟尘浓度降至排放要求，用引风机将其送入烟囱排空。冷空气经蒸汽加热后进入炉后空气预热器，再送入炉内，满足黑液燃烧需要。

（2）核心设备表

苇浆碱回收工段主要设备如表 5-17 所列。

表 5-17　苇浆碱回收工段主要设备

序号	设备名称	型号及规格	数量/台
1	碱回收炉	DG20-5T-435℃　处理固形物能力 180t/d； 效率 80%； 过热蒸汽压力 3.82MPa； 省煤器出口烟温 250℃	1

续表

序号	设备名称	型号及规格	数量/台
2	静电除尘器	干法、卧式、单列、有效横断面积 40m²，两电场 处理能力(标准状态)80000m³/h，除尘效率≥96%； 同极间距 400mm； 电源 GGAJ02-0.4A/72kV； 阴极振打为顶传动机械振打； 阴极振打为侧传动自由落锤	1
3	圆盘蒸发器	蒸发面积 230m²； 转鼓 φ3730mm×3170mm； 槽体材质为 Q235-A	1

5.2.3.3 苛化工段

以湖南某苇浆厂为例，日产碱能力 30~45t。

（1）工艺描述

由燃烧工段来的绿液经澄清过滤后与 CaO 消化，然后经苛化、过滤后产生白液用于蒸煮。螺旋给料器连续将石灰从石灰仓中送出，与澄清过滤后的绿液一起送入石灰消化提渣机进行消化。绿液澄清器中出来的绿泥，经泵送入绿泥预挂过滤机，过滤后的绿泥排出，滤液送至稀白液槽。消化器中的消化液自流到苛化器中，在其内发生苛化反应。苛化后的乳液由泵送至白液澄清器，澄清后的白液送入白液贮槽，泵送制浆车间。从白液澄清器出来的白泥送至白泥贮槽稀释，依次送 1# 预挂过滤机、2# 预挂过滤机和白泥洗涤器洗涤，洗涤后的白泥外运。从 1# 预挂过滤机来的稀白液送至稀白液贮槽，泵送燃烧工段溶解槽。

（2）核心设备表

苇浆苛化工段核心设备如表 5-18 所列。

表 5-18 苇浆苛化工段核心设备

序号	设备名称	型号及规格	单位	数量	备注
1	绿液澄清器	400m³	台	1	
2	青绿液槽	180m³	台	1	
3	绿泥预挂过滤机	15m²	台	1	
4	石灰消化提渣机	30m³	台	1	
5	苛化器	30m³	台	3	

续表

序号	设备名称	型号及规格	单位	数量	备注
6	白液澄清器	$500m^3$	台	2	
7	白泥洗涤器	$400m^3$	台	1	
8	白泥预挂过滤机	$30m^2$	台	2	

5.2.4 污水处理场工艺和核心设备选择

（1）工艺描述

污水处理场采用物化＋生化＋气浮的处理工艺。

系统设计处理能力 $55000m^3/d$，其中苇浆污水 $20000m^3/d$，主要的进出水设计指标如表 5-19 所列。

表 5-19　苇浆污水处理场进出水设计指标

污染物名称	设计进水指标	设计出水指标	单位	备注
COD_{Cr}	1800	≤90	mg/L	
BOD_5	450	≤20	mg/L	
SS	1500	≤30	mg/L	

来自各车间的污水经重力流入集水井，集水井内设置污水泵，根据液位信号控制运行。污水被提升进初沉池，污水中的大部分悬浮物质在此沉降去除。初沉池出水重力流入均质池，通过均衡水质水量可保持后续处理流程的稳定运行。由于污水温度约 60℃对生物处理产生不利影响，因此对均衡池出水用泵提升并进入冷却塔降温，随后自流进生物选择池，向选择池内污水中投加生物处理所需的氮、营养盐，同时回流污泥返回生物选择池并由鼓风机向池内污水供应大量空气，为污水中的絮状菌微生物提供一个良好的成长环境并抑制丝状菌的生长，为后续的生物处理打下一个良好基础。选择池污水流入曝气池后继续鼓风供氧为水中微生物降解污染物提供条件。选择池及曝气池采用多组潜水射流曝气器向水中微生物供氧，每组射流器主管均配有一台循环水泵，以提供射流所需的水流，射流喷嘴所需要的空气由鼓风机提供。

经过生物处理的污水与生物污泥形成的泥水混合物经重力流到二沉池，在此生物污泥沉淀下来，大部分污泥回流到生物处理系统中。二沉池出水尚不能达到国家标准，出水随后流入气浮池。溶入污水中的空气在气浮池通过释放器释放，因压力在短时间内急速下降，大量已经溶于水中的微气泡被释放出来。污水中产生 COD 物质被凝聚成较大的颗粒，水中微气泡通过吸附在颗粒表面产生向上浮力将其带到液面，通过表面刮板将其收集进集泥池。而澄清达标后的污水经过计量及在线监测后排放。

本工程工艺生产过程中投入的化学品基本没有涉及含氮、磷元素的物质，因此制浆生产中段污水中氮、磷等成分的含量极低，甚至是匮乏，在进行处理的过程中还要大量投加营养盐以维持生物处理段中微生物的正常生产需要。因此处理后的出水中氨氮、总磷、总氮的控制指标完全可以满足国家规范要求。制浆车间排水出口设有 AOX 检测仪，车间排放 AOX 指标能够达到《制浆造纸工业水污染物排放标准》（GB 3544—2008）排放标准。

苇浆污水处理场各处理工段去除效果如表 5-20 所列。

表 5-20　苇浆污水处理场各处理工段去除效果

处理工段	COD_{Cr}/(mg/L)	BOD_5/(mg/L)	SS/(mg/L)	温度/℃
集水池	1800	450	1500	45～55
初沉池出水	1250	400	150～350	45～53
冷却塔出水	1250	400	150～350	34～40
二沉池	300	20	80～170	34～40
气浮池出水	90	20	10～20	32～35

（2）核心设备表

苇浆污水处理场核心设备如表 5-21 所列。

表 5-21　苇浆污水处理场核心设备

序号	设备名称	规格	总数/台	备用/台
1	进水提升泵	$750m^3/h,H=13m,P=45kW$	2	1
2	初沉池刮泥机	$\phi33m$,池边水深 4m,$P=0.37kW$	1	
3	冷却塔供料泵	$750m^3/h,H=13m,P=45kW$	2	1
4	冷却塔	$750m^3/h,\Delta t=15℃,P=45kW$	1	
5	曝气池循环泵	$Q=2600m^3/h,H=7.5m,P=110kW$	2	
6	罗茨鼓风机	$Q=150m^3/min$,风压 7bar,$P=132kW$	2	1
7	二沉池刮泥机	$\phi29m$,池边水深 4m,$P=0.37kW$	2	
8	回流污泥泵	$900m^3/h,H=6m,P=37kW$	2	
9	剩余污泥泵	$Q=30m^3/h,H=9m,P=2.2kW$	2	1
10	气浮池	钢制池体 $\phi10m\times0.8m,P=1.5kW$	2	
11	预脱水型带式压滤机	DS 绝干量 510kg TSS/h,带宽 2500mm,$P=4.0kW$	2	

注：1bar=10^5Pa。

5.3 案例三:麦草浆

公司概况:企业为典型烧碱法麦草化学制浆企业,单条生产线产能50000t/a。主要采用干湿法备料、连蒸、逆流洗涤、氧脱木素、二氧化氯漂白等生产工艺。

5.3.1 原料存储、备料工艺和核心设备选择

(1) 工艺描述

备料采用干湿法备料,草片经切草机切断后送水力洗草机洗涤,洗涤后草片送制浆工段,污水经双向流细格栅过滤后,再经沉淀处理后循环利用。

(2) 核心设备表

麦草浆备料核心设备如表 5-22 所列。

表 5-22 麦草浆备料核心设备

序号	名称	规格	单位	数量	备注
1	刀辊式切草机	24t/h	台	3	
2	八辊羊角除尘器	24t/h	台	3	
3	水力洗草机	60m³	台	1	
4	沉淀装置	600m³/h	台	2	

5.3.2 制浆工艺和核心设备

5.3.2.1 蒸煮工段

(1) 工艺描述

制浆工艺:制浆采用横管连蒸工艺。

用碱量 14%;蒸煮温度 160~170℃;蒸煮时间 25~30min;粗浆得率50%;纸浆卡伯值 14~16。

(2) 核心设备表

草浆蒸煮工段核心设备如表 5-23 所列。

表 5-23　草浆蒸煮工段核心设备

序号	设备名称	规格	数量	单位
1	回料螺旋输送机	$\phi900mm\times6000mm$	1	台
2	销鼓计量器	14″	1	台
3	预汽蒸螺旋	$\phi900mm\times6000mm$	1	台
4	螺旋喂料器	23″($\phi585mm$)	1	台
5	T型管(止逆阀)	$\phi915mm\times2500mm$,1.0MPa,183℃	1	台
6	蒸煮管	$\phi1800mm\times10000mm$	4	根
7	卸料器	$\phi800mm$	1	台
8	喷放锅	150m³	1	台

5.3.2.2　洗选工段

（1）工艺描述

洗涤工段采用鼓式真空洗浆机逆流洗涤，洗涤后浆料经封闭筛选再送氧脱木素工段。洗涤水来自氧脱木素洗涤滤液，洗浆机滤液回到蒸煮工段。

（2）核心设备表

麦草浆洗选工段主要设备如表 5-24 所列。

表 5-24　麦草浆洗选工段主要设备

序号	设备名称	规格	数量	单位
1	压力除节机	筛鼓直径$\phi800mm$,$\phi6.0mm$	1	台
2	鼓式真空洗浆机组	过滤面积120m²；4台串联	1	套
3	压力式黑液过滤机	$Q=150m^3/h$；孔径$\phi0.15mm$	1	台
4	高浓除渣器	流量7000L/min；进浆压力0.2~0.3MPa；进浆浓度2.5%	1	台
5	一段压力粗筛	3m²；缝宽0.18mm；进浆压力0.15~0.25MPa	1	台
6	鼓式真空洗浆机	过滤面积120m²	1	套
7	中浓除渣器	流量4200L/min；进浆压力0.2~0.3MPa；进浆浓度1.2%	1	台
8	二段压力粗筛	70t/d；缝宽0.18mm；进浆压力0.15~0.25MPa	1	台

序号	设备名称	规格	数量	单位
9	跳筛	15t/d； $\phi 4mm$	1	台
10	低浓除渣器	流量 1350L/min； 进浆压力 0.2~0.3MPa； 浓度 0.6%	1	台

5.3.2.3　漂白工段

（1）工艺描述

漂白采用单段氧脱木素＋二氧化氯漂白，即 O-D_0-E_{OP}-D_1 工艺，实现无元素氯漂白。检测结果显示，制浆工段排放污水 AOX 浓度满足《制浆造纸工业水污染物排放标准》（GB 3544）相应限值要求。

（2）核心设备表

麦草浆漂白工段主要设备如表 5-25 所列。

表 5-25　麦草浆漂白工段主要设备

序号	设备名称	型号及规格	单位	数量	备注
一		O 段			
1	中浓浆泵	$Q=71m^3/h, H=100m, c=8\%~12\%$			双相钢
2	氧脱木素 反应塔	$\phi 2600mm \times 20000mm$	台	1	16MnR 复合 316L
3	真空洗浆机	$100m^2$； 2 台串联	套	1	SS316L
二		D_0 段			
4	混合器	$Q=150t/d, c=8\%~12\%$	台	1	钛材
5	中浓浆泵	$Q=70m^3/h, H=90m, c=8\%~12\%$	台	1	双相钢
6	D_0 漂白塔	$\phi 2400mm \times 13500mm$（直管）	台	1	碳钢衬砖
7	真空洗浆机	$75m^2$	台	1	2205
三		E_{OP} 段			
8	混合器	$Q=150t/d, c=8\%~12\%$	台	1	SS316L
9	中浓浆泵	$Q=70m^3/h, H=108m, c=8\%~12\%$	台	1	双相钢
10	E_{OP} 塔	升流段 $\phi 1800mm \times 15500mm$（直管）； 降流段 $\phi 3000mm \times 15500mm$（直管）	台	1	16MnR 复合 316L
11	真空洗浆机	$75m^2$	台	1	SS316L

序号	设备名称	型号及规格	单位	数量	备注
四		D_1 段			
12	混合器	$Q=150t/d, c=8\%\sim12\%$	台	1	钛材
13	中浓浆泵	$Q=70m^3/h, H=80m, c=8\%\sim12\%$	台	1	双相钢
14	D_1 漂白塔	升流段 $\phi1400mm\times19500mm$（直管）； 降流段 $\phi3000mm\times23900mm$（直管）	台	1	升流段：玻璃钢； 降流段：碳钢衬砖
15	真空洗浆机	$75m^2$	台	1	2205

5.3.3　碱回收工艺和核心设备

5.3.3.1　蒸发工段

（1）工艺描述

碱回收蒸发工段采用七体五效板式降膜蒸发器，将黑液浓度由10%左右蒸发至45%左右，蒸发工段污冷凝水用于洗涤工段或苛化工段，设计蒸发水量85t/h。

（2）核心设备表

麦草浆蒸发工段核心设备如表5-26所列。

表5-26　麦草浆蒸发工段核心设备

序号	设备名称	规格及型号	数量	单位	备注
1	Ⅰ效外流自降膜板式蒸发器	$F=1072m^2$	3	台	
2	Ⅱ效外流自降膜板式蒸发器	$F=1750m^2$	1	台	
3	Ⅲ效外流自降膜板式蒸发器	$F=1679m^2$	1	台	
4	Ⅳ效外流自降膜板式蒸发器	$F=1750m^2$	1	台	
5	Ⅴ效外流自降膜板式蒸发器	$F=1893m^2$	1	台	
6	板式降膜冷凝器	$F=1179m^2$	1	台	

5.3.3.2　燃烧工段

（1）工艺描述

碱回收燃烧工段采用全水冷壁式喷射炉，45%左右的浓黑液经过圆盘蒸发器进一步浓缩至48%左右后喷射入炉燃烧，回收熔融物及热量，处理固形物量180t/d。

（2）核心设备表

麦草浆案例工厂燃烧工段核心设备如表 5-27 所列。

表 5-27　麦草浆案例工厂燃烧工段核心设备

序号	设备名称	规格及型号	数量	单位	备注
1	碱回收喷射炉	处理固形物量约为 180t/d；饱和蒸汽压力 1.27MPa	1	套	
2	圆盘蒸发器	蒸发面积 285m^2	1	台	
3	静电除尘器	72000（标准状态）m^3/h；除尘效率 96%	1	台	

5.3.3.3　苛化工段

（1）工艺描述

碱回收苛化工段采用螺旋式消化提渣机和 3 台连续苛化器，以 Ca^{2+} 将绿液中的 Na^+ 置换出，过滤后最终制备成白液用于蒸煮工段。

（2）核心设备表

麦草浆苛化工段核心设备如表 5-28 所列。

表 5-28　麦草浆苛化工段核心设备

序号	设备名称	规格及型号	数量	单位	备注
1	绿液澄清器	ZHQ9	1	台	
2	苛化器	$\phi3000mm \times 3000mm, V = 20m^3$	3	台	
3	白液澄清器	$\phi12000mm \times 6000mm$	1	台	
4	白液贮存槽	$\phi6000mm \times 7000mm, V = 200m^3$	2	台	
5	白泥搅拌槽	$\phi3000mm \times 3420mm, V = 20m^3$	2	台	
6	白泥洗涤器	$\phi12000mm \times 6000mm$	1	台	
7	预挂式过滤机	20m^2	2	台	

5.3.4　污水处理场工艺和核心设备选择

设计水量：20000m^3/d，平均流量 833m^3/h，最大流量 1000m^3/h。

进水水质指标：由常规 CEH 三段漂改造为二氧化氯漂白后，清水用水量由 80m^3/t（浆）下降为 40m^3/t（浆），制浆工段 COD 产生量由 128kg/t（浆）下降为 110kg/t（浆），AOX 由 4kg/t（浆）降至 0.4kg/t（浆）以下。出水水质指标符合《城镇污水处理场污染物排放标准》（GB 18918—2002）一级 A 标准。

5.3.4.1 工艺描述

（1）污水处理流程

制浆污水（渠道输送）→粗格栅→集水井→纤维回收→初沉池→预酸化调节池→IC 厌氧反应器→Carrousel 氧化沟→二沉池→调酸池→非均相催化氧化塔→脱气、中和、絮凝池→终沉池→活性砂滤池→排放

（2）污泥处理工艺

预处理污泥、生化剩余污泥、化学污泥混合后采用隔膜式板框压滤机脱水干化。

5.3.4.2 处理效果

麦草浆污水处理效果如表 5-29 所列。

表 5-29　麦草浆污水处理效果

序号	项目		pH 值	COD /(mg/L)	BOD$_5$ /(mg/L)	SS /(mg/L)	AOX /(mg/L)
1	设计进水水质指标		6～9	4500	1800	1800	10
2	纤维回收＋初沉池	出水	6～9	3600	1620	540	—
		去除/%	—	20	10	70	—
3	预酸化池＋ IC 厌氧反应器	出水	6～9	1260	405	432	10
		去除/%	—	65	75	20	—
4	曝气池＋ 二沉池	出水	6～9	378	16	86	7
		去除/%	—	70	96	80	30
5	Fenton 流化床＋混凝反应池＋ 终沉池＋活性砂滤池	出水	6～9	50	10	10	5
		去除/%	—	87	40	88	30
6	排放标准限值		6～9	≤50	≤10	≤10	≤10

注：AOX 进水设计值为制浆车间排放口指标，排放标准限值为《制浆造纸工业水污染物排放标准》（GB 3544—2008）表 3 "水污染物特别排放限值"。

5.3.4.3 核心设备表

麦草浆污水处理核心设备如表 5-30 所列。

表 5-30　麦草浆污水处理核心设备

序号	名称	型号/规格	数量/其中备用	单位	备注
1	提升水泵	$Q=500\text{m}^3/\text{h}, H=15\text{m}$	3/1	台	
2	初沉池	$\phi35\times4.5(h)\text{m}$	1	座	
3	预酸化调节池	$32.0\text{m}\times14.0\text{m}\times7.0\text{m}(h)$	1	座	
4	冷却塔	$Q=850(\text{标准状态})\text{m}^3/\text{h}$	1	台	
5	IC 内循环厌氧反应器	$\phi15\text{m}\times24\text{m}(H)$	1	台	
6	生物氧化沟	$66\text{m}\times75\text{m}\times4.8\text{m}(h)$	1	座	
7	二沉池	$\phi45\times4.5(h)$	1	座	
8	调酸池	$H=4.0\text{m}, 4.0\text{m}\times10.0\text{m}$	1	座	
9	废气风机	$Q=9000\text{m}^3/\text{h}, P=2.5\text{kPa}$	1	台	
10	涤气塔	$\phi2.0\text{m}\times9.0\text{m}$	1	台	
11	非均相催化氧化塔	单座处理量 $10000\text{m}^3/\text{d}$	2	座	
12	氧化剂贮罐	$\phi4.5\text{m}\times6.0\text{m}$	1	套	
13	脱气、中和、絮凝池	$H=4.5\text{m}, 4.0\text{m}\times18.0\text{m}$	1	座	
14	终沉池	$\phi45\text{m}\times4.5(h)\text{m}$	1	座	
15	脱气池罗茨风机	$Q=13.89\text{m}^3/\text{min}, P=44.1\text{kPa}$	2/1	台	
16	碱贮罐	$\phi4.5\text{m}\times6.0\text{m}$	1	台	
17	隔膜式板框压滤机	过滤面积 400m^2, 容积 7.8m^3	3	台	
18	PAM 制备装置	5000L/h	1	台	
19	活性砂滤设备	单台处理数量 $1000\text{m}^3/\text{d}$	20	台	

注：h 表示高；H 表示扬程。

5.4　案例四：蔗渣浆

5.4.1　原料存储、备料工艺和核心设备选择

（1）工艺描述

本案例为广西一家蔗渣浆厂，采用氧脱木素 O-D_0-E_{OP}-D_1 无元素氯 ECF 漂白流程。

该厂利用集团母公司下属糖厂的甘蔗渣生产漂白蔗渣浆，年产量 1.0×10^5 t。集团公司要求下属糖厂对蔗渣进行除髓，除髓率要求达到 35% 以上，蔗渣在纸浆厂内不用再除髓。

考虑到在蔗渣量不足时有可能外购其他糖业公司的蔗渣原料，除髓率有可能不能保证，所以本案例浆厂内设有除髓间，原料备料流程简述如

下：蔗渣原料在糖厂经过除髓、打包后运至本厂；到厂经过开包进行解包、除髓后通过高架皮带栈桥，高架栈桥上设多个落料口，根据堆场堆存情况，选择一个或者两个落料口落料，蔗渣散落到堆场；当落料到一定高度时，开始用推土机压实并不断喷水。

蔗渣开包除髓、湿法堆存工艺流程简图如图 5-3 所示。

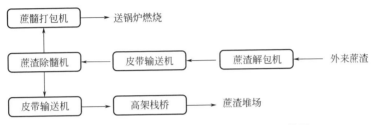

图 5-3　蔗渣开包除髓、湿法堆存工艺流程简图

本案例中，开包除髓间设 4 台开包机、12 台卧式除髓机，皮带输送机若干条。高架皮带栈桥底部高 25m，栈桥长约 255m，每隔 20m 左右设 1 落料口；蔗渣堆场 7.5hm^2，蔗渣平均堆高 20m，最大可以堆存 4.8×10^5t 蔗渣（50%水分），满足全年生产使用蔗渣原料要求。

（2）核心设备表

蔗渣开包、除髓、湿法堆存的核心设备为蔗渣解包机、蔗渣除髓机、蔗髓打包机等。该厂核心设备规格如表 5-31 所列。

表 5-31　案例工厂核心设备规格

序号	设备名称	型号及规格	数量/台	备注
1	蔗渣解包机	开包能力 1500t/d	4	
2	蔗渣除髓机	除髓能力 12~15t/h	12	
3	蔗髓打包机	能力 3~7t/h	4	

5.4.2　制浆工艺和核心设备

5.4.2.1　蒸煮工段

（1）工艺描述

本案例的蒸煮工段采用横管式连续蒸煮。

该厂蒸煮工段车间工艺流程简图见图 5-4。

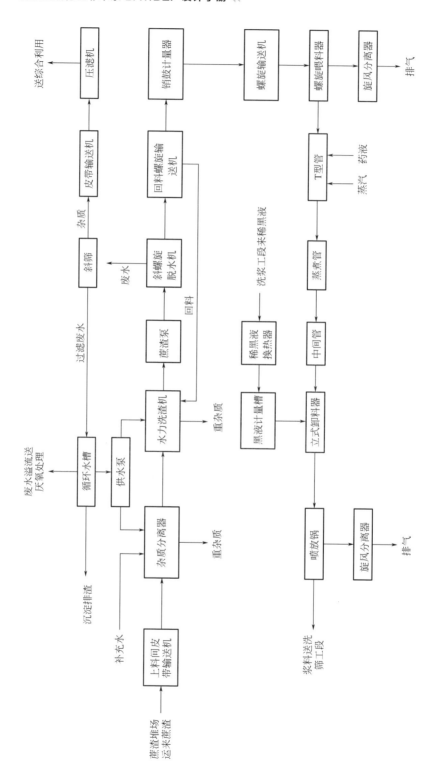

图 5-4　该厂蒸煮工段车间工艺流程简图

（2）核心设备表

该厂采用一套蔗渣洗涤系统、两条连续蒸煮线，单线能力为200t/d，总产能400t/d。蒸煮工段核心设备具体参数如表5-32所列。

表5-32 蒸煮工段核心设备具体参数

序号	设备名称	型号及规格	数量/台	备注
一		蔗渣洗涤		
1	鼓式水洗机	洗鼓规格 ϕ1950mm×2500mm； 与物料接触部分 SS316； 处理能力 450m³（虚积）/h； 处理浓度约为 5%； $V=13.5m^3$； $P=22kW$	1	
2	蔗渣水力洗渣机	$V=90m^3$； 与介质接触部分采用 SS316L； $P=400kW$	1	
3	蔗渣泵	$Q=560m^3/h$，$H=28m$，$c=2\%\sim5\%$，$T=0\sim80℃$； 材质,泵壳、叶轮、主轴为不锈钢，其余碳钢； $P=132kW$	4	
4	斜螺旋脱水机	ϕ800mm×7000mm； 与物料接触部分为 SS316； 筛孔直径为 ϕ6mm； $P=15kW×2$	4	
5	回料螺旋输送机	ϕ900mm×8900mm； 与物料接触部分为 SS316； $P=18.5kW$	2	
二		蒸煮(单线设备)		
6	销鼓计量器	ϕ551mm； 材质,与物料接触部分为 SS316； $P=11kW$	1	
7	螺旋喂料器	螺旋规格 25″（ϕ635mm）； 锥形室和与物料接触部分为 SS316； 压缩比 1：3； 螺旋轴堆焊钴钨合金； $P=250kW$	1	
8	T形管及防反喷装置	规格为 ϕ915mm×2500mm； 气缸压缩空气压力为 0.8~1.0MPa； 主要材质为与介质接触部分 SS304	1	

续表

序号	设备名称	型号及规格	数量/台	备注
9	蒸煮管	螺旋规格 ϕ1650mm×10000mm； 转速为 0～4.2r/min(变频调速)； 主要材质为 16MnR； $P=22$kW	4	
10	中间管	规格为 ϕ720mm×2000mm； 主要材质为 20#		
11	立式卸料器	规格为 ϕ752mm； 主要材质为法兰 16Mn,筒体 20#； $P=11$kW	1	
12	喷放锅	容积 500m³； 推进器 ϕ1500mm； $P=75$kW	1	

5.4.2.2 洗选工段

（1）工艺描述

蒸煮工段送来粗浆经混合箱调浓后送鼓式真空洗浆机组（三段）逆流洗涤并提取黑液，洗后粗浆经过一段氧脱木素系统，氧脱木素反应塔出来浆料进入贮浆塔，浆料经过除节机除节后，再送第一段压力筛进行筛选。第一段压力筛的良浆送两段真空洗浆机进一步洗涤浓缩，然后送筛后浆塔缓存，备送漂白工段进行漂白。第一段压力筛的尾浆在进入第二段压力筛筛选前，先经过除砂器除去尾浆中的砂石，二段压力筛良浆回第一段压力筛，尾浆再经过除砂器后进入三段压力筛，除节机排出的浆渣和三段压力筛浆渣各自进入振框式平筛，浆渣及砂石则排出系统。提取出来的黑液一部分送蒸煮工段换热后冷喷放用，其余在黑液过滤机过滤后送至碱回收蒸发工段。

（2）核心设备表

蔗渣浆洗选工段主要设备如表 5-33 所列。

表 5-33 蔗渣浆洗选工段主要设备

序号	设备名称	型号及规格	数量/台	备注
1	黑液槽	280m³	5	
2	黑液过滤机	筛选面积 0.3m²	1	
3	鼓式真空洗浆机组	过滤面积120m²； 5台串联	5	

序号	设备名称	型号及规格	数量/台	备注
4	氧脱木素反应塔	$V=180m^3$	1	
5	压力除节机	筛板孔径 8.00mm; 筛选面积 0.9m^2	1	
6	振框式平筛	筛选面积 2m^2	2	除节机和筛选各一台
7	一段压力筛	处理能力 440t/d(风干浆); 筛缝 0.25mm	1	
8	二段压力筛	能力 120t/d; 筛缝 0.25mm	1	
9	三段压力筛	能力 36t/d; 筛缝 0.25mm	1	
10	鼓式真空洗浆机组	过滤面积 120m^2; 2 台串联	2	氧脱筛选后洗涤用

5.4.2.3 漂白工段

（1）工艺描述

以年产 $1.0×10^5$ t 漂白蔗渣浆 ECF 漂白工艺案例为例介绍如下。

案例工厂浆料漂白采用 D_0-E_{OP}-D_1 三段 ECF 无元素氯漂白工艺，开始建设时，为节省投资，未配套建设氧脱木素系统，但设计时预留了氧脱木素装置位置。配置 8t/d 二氧化氯发生器一套，从运行的结果上看，采用 D_0-E_{OP}-D_1 漂白工艺生产的纸浆白度色泽佳、纤维强度好，但进入漂白工段的纸浆硬度偏高（卡伯值为 14～16），耗用化学品成本高。项目投产后，实际生产运行中，漂白二氧化氯用量为 17kg/t 浆（视甘蔗渣原料情况，新鲜蔗渣由于残糖发酵未完全等原因，二氧化氯漂剂会稍有增加）。条件具备后，该厂安装了氧脱木素系统，采用 O-D_0-E_{OP}-D_1 流程，投产后二氧化氯用量降低为 7～8kg/t 浆。

（2）核心设备表

案例工厂蔗渣浆漂白工段主要设备如表 5-34 所列。

表 5-34　案例工厂蔗渣浆漂白工段主要设备

序号	设备名称	型号及规格	单位	数量	备注
一		D_0 段			
1	混合器	$Q=360t/d$; $c=9\%～12\%$	台	1	与介质接触部分钛材

序号	设备名称	型号及规格	单位	数量	备注
2	中浓浆泵	$Q=176m^3/h$； $H=96m$，$c=10\%\sim12\%$； 变频调速	台	1	与介质接触部分钛材
3	D_0 漂白塔	$V=132m^3$	台	1	碳钢衬砖
4	真空洗浆机	$100m^2$	台	1	与介质接触部分双相不锈钢 2205
二		E_{OP} 段			
5	混合器	$Q=360t/d$； $c=9\%\sim12\%$	台	1	与介质接触部分 SS316L
6	中浓浆泵	$Q=175m^3/h$； $H=80m$，$c=10\%\sim12\%$； 变频调速	台	1	与介质接触部分 SS316L
7	E_{OP} 塔	预反应塔 $95m^3$； E_{OP} 塔 $320m^3$	台	1	材质 SS316L
8	真空洗浆机	$100m^2$	台	1	与介质接触部分 SS316L
三		D_1 段			
9	混合器	$Q=360t/d$； $c=9\%\sim12\%$	台	1	与介质接触部分钛材
10	中浓浆泵	$Q=170m^3/h$； $H=100m$，$c=10\%\sim12\%$； 变频调速	台	1	与介质接触部分钛材
11	D_1 漂白塔	$V=450m^3$	台	1	碳钢衬砖
12	真空洗浆机	$100m^2$	台	1	与介质接触部分双相不锈钢 2205
13	中浓浆泵	$Q=170m^3/h$； $H=100m$，$c=10\%\sim12\%$； 变频调速	台	1	与介质接触部分 SS316L
14	漂后贮浆塔	$1200m^3$	台	1	混凝土内衬耐酸砖

5.4.3　碱回收工艺和核心设备

5.4.3.1　蒸发工段

（1）工艺描述

蒸发采用国产 7 体 5 效全板降膜蒸发器。为了满足年产 1.0×10^5t 浆所产生黑液的蒸发要求，蒸发站蒸发总面积为 13000m²，蒸发水量为 120m³/h，表面冷凝器面积 1200m²，稀黑液的蒸发采用逆流流程。洗浆工段送来的稀黑液（固形物含量约 10%～12%）用浓黑液调至 15%，先经Ⅳ效闪蒸后自流至Ⅴ效蒸发工段，然后泵送Ⅴ→Ⅳ→Ⅲ→Ⅱ→Ⅰ效蒸发器逆流蒸发生产出浓黑液（42%～46%）后送燃烧工段。

（2）核心设备表

蔗渣浆蒸发工段主要设备如表 5-35 所列。

表 5-35　蔗渣浆蒸发工段主要设备

序号	设备名称	型号及规格	数量/台	备注
1	Ⅰ效蒸发器	板式蒸发器，加热面积 1729m²	3	
2	Ⅱ效蒸发器	板式蒸发器，加热面积 3219m²	1	
3	Ⅲ效蒸发器	板式蒸发器，加热面积 3066m²	1	
4	Ⅳ效蒸发器	板式蒸发器，加热面积 3066m²	1	
5	Ⅴ效蒸发器	板式蒸发器，加热面积 3206m²	1	
6	表面冷凝器	板式，冷却面积 1874m²	1	
7	稀黑液槽	ϕ13000mm×17000mm；容积 2100m³，碳钢	2	
8	半浓黑液槽	ϕ11000mm×17000mm；容积 1500m³，碳钢	1	
9	浓黑液槽	ϕ5000mm×7800mm；锥底，容积 180m³，碳钢	2	
10	温水槽	ϕ5500mm×7000mm；容积 160m³，碳钢	1	

5.4.3.2　燃烧工段

（1）工艺描述

黑液碱回收炉的选型力求先进、适用，本案例采用喷射型悬挂式方型碱炉，布置方式为半露天布置。碱炉日处理固形物能力 450t。蒸发工段来浓黑液（42%～46%）到圆盘蒸发器与烟气直接接触加热蒸发到 52%～55% 左右后至混合槽与碱灰混合，经黑液加热器加热至 110℃ 左右进炉燃烧。燃烧生成的熔融物经溜槽流入溶解槽，用来自苛化工段的稀白液溶解后所得绿液连续送往苛化工段。

碱回收炉产的过热蒸汽量约为 48t/h，蒸汽压力为 3.82MPa，温度 450℃送热电站蒸气管网并网发电。碱炉排出的烟气经静电除尘器处理后，由引风机排至 100m 高的烟囱排放。

（2）核心设备表

蔗渣浆燃烧工段主要设备如表 5-36 所列。

表 5-36　蔗渣浆燃烧工段主要设备

序号	设备名称	型号及规格	数量/台	备注
1	碱回收燃烧炉	额定处理蔗渣浆黑液干固形物 450t/d	1	
2	圆盘蒸发器	蒸发面积 360m²； 左右手机各 1 台	2	
3	软化水槽	$V=30m^3$，碳钢； 附疏水扩容器	1	
4	除氧装置	$Q=65m^3/h$； 水箱容积 25m³； 工作温度 104℃，	1	
5	一次风风机	$Q=58570m^3/h$； $P=3840Pa$	1	
6	二次风风机	$Q=64000m^3/h$； $P=4.425kPa$	1	
7	三次风风机	$Q=23600m^3/h$； $P=3943Pa$	1	
8	静电除尘器	烟气量为 160000m³/h； 除尘效率≥99.9%； 阻力＜200Pa	2	
9	引风机	$Q=166000m^3/h$； $P=3330Pa$（工况）	2	

5.4.3.3　苛化工段

（1）工艺描述

本案例中，燃烧工段来的绿液经稳定槽至绿液澄清器，澄清绿液泵送与粉碎后的石灰一起在石灰消化器消化，绿泥用预挂式过滤机进行洗涤、脱水后与消化提出的渣一起运出厂填埋处理；消化乳液送连续苛化器苛化后泵送一段压力过滤机，浓白液到浓白液贮存槽并泵送制浆车间使用；白泥则经过白泥稀释槽稀释，泵送到二段压力过滤机，澄清稀白液到稀白液槽，并泵送燃烧工段溶解槽；白泥经白泥贮存槽泵至预挂式白泥过滤机过滤浓缩后干度60%~65%，然后送至厂外填埋或者送锅炉用作脱硫。

（2）核心设备表

蔗渣浆苛化工段主要设备如表5-37所列。

表5-37 蔗渣浆苛化工段主要设备

序号	设备名称	型号及规格	数量/台
1	绿液澄清器	$\phi15000mm \times 12000mm$； $V=2100m^3$； 材料:碳钢	1
2	绿泥预挂式过滤机	过滤面积$10m^2$； 转鼓尺寸$\phi1650mm \times 2000mm$	1
3	石灰消化提渣机	$V=51m^3$； 双层结构； 消化鼓$\phi5300mm \times 2500mm$	1
4	苛化器	$\phi4000mm \times 8000mm$； $V=100m^3$； 材料为碳钢	1
5	白液压力过滤器	$\phi3000mm \times 11500mm$； 工作压力0.3MPa； 容积$60m^3$； 工作温度90℃	1
6	白泥压力过滤器	$\phi3000mm \times 11500mm$； 工作压力0.3MPa； 容积$60m^3$； 工作温度90℃	1
7	白泥预挂式过滤机	过滤面积$35m^2$； 转鼓尺寸$\phi3000mm \times 3790mm$	2

5.4.4 污水处理场工艺和核心设备选择

广西某纸业有限公司的污水来源包括原料堆场蔗渣喷淋水，备料工段洗涤污水，制浆、造纸车间排放的中段污水，以及生活污水四大部分。

原料堆场蔗渣喷淋水、备料工段洗涤污水量为 4500m³/d，该部分污水成分复杂，处理难度大，可生化性强，需要采用厌氧工艺处理；中段污水同生活污水量为 10500m³/d，该部分污水同通过厌氧工艺处理过后的备料污水一道进入生化系统进行好氧处理，为了达标排放再进一步进行深度处理。

5.4.4.1 进出水水质参数

（1）厌氧处理单元进出水水质水量

污水处理场的厌氧处理单元主要是处理蔗渣堆场和喷淋污水及备料工段产生的洗涤污水。厌氧处理单元进出水水质水量情况如表5-38所列。

表 5-38 厌氧处理单元进出水水质水量情况

污水名称	处理水量 /(m³/d)	COD$_{Cr}$ /(mg/L)	BOD$_5$ /(mg/L)	SS /(mg/L)	pH 值	温度 /℃	色度 /倍
进水	4500	8000～12000	4000	1000	3～5	常温	≤300
出水	4500	≤1200	≤600	≤500	6～9	—	≤100

（2）好氧处理单元进出水水质水量

好氧处理单元进出水水质水量如表5-39所列。

表 5-39 好氧处理单元进出水水质水量

污水种类	水量 /(m³/d)	COD$_{Cr}$ /(mg/L)	BOD$_5$ /(mg/L)	SS /(mg/L)	pH 值	温度 /℃	色度 /倍
进水	16000	1200～1500	500～650	400～500	6～9	≤60	≤300
出水	16000	≤250	≤20	≤80	6～9	常温	≤100

（3）深度处理单元进出水水质水量

深度处理单元进出水水质水量如表5-40所列。

表 5-40 深度处理单元进出水水质水量

污水种类	水量 /(m³/d)	COD$_{Cr}$ /(mg/L)	BOD$_5$ /(mg/L)	SS /(mg/L)	pH 值	温度 /℃	色度 /倍
进水	16000	250	20	100	6～9	常温	≤100
出水	16000	≤100	≤20	≤50	6～9	常温	≤50

甘蔗渣制浆造纸污水中氮、磷不足，为满足好氧微生物生长代谢需要，往往需要补充投加尿素、磷酸三钠营养盐，因此排水中氮、磷指标均能满足排放标准的要求。另外，根据《制浆造纸工业水污染物排放标准》（GB 3544—2008）的要求可吸附有机卤素（AOX）和二噁英在车间或生产设施污水排放口就要求达到排放标准，而且污水处理场内常规的预处理和生物处理也不能降解可吸附有机卤素（AOX）和二噁英。因此，在实际工程应用中重点关注上表中的各项指标。

根据本项目制浆工艺的具体情况和污水的特点以及出水水质要求，污水处理场的工艺流程如图 5-5 所示。

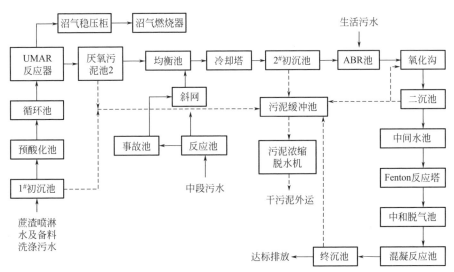

图 5-5　污水处理场的工艺流程
——污水；- - - 污泥

5.4.4.2　工艺描述

整个污水处理场的工艺流程大致可分为厌氧处理工段、好氧处理工段、深度处理工段和污泥浓缩脱水单元、药剂制备及投加单元五个工段。

（1）厌氧处理工段

蔗渣喷淋水及备料洗涤污水首先通过人工格栅（设在料场）去除粗大悬浮物后流至集水井，经过泵送至斜滤网去除较大悬浮物；通过斜滤网（设在料场）后的污水重力流入中和池，在中和池投加碱液，初步调整污水的 pH 值；经初调后的污水进入厌氧处理单元的 1# 初沉池，进一步去除悬浮物；1# 初沉池出水重力流到预酸化池；在预酸化池中投加厌氧反应所需的营养盐并调节污水的 pH 值；预酸化池出水再由泵送至循环池中，与 UMAR 反应器的部分出水混合；混合后的污水由泵送入 UMAR 反应器进行厌氧处理，厌氧处理后的出水部分回流至循环池中，部分出水重力流到厌氧污泥池 2，厌氧污泥池 2 的上清液出水进入好氧处理系统。

1）中和反应池　根据污水处理工艺的要求，需蔗渣喷淋水及备料洗涤污水进入厌氧处理单元前，对污水的 pH 值进行初步调整。在中和池设置 1 个 pH 计，同时在 1# 初沉池设置 1 个 pH 计，通过控制液碱投加泵向中和池的加药量，调节 1# 初沉池 pH 值在 5.5～6.0 之间。

2）1# 初沉池　为了降低生化处理的负荷，有必要进一步将污水中的悬浮物去除。该 1# 初沉池可以使悬浮物得到有效地去除。1# 初沉池为辐流式沉淀池，池内设置 1 台刮泥机，以便收集沉积于池底的污泥，并将它们排到污泥处理系统中。1# 初沉池出水重力流至预酸化池中。

本项目 1# 初沉池数量 1 座，采用钢筋混凝土建造，设计为直径 18m，配置半桥式刮泥机。

3）预酸化池　预酸化池设计为 $4500m^3/d$ 的污水提供约 4h 的预酸化时间。4h 的停留时间起到稳定污水有机负荷，调节波动的效果，同时预酸化池给污水创造了一定的兼氧环境进行水解酸化，发生厌氧处理的酸化过程，将难降解的物质分解成容易降解的有机底物。为了准确保证污水进入厌氧反应器所需要的 pH 条件，根据预酸化池 pH 值在线监测反馈的 pH 值情况，对液碱投加系统的 pH 值控制调节在 6.5～7.5。同时在该工序投加厌氧所需的营养盐。在该池中设置潜水搅拌器，以使污水预酸化反应均匀、充分。

4）循环池　在循环池内，预酸化污水和部分 UMAR 反应器出水进行混合，设置潜水搅拌器机械搅拌。通过投加碱，对循环池内的 pH 值进行再一次的精确调整，以使进入 UMAR 反应器的污水 pH 值达到厌氧处理的要求。

5）UMAR 反应器　污水经 UMAR 反应器进料泵泵入 1 座 UMAR 反应器（直径 $\phi 9.5m$，高度为 24m）。电磁流量计和泵控制 UMAR 反应器的进水，以保持一个恒定的输入流量。

UMAR 反应器的出水依靠重力作用溢流，在保证恒定的进水流量的条件下，一部分出水经 UMAR 反应器立管分配进入循环池，与进水混合；另一部分出水溢流进入厌氧污泥池 2。

UMAR 反应器出水的 pH 值和温度连续监测。

6）厌氧污泥池 1　主要用于存储 UMAR 反应器产生的颗粒污泥。

7）沼气处理　UMAR 反应器在处理蔗渣喷淋污水过程中产生沼气，产生的沼气量取决于施加于 UMAR 反应器的 COD 负荷。沼气在 UMAR 反应器顶部的气液分离器收集以进一步处理利用。

沼气流量是 UMAR 反应器内部生物反应过程的表征，UMAR 反应器负荷增加时，沼气流量增加。参照同类水质且结合 UMAR 反应器的性质，去除 1kg COD 可产 0.5m³ 沼气，该项目沼气产量约为 13500m³/d，如果在有事故发生的情况下，COD 负荷过高，可以从沼气流量反馈出来，自动报警。

UMAR 反应器顶部的气液分离器收集的沼气将流向一个体积为 120m³ 干式沼气稳压柜，稳压柜使气体系统产生一个 25～30mbar 的表压（1mbar=100Pa）。这样沼气稳压柜的体积可增大或减小而无需改变气体系统的内压。沼气稳压柜的气位由超声物位计连续监测。

来自沼气稳压柜的沼气流向一个沼气燃烧器。火炬的操作由沼气稳压柜的气位自动控制。如果沼气稳压柜的气位达到某个水平，点火阀自动打开，点火器自动启动。如果检测到高温，说明点火火苗在燃烧。如果沼气稳压柜气位达到某个较高水平，火炬主阀自动打开，沼气由点火火苗点燃，然后沼气稳压柜气位缓慢下降到某个水平，火炬主阀会自动关闭，而点火火苗继续燃烧。

8）厌氧污泥池 2　UMAR 反应器出水重力流入厌氧污泥池 2。当厌氧进水负荷波动大或操作不当引起 UMAR 反应器发生颗粒污泥跑泥现象时，可通过厌氧污泥池 2 将出水中携带的污泥收集，通过污泥泵泵回反应器，可有效防止跑泥而带来的污泥流失，保证反应器内的污泥量。

（2）好氧处理工段

1）中和反应池　厂区的中段污水进入污水处理场后首先流入中和反应池，中和反应池进水口设置在线 pH 计检测污水的 pH 值和温度，以确定污水是进入纤维回收单元还是进入事故池。

当污水满足进入纤维回收单元的要求时，为了使进水 pH 值能够达到生物处理所要求的适宜的范围，在中和池出水口设置 pH 测量仪，对酸碱投加单元进行控制。

2）事故池　在事故状态下，例如进水的 pH 值很高或很低，或者进水中含有较多毒性物质时（如由于黑液的泄漏），进水首先储存在事故池中；之后，事故池中的污水再经阀门控制以小流量重力流入纤维回收单元。

一般情况下，应该保证事故池处于常空状态，以确保在事故状态下该单元的充分的调蓄能力。

3）纤维回收单元　经中和反应后的污水进入纤维回收单元。经纤维回收单元处理后的污水重力流入均衡池，回收的纤维经人工收集后外运。此单元无控制点。

4）均衡池及提升泵房　均衡池用于调节和均衡进水流量，消除水力负荷的波动影响。均衡池的设计水力停留时间（HRT）为 3h。为了避免固体颗粒物的沉淀并产生良好的混合状态以保证均质效果，均衡池中设立式轴搅拌器；经均衡处理后，污水经冷却塔提升泵送至冷却单元。

均衡池旁边设 1 座半地下式提升泵房，泵房内设冷却塔提升泵和潜水泵。

5）冷却单元　进水冷却单元主要由冷却塔、冷却塔进水泵和设置在冷却塔下方的集水池组成。冷却塔进水泵配备有流量控制装置从而使该泵具有稳定流量的功能，以在后续各处理单元保持一个稳定的流量。冷却塔和集水池进水管上均设置有手动阀门以在超越时进行切换。

冷却塔集水池中设置温度测量仪，用于测量冷却塔出水水温是否满足生物处理要求。无论冷却塔是否投入运行，污水均将汇到集水池中，再以重力流进入到下一单元。

6）2#初沉池　2#初沉池采用钢筋混凝土建造，配备有标准刮泥桥和位于池体中心的污泥收集斗。

本项目 2#初沉池数量 1 座，设计直径为 31m，配置半桥式刮泥机。

根据 2#初沉池运行时的沉淀效果，可以向初沉池进水中投加适量的 PAC（碱式氯化铝）以获得理想的 SS 去除率，PAC 投加量为 $(10 \sim 30) \times 10^{-6}$，投加点设置在初沉池进水井以获得较好的混合效果。

7）AB 段　在 AB 段中，游离（胶体状的）菌体将迅速地氧化掉可生物降解的 COD，但不会降解那些难以降解的 COD。ABR^{TM} 反应器中生物菌体的活性高，氧摄取速率高，其值约为 $100 \sim 200 mgO_2/(kgMLSS \cdot h)$。而在普通活性污泥系统中此速率仅为 $5 \sim 10 mgO_2/(kgMLSS \cdot h)$。由于易生物降解的成分被分解掉，丝状菌在后续的活性污泥反应器中缺乏必要的食料，将不再占主导优势，因而彻底解决了污泥膨胀问题。

8）卡鲁塞尔段氧化沟　在 AB 段后，设置两座卡鲁塞尔®段氧化沟，其设计污水处理能力为日平均流量 $16000 m^3/d$。

本项目中，AB 段设有 2 台（1 台定速，1 台变速）OXYRATOR® 表曝机；每座卡鲁塞尔®段设有 3 台（2 台定速，1 台变速）OXYRATOR®表曝机。变速表曝机配备变频器，在运行过程中可对其转速进行无级调整。

9）二沉池　在 AB-卡鲁塞尔®单元后，通过专门设计的二沉池进行出水混合液的泥水分离。二沉池的设计考虑了以下因素。

① 表面负荷，卡鲁塞尔®段出水混合液的 SS 特性及其浓度（由于前端采用了 ABR™ 工艺，污泥具有较好的沉降性能，其污泥体积指数 SVI 可达到 150mL/g 左右）。

② 需达到的 SS 去除率。

③ 考虑一定的流量变化系数以保证在流量出现小量波动时运行仍可达到较好的性能。

④ 二沉池位置及尺寸与系统总体布置的结合，并实现布置的合理性。

⑤ 二沉池出水送至后处理工段进行进一步的处理以满足严格的出水水质要求。

10）污泥池　沉淀在二沉池中的污泥由刮板收集至位于二沉池中央的污泥斗中并送至和二沉池合建的污泥池中。在污泥池旁设有干式安装的回流污泥泵和剩余污泥泵。回流污泥被送至前面的 AB 段的出水井中并与污水混合后进入卡鲁塞尔®段以维持系统中稳定的生物量。剩余污泥则被送至初沉池，并与初沉污泥（主要是进水中的 SS）一起沉淀下来，然后混合污泥被送至污泥处理工段进行处理。

（3）深度处理工段

好氧处理段二沉池上清液重力流入中间水池，中间水池出水泵将 $16000m^3/d$ 的污水送至 Fenton 氧化塔中，在 Fenton 氧化塔将污水中难以降解的污染物（如二噁英）氧化降解，Fenton 氧化塔出水进入中和脱气池和混凝反应池，经反应完全后进入终沉池，铁泥在终沉池中被去除，终沉池出水达标排放。终沉池收集的铁泥送至污泥处理系统处理。

1）中间水池　为了确保污水以稳定的流速和负荷进入 Fenton 氧化塔中，特设置中间水池。中间水池由泵送入 Fenton 配水槽。

2）Fenton 氧化塔　Fenton 氧化技术的主要原理是投加的 H_2O_2 氧化剂与 Fe^{2+} 催化剂，即所谓的 Fenton 药剂，两者在适当的 pH 值下会反应产生羟基自由基（·OH），而羟基自由基的高氧化能力与污水中的有机物反应，可分解氧化有机物，进而降低污水中生物难分解的 COD。

根据处理水量，本工程共设 2 座 Fenton 氧化塔，设置 1 个 Fenton 配水槽分别对 2 个 Fenton 氧化塔进行均匀配水，保证污水均分进入 2 座 Fenton 氧化塔中。

3）中和脱气池　污水进行 Fenton 反应的 pH 值保持在 3 左右，在中和脱气池中需投加液碱对污水的 pH 值进行调节，以满足出水 pH 值要求。中和脱气池还起到脱去污水中少量气体的作用。

4）混凝反应池　中和脱气池出水重力流入混凝反应池，由于 Fe^{3+} 本身就是非常好的混凝剂，所以在该池中只需投加 PAM，即可使污水中的铁泥发生混凝反应。在这个过程中除了发生混凝反应，同时对色度、SS 及胶体也具有非常好的去除功能。混凝反应池出水重力流至终沉池。此单元无控制要求。

5）终沉池　终沉池设计为辐流式沉淀池，经混凝后的污水在该池中经静置沉淀进行泥水分离。在该池内，设置 1 台刮泥机，以便收集沉积于池底的铁泥，并将它们泵送至污泥处理系统中。终沉池上清液达标排放。

（4）污泥浓缩脱水单元

污泥的浓缩和脱水在污泥浓缩/脱水间/内进行。含固率约为 1.4%～1.5% 的混合污泥由螺杆泵输送，经絮凝剂投加和混合后至带式污泥浓缩脱水一体机上。该设备集污泥的浓缩和脱水过程为一体。经浓缩脱水处理，脱水后污泥的干度（含固率）可大于 20%。

1）污泥缓冲池　来自厌氧处理工段、2# 初沉池、二沉池和终沉池的污泥汇集到污泥缓冲池，在污泥缓冲池内混合均匀，再经污泥投配泵输送到污泥浓缩脱水机。

2）污泥浓缩脱水单元　对本单元应提供保证浓缩/脱水设备正常运行的其他相关设备和装置，如污泥投配泵、空压机、絮凝剂制备和投加系统、用于运送脱水后泥饼的螺旋输送机等。设计中应充分考虑系统布置的紧凑性及设备的坚实耐用。

3）出水池及回用水池　深度处理工段的处理出水部分被引入本单元，用于污泥浓缩脱水设备运行过程中滤带的冲洗和生物处理曝气单元中消泡喷洒用水；同时厂区清洁水作为补充用水被引入本单元。

（5）药剂制备及投加单元

1）酸碱投加单元　由于厂区净化水站靠近污水处理场的加药间，为了便于集中管理，净化水站的液碱投加单元设置在污水处理场的加药间。

为了将偏酸性的蔗渣喷淋污水 pH 调节至中性, 设置液碱投加装置。

当中段污水中含有大量的酸性、碱性或对生物过程有毒有害的物质时, 虽然在这种事故状态下, 进水首先被引入事故池, 再经由事故池小流量重力流入纤维回收单元。但是当进水 pH 值在进入纤维回收单元的范围 (pH=5~10, 包括 6 和 9 两设定点) 时, 为确保纤维回收单元进水 pH 值能够满足后续生物处理的要求, 需启动酸碱投加装置, 通过将酸碱投加到中和反应池中, 使其 pH 值满足要求, 具体投加量根据实际情况确定。当中和反应池出水 pH 值显示在设定范围时停止投加。

Fenton 出水呈酸性, 偏酸性的污水 pH 要调节至中性, 通过隔膜计量泵进行计量投加。

用于酸碱投加的化学药剂为盐酸 (30%溶液)、氢氧化钠 (30%的溶液)。根据加药间的布置形式, 酸碱储罐设在加药间一层, 比加药间旁的主干道低, 可采用自流的方式进行卸料, 因此酸碱卸料采用重力流的方式, 不设卸料泵。

2) 营养盐制备及投加单元　由于制浆/造纸污水中通常缺乏营养物质 (氮、磷等), 这些物质对于维持正常的生物生长条件和良好的处理性能是非常重要的。因此, 设置了一个营养物制备和投加单元, 以将氮和磷投加到厌氧处理单元的调节预酸化池和好氧处理工段的 AB 池中。

3) 混凝剂 (PAC) 制备及投加单元　由于厂区净化水站靠近污水处理场的加药间, 为了便于集中管理, 净化水站的 PAC 投加单元设置在污水处理场的加药间。

同时, PAC 也需向好氧处理工段的 1# 初沉池投加。

4) 絮凝剂 (PAM) 制备及投加单元　絮凝剂 (PAM) 主要用于深度处理的絮凝反应池和污泥脱水单元。

絮凝剂制备采用自动投药溶解装置, 是一个独立、完全自动的系统, 它与 PLC 的联系只是一些状态信号, 例如 "缺少絮凝剂" 等。PLC 根据这些信号来决定是否可以启动加药泵。

5) Fenton 试剂制备及投加单元　Fenton 试剂包括硫酸亚铁和双氧水, 分别设置硫酸亚铁、双氧水加药装置, 通过加药泵投加。

5.4.4.3　核心设备表

(1) 厌氧处理单元

厌氧处理的主要处理设施及主要设备如表 5-41 所列。

表 5-41　厌氧处理的主要处理设施及主要设备一览表

序号	建、构筑物名称	建、构筑物尺寸	数量	设备名称	设备参数	数量
1	集水池	5m×5m×4m	1	潜水搅拌器 污水提升泵	$P=0.55kW$ $P=5.5kW$	1 2
2	1#初沉池	φ18m×3.5m	1	1#初沉池刮泥机 1#初沉污泥泵	$P=0.75kW$ $P=15kW$	1 2
3	调节预酸化池	22m×7m×5.8m	1	潜水搅拌器	$P=4kW$	2
4	提升泵房	15m×6m×5m(单层)	1	测量循环泵 循环池供料泵 厌氧反应器供料泵	$P=1.5kW$ $P=7.5kW$ $P=37kW$	2 2 2
5	厌氧循环池	12m×7m×5.8m	1	潜水搅拌器	$P=4kW$	1
6	厌氧处理系统		1	厌氧反应器	φ9.5m×24m	1
				沼气稳压柜	$V=120m^3$	1
				沼气燃烧器	$Q=1000m^3/h$	1
7	涤气塔	φ1.6m×9.5m	1	废气风机 涤气塔循环泵	$P=18.5kW$ $P=4.5kW$	1 1
8	厌氧污泥池	7m×7m×5.8m	1	厌氧污泥泵	$P=11kW$	1

（2）好氧处理＋深度处理单元

好氧处理＋深度处理单元设施及主要设备如表 5-42 所列。

表 5-42　好氧处理＋深度处理单元设施及主要设备一览表

序号	建、构筑物名称	建、构筑物尺寸	数量	设备名称	设备参数	数量
1	反应池	10m×3.5m×2m	1	斜网提升泵	$P=37kW$	2
2	事故池	26m×26m×6m	1			
3	纤维回收单元	22m×8m×3m	1			
4	均衡池	16m×16m×6m	1	立式轴搅拌器	$P=7.5kW$	2
5	提升泵房	16m×10m×11.5m	1	冷却塔进水提升泵 生活污水提升泵 事故池污水提升泵	$P=45kW$ $P=5.5kW$ $P=5.5kW$	2 2 2
6	冷却水池	10m×10m×3m	1	冷却塔	$P=18.5kW$	2
7	2#初沉池	φ31m×4.5m	1	刮泥机 混合污泥输送泵	$P=0.55kW$ $P=7.5kW$	1 2

续表

序号	建、构筑物名称	建、构筑物尺寸	数量	设备名称	设备参数	数量
8	ABR 段	43m×21.5m×4.9m	1	表面曝气机	$P=75kW$	2
9	卡鲁塞尔氧化沟	81.2m×36.75m×4.9m	1	表面曝气机	$P=110kW$	3
10	二沉池	$\phi 35m×4.5m$	1	刮泥机	$P=0.75kW$	1
11	污泥池	8m×8m×6.5m	1	回流污泥泵 剩余污泥泵	$P=37kW$ $P=2.2kW$	2 2
12	中间水池	10m×6m×4.5m	1	进水提升泵	$P=37kW$	3
13	Fenton 反应塔	$\phi 3.2m×13m$	4	氧化塔循环泵	$P=18.5kW$	4
14	中和脱气及混凝反应池	24m×6m×4.5m	1	鼓风机	$P=7.5kW$	3
15	终沉池	$\phi 34m×4.5m$	1	刮泥机 化学污泥输送泵	$P=2×0.55kW$ $P=7.5kW$	1 2
16	出水池及回用水池	14m×7m×4m	1	回用水泵	$P=30kW$	2
17	综合楼及加药间	57m×8m×10.5m(二层)	1	加药装置	$P=8kW$	9
18	污泥缓冲池(立式)	14m×7m×4.5m	1	搅拌器 污泥投配泵	$P=5.5kW$ $P=11kW$	2 3
19	污泥脱水机房	15m×14m×10m	1	污泥浓缩脱水机 高效静态混合器 皮带输送机(水平) 皮带输送机(倾斜) 贮气罐 空压机	$P=8kW$ $P=2.2kW$ $P=2.2kW$ $P=3kW$	2 2 1 1 1 2
20	变压器室及配电室	25m×8m×6m	1			

5.5　案例五：二氧化氯制备

非木材漂白化学浆二氧化氯需现场制备，二氧化氯制备系统有综合法和还原法两种方法。该案例采用以甲醇为还原剂的 R8 法，配套产能 8t/d。

5.5.1　工艺描述

本系统由供料系统、反应系统、芒硝过滤及处理系统、吸收系统、尾气处理系统、制冷系统和 DCS 自动控制系统等组成的一套完整的高质量二氧化氯制备系统，以氯酸钠、硫酸、甲醇为主要原料，制备二氧化氯。

甲醇用泵从贮槽抽出，经过滤器过滤后送到氯酸钠供料管，与氯酸钠溶液混合（用氯酸钠溶液来稀释甲醇），从发生器下循环管加入发生器。

浓 H_2SO_4 用供料泵从贮槽泵出，经过滤器过滤后从文丘里管处用软化水稀释后，再喷射加入发生器。

$NaClO_3$ 晶体先在溶解槽充分溶解，用卸料泵送至贮槽贮存。用供料泵送，过滤器过滤后从发生器循环管下段进入形成母液。母液在循环泵的作用下经过再沸器进入发生器，生成的 ClO_2 释放出来；反应余液及副产品沉下发生器底部，成为发生器液体；液体在循环泵的作用下在再沸器与发生器之间循环，并与连续加入的 $NaClO_3$ 溶液、浓硫酸、甲醇混合、反应生成 ClO_2 气体。

在 ClO_2 生成的同时，副产品芒硝也在发生器内结晶，通过芒硝过滤机供料泵将部分发生器液体（里面含有芒硝晶体）送至芒硝过滤机将芒硝晶体过滤出来，一部分稀释后送去碱回收，如有多余的结晶芒硝另行处理。

发生器内生成的 ClO_2 气体在发生器内被大量蒸发出来的水蒸气稀释，并从发生器顶部出来，进入间冷器冷却后再进入吸收塔，最终由冷冻水吸收，形成 10g/L 的 ClO_2 水溶液。溶液经转移泵送至 ClO_2 溶液贮槽贮存，由输送泵送至制浆车间漂白工段用于漂白。

发生器系统和芒硝过滤机所需的真空由真空泵抽吸产生。

整个系统产生的尾气集中进入涤气塔，经冷冻水进行洗涤后达标排放至大气中，涤气后的稀 ClO_2 溶液进入吸收塔继续吸收 ClO_2 气体增浓；用于吸收、涤气的冷冻水由冷冻机组产生。

5.5.2　核心设备表

二氧化氯制备工艺设备如表 5-43 所列。

表 5-43 二氧化氯制备工艺设备

序号	设备名称	型号及规格	数量/台
1	发生器	有效容积 $8m^3$； 总高 6632mm； $\phi1400mm$； 主循环钛材管	1
2	再沸器	换热面积 $30m^2$	1
3	发生器循环泵	轴流泵； $Q=450m^3/h$； 变频	1
4	芒硝过滤机	能力 1130kg/h； 变频	1
5	制冷机组	处理水量 $40m^3/h$； 进水温度 33℃，出水温度 7℃	1
6	二氧化氯吸收塔	塔体 $\phi610mm$； 塔总高 13500mm； 塔体为玻璃钢,高效填料(耐酸陶瓷异鞍环)	1
7	尾气洗涤塔	塔体 $\phi700mm$； 塔总高 8350mm； 塔体为玻璃钢,高效填料(耐酸陶瓷异鞍环)	1

附　　录

附录1　制浆造纸工业污染防治可行技术指南

（HJ 2302—2018）

1　适用范围

本标准规定了制浆造纸工业废水、废气、固体废物和噪声污染防治可行技术。

本标准适用于制浆造纸工业污染物排放许可管理，可作为建设项目环境影响评价、国家污染物排放标准的制定与实施、制浆造纸工业企业污染防治技术选择的依据。

本标准不适用于制浆造纸工业企业的自备热电站和工业锅炉。

2　规范性引用文件

本标准引用下列文件或其中的条款。凡是不注日期的引用文件，其最新版本适用于本标准。

《危险废物焚烧污染控制标准》（GB 18484）

《生活垃圾焚烧污染控制标准》（GB 18485）

《危险废物贮存污染控制标准》（GB 18597）

《一般工业固体废物贮存、处置场污染控制标准》（GB 18599）

《国家危险废物名录》（环境保护部、国家发展和改革委员会、公安部令　第39号）

3　术语和定义

下列术语和定义适用于本标准。

3.1

制浆造纸工业（pulp and paper industry）

以植物（木材、其他植物）或废纸等为原料生产纸浆，及（或）以纸浆为原料生产纸张、纸板的工业。

3.2

可行技术（available techniques）

一定时期内在我国制浆造纸工业污染防治过程中，采用污染预防技术、污染治理技术及环境管理措施，使污染物排放稳定达到或优于国家污染物排放标准，且具一定规模应用的技术。

3.3

化学法浆（chemical pulping process）

在特定的条件下利用含有化学药品的溶液处理植物原料，溶出绝大部分非纤维素成分而制得纸浆的生产过程，主要包括硫酸盐法制浆、烧碱法制浆及亚硫酸盐法制浆。

3.4

化学机械法制浆（chemi-mechanical pulping process）

以化学预处理与机械磨解作用相结合的方式，使植物原料解离而制得纸浆的生产过程。

3.5

废纸制浆（recovered paper pulping process）

以废纸为原料，经过碎浆、净化等处理，必要时进行脱墨、漂白制得纸浆的生产过程。

3.6

机制纸及纸板制造（paper and paperboard process）

按使用要求，纤维经处理后悬浮于流体介质中，并在网上互相交织，通过机器抄造脱去流体介质而形成片状产品的生产过程。

3.7

一级处理（primary treatment）

废水处理工程中以过滤、沉淀、气浮等固液分离措施为主体的污染物处理过程。

3.8

二级处理（secondary treatment）

废水处理工程中经一级处理后以生化处理为主体的污染物处理过程。

3.9

三级处理（tertiary treatment）

废水处理工程中经一级和二级处理后，采用物理和化学方法进一步处理污染物的过程。

4 生产工艺及产污环节

4.1 化学法制浆

4.1.1 化学法制浆生产工艺过程：植物原料经备料工段处理后进入蒸煮工段，在化学药液作用下蒸煮得到的粗浆经过洗涤、筛选工段净化，再根据需要通过氧脱木素及漂白工段生产纸浆。通常木（竹）采用硫酸盐法制浆，非木（竹）采用烧碱法或亚硫酸盐法制浆。硫酸盐法或烧碱法制浆洗涤工段产生的黑液经蒸发后进入碱回收炉燃烧，燃烧后的熔融物经苛化工段产生白液和白泥。白液回到蒸煮工段作为蒸煮药液。木浆生产产生的白泥通过石灰窑煅烧生产氧化钙回用到苛化工段；非木浆生产产生的白泥作为制备碳酸钙的原料或其他用途，一般不配套石灰窑。亚硫酸盐法制浆洗涤工段产生的废液经蒸发后综合利用。

4.1.2 化学法制浆生产工艺各工段采用的技术：备料工段主要包括原木的干法剥皮，竹材的干法备料，麦草及芦苇的干法、干湿法备料，蔗渣的湿法堆存；蒸煮工段主要包括连续蒸煮、间歇蒸煮；洗涤工段主要包括压榨洗浆、置换洗浆、压力洗浆、真空洗浆等；筛选工段主要包括压力筛选和全封闭压力筛选；氧脱木素为可选工艺，常见为一段或两段氧脱木素；漂白工段主要是无元素氯漂白工艺；碱回收工段由蒸发、燃烧、苛化及石灰回收组成。

4.1.3 废水主要由备料、蒸煮、漂白、蒸发等工段产生，污染物主要为化学需氧量（COD_{Cr}）、五日生化需氧量（BOD_5）、悬浮物（SS）及氨氮。各污染物产生浓度：COD_{Cr} 1200～2500mg/L，BOD_5 350～800mg/L，SS 250～1500mg/L，氨氮 2～5mg/L。

4.1.4 废气污染物主要为备料产生的粉尘，蒸煮、洗涤、筛选、黑液（废液）蒸发、污水处理厂等工段产生的臭气，碱回收炉、石灰窑产生的烟尘、二氧化硫及氮氧化物等。硫酸盐法制浆臭气主要为硫化氢、甲硫醇、甲硫醚及二甲二硫醚等，烧碱法制浆臭气主要为甲醇等挥发性有机物，亚硫酸盐法制浆臭气主要为氨等，污水处理厂臭气主要为氨、硫化氢。

4.1.5 固体废物主要为备料工段产生的树皮和木（竹）屑、麦糠、苇叶、蔗髓及沙尘等废渣，筛选工段产生的节子和浆渣，碱回收工段产生的绿泥、白泥、石灰渣，污水处理厂产生的污泥等。

4.1.6 噪声主要来自剥皮机、削皮机、传动装置、泵、风机和压缩机等设备运转，以及间歇喷放或放空，压力、真空清洗或吹扫等过程。噪声水平一般为78～110dB（A）。

4.2 化学机械法制浆

4.2.1 化学机械法制浆生产工艺过程：植物原料经备料工段处理后，在化学药液作用下预浸渍,而后送磨浆工序对原料进行磨解,再经漂白处理后进行洗涤、筛选生产纸浆。

4.2.2 化学机械法制浆生产工艺各工段采用的技术:备料工段主要为原木的干法剥皮;磨浆工段主要包括一段磨浆、二段低浓磨浆;洗涤工段主要包括螺旋压榨洗浆、真空洗浆等;筛选工段主要包括压力筛选和全封闭压力筛选。

4.2.3 废水主要由备料、木片洗涤、洗涤、筛选等工段产生,污染物主要为COD_{Cr}、BOD_5、SS及氨氮。各污染物产生浓度:COD_{Cr} 6000～16000mg/L、BOD_5 1800～4000mg/L、SS 1800～3800mg/L、氨氮 3～5mg/L。废气污染物主要为备料产生的粉尘;污水处理厂产生的臭气,主要为氨、硫化氢;废液采用碱回收系统处理时,碱回收炉产生的烟尘、二氧化硫和氮氧化物等。

4.2.4 固体废物主要为备料工段产生的树皮和木屑等废渣;筛选工段产生的浆渣;污水处理厂产生的污泥等。噪声主要来自剥皮机、削片机、磨浆机、传动装置、泵、风机和压缩机等设备运转,以及压力、真空清洗或吹扫等过程。噪声水平一般为78～110dB(A)。

4.3 废纸制浆

4.3.1 废纸制浆生产工艺过程:废纸经分选后进入碎浆工段碎解,解离成纤维后,通过除渣、筛选工段净化,再根据需要进行脱墨和漂白生产纸浆。

4.3.2 废纸制浆生产工艺各工段采用的技术:备料工段主要为废纸原料分选,脱墨工段主要包括浮选脱墨、洗涤脱墨,漂白工段主要采用过氧化氢漂白。根据纸浆质量的要求,还可配套热分散或纤维分级技术。

4.3.3 废水主要由洗涤、筛选、脱墨及漂白等工段产生,主要污染物为COD_{Cr}、BOD_5、SS及氨氮。各污染物产生浓度:COD_{Cr} 1200～6500mg/L、BOD_5 350～2000mg/L、SS 450～3000mg/L、氨氮 2～15mg/L。废气为污水处理厂产生的臭气,主要为氨、硫化氢。

4.3.4 固体废物主要为碎浆工段产生的砂石、金属及塑料等废渣,筛选工段产生的油墨微粒、胶黏剂、塑料碎片及填料等,浮选产生的脱墨渣,污水处理厂产生的污泥等。噪声主要来自碎浆机、磨浆机、热分散系统、泵、风机和压缩机等设备运转,以及压力、真空清洗或吹扫等过程。噪声水平为85～110dB(A)。

4.4 机制纸及纸板

4.4.1 机制纸及纸板制造生产工艺过程:外购商品浆或自产浆经打浆工段进行碎浆或磨浆,由流送工段配浆并去除杂质后,上网成型,经压榨部脱水,干燥部烘干,并根据产品要求选择施胶或涂布,再经压光、卷纸生产纸或纸板。

4.4.2 机制纸及纸板制造生产工艺各工段采用的技术：压部主要技术包括宽压区压榨及常规压榨；干燥部采用烘缸干燥的配套技术主要包括烘缸封闭气罩、袋式通风及废气热回收；成型、压榨部可进行纸机白水回收及纤维利用，施胶或涂布工段可采用涂料回收利用技术。

4.4.3 废水主要由打浆、流送、成型、压榨、施胶或涂布等工段产生，主要污染物为 COD_{Cr}、BOD_5、SS 及氨氮。各污染物产生浓度：COD_{Cr} 500～1800mg/L、BOD_5 180～800mg/L、SS 250～1300mg/L、氨氮 1～3mg/L。废气为污水处理厂产生的臭气，主要为氨、硫化氢。

4.4.4 固体废物主要为打浆、流送工段产生的浆渣，成型工段产生的废聚酯网，污水处理厂产生的污泥等。噪声主要来自磨浆机、泵、传动装置、风机和压缩机等设备运转，以及压力、真空清洗或吹扫等过程，噪声水平一般为 78～110dB（A）。

5 污染预防技术

5.1 化学法制浆

5.1.1 干法剥皮技术

原木在连续式剥皮机中做不规则运动，通过摩擦、碰撞，使树皮剥离，剥皮过程不用水。主要设备包括圆筒剥皮机、辊式剥皮机。该技术适用于以原木为原料的制浆企业。与湿法剥皮相比，该技术吨浆用水量明显降低，吨浆节水 3～10t。

5.1.2 干湿法备料技术

将麦草、芦苇等原料经切草机切断，再经碎解、洗涤处理。合格草片经脱水后，通过螺旋喂料器送去蒸煮，通常与连续蒸煮配套使用。经干湿法备料后的原料干度在 40% 左右，尺寸 20～40mm。该技术具有除杂率高，净化效果好等优点，可减少蒸煮用碱量和漂白化学品用量。

5.1.3 新型立式连续蒸煮技术

包括低固形物蒸煮技术和紧凑蒸煮技术等。低固形物蒸煮技术是将木（竹）片浸渍液及大量脱木素阶段和最终脱木素阶段的蒸煮液抽出，大幅降低蒸煮液中固形物浓度的蒸煮技术，该技术可最大限度地降低大量脱木素阶段蒸煮液中的有机物。紧凑蒸煮技术是在大量脱木素阶段，通过增加氢氧根离子和硫氢根离子浓度，提高硫酸盐蒸煮的选择性，并提高该阶段的木素脱除率，从而减少慢速反应阶段的残余木素量。主要设备为立式连续蒸煮器（蒸煮塔），与传统立工连续蒸煮相比，该技术具有蒸煮温度低、电耗低、纸浆得率高、卡伯值低及可漂性好等特点。该技术与后续氧脱木素技术结合，可使送漂白工段的针叶木浆卡伯值降低 10～14，阔叶木浆或竹浆卡伯值降低 6～10。该技术主要适用于化学木（竹）浆生产企业。

5.1.4 改良型间歇蒸煮技术

通过置换和黑液再循环的方式深度脱木素，主要设备为立式蒸煮锅及不同温度的白液槽和黑液槽。该技术可降低纸浆卡伯值而不影响纸浆性能，与传统间歇蒸煮相比，该技术可有效降低蒸煮能耗，降低蒸汽消耗峰值。

5.1.5 横管式连续蒸煮技术

主要设备为横管式连续蒸煮器，采用该技术较传统的间歇蒸煮技术粗浆得率提高 4% 左右，还具有工艺稳定、自动化程度高及运行费用低等优点。该技术主要适用于化学非木（竹）浆生产企业。

5.1.6 纸浆高效洗涤技术

通过挤压、扩散及置换等作用，以最少量的水最大限度地去除粗浆中溶解性有机物和可溶性无机物。传统真空洗浆机洗涤损失约为 5～10kg COD_{Cr}/t 风干浆，出浆浓度 10%～15%，吨浆带走的液体量 5.7～9.0t，而由压榨洗浆机组成的洗浆系统，洗涤损失约为 5kg COD_{Cr}/t 风干浆，出浆浓度 25%～35%，吨浆带走的液体量为 1.9～3.0t。在相同的稀释因子条件下，采用压榨洗浆机较采用真空洗浆机耗水量可减少 3～5t/t 风干浆。另外也可通过在传统的真空洗浆机等洗浆设备前增加挤浆工序，通过机械挤压的作用，以很小的稀因子，实现废液中固形物和纤维的分离。

5.1.7 封闭筛选技术

用水完全封闭的粗浆筛选系统，主要设备为压力筛。通常是组合在粗浆洗涤系统中，使用洗浆机滤液作为系统稀释用水，多级多段对纸浆进行筛选，筛选后的滤液最终进入碱回收系统。筛选系统一般采用两级多段模式，通常一级除节采用孔筛，二级筛选采用缝筛。筛选长纤维时通常采用 0.25～0.3mm 缝筛，短纤维时通常采用 0.15～0.25mm 缝筛。封闭筛选可以实现洗涤水完全封闭，筛选系统无清水加入，除浆渣等带走水分外，无废水排放。

5.1.8 氧脱木素技术

在蒸煮后，为保持纸浆强度而选择性脱除木素的一种工艺。该技术通常采用一段或两段氧脱木素，在氧脱木素过程中，氧气、烧碱（或氧化白液）和硫酸镁与纸浆在反应器中混合。一般采用中浓氧脱木素，残余木素脱除率可达 40%～60%。氧脱木素产生的废液可逆流到粗浆洗涤段，然后进入碱回收工段。该过程可减少漂白工段化学品用量，漂白工段 COD 产生负荷可减少约 50%。

5.1.9 无元素氯（ECF）漂白技术

以二氧化氯（ClO_2）替代元素氯（氯气和次氯酸盐）作为漂白剂的技术。采用该技术，可有效降低漂白工段废水中二噁英及可吸附有机卤素

（AOX）的产生。

5.1.10 黑液碱回收技术

制浆洗涤工段送来的黑液经多效蒸发浓缩后，送碱回收炉燃烧，回收热能，而后进行苛化分离，最终回收碱送蒸煮工段循环使用的技术。

化学法木（竹）制浆黑液固形物初始浓度通常为 $14\%\sim18\%$，多效蒸发后黑液固形物浓度可达 $50\%\sim65\%$。通过安装超级浓缩器或结晶蒸发器，黑液固形物浓度可达 $65\%\sim80\%$，蒸汽产量增加 $7\%\sim9\%$，碱回收炉烟气中硫排放可降至 $0.1\sim0.3kg/t$ 风干浆。对于化学法非木（竹）制浆黑液固形物初始浓度通常为 $9\%\sim11\%$，多效蒸发后可达 $42\%\sim45\%$，采用圆盘蒸发器蒸发后可达 $48\%\sim50\%$。

5.1.11 废液综合利用技术

铵盐基亚硫酸盐法非木材制浆废液经提取（固形物浓度约 $10\%\sim15\%$）和蒸发后（固形物浓度约 $40\%\sim48\%$），通过热风炉喷浆造料制造复合肥的技术。

化学法制浆污染预防技术参数见附表 1-1。

附表 1-1　化学法制浆污染预防技术参数

序号	工序	技术名称	技术参数
1	备料	干法剥皮	剥净度 $95\%\sim98\%$；损失率 $<5\%$
2		干湿法备料	除杂率 15% 左右
3	蒸煮	新型立式连续蒸煮	蒸煮温度 $140\sim160℃$；蒸汽消耗 $0.5\sim1.0t/t$ 风干浆；粗浆得率 $50\%\sim54\%$；卡伯值针叶木 $20\sim28$，阔叶木 $14\sim18$
4		改良型间歇蒸煮	蒸煮温度 $150\sim170℃$；蒸汽消耗 $0.5\sim0.8t/t$ 风干浆；粗浆得率 $50\%\sim54\%$；卡伯值，针叶木 $20\sim25$，阔叶木 $14\sim16$
5		横管式连续蒸煮	蒸煮温度 $165\sim175℃$；蒸汽消耗 $2.0\sim2.5t/t$ 风干浆；粗浆得率 $45\%\sim52\%$
6	洗涤	纸浆高效洗涤	进浆浓度，低浓 $3\%\sim5\%$，中浓 $6\%\sim10\%$；出浆浓度 $25\%\sim35\%$；洗涤效率，木浆 $95\%\sim98\%$、竹浆 $89\%\sim92\%$、非木（竹）浆 $83\%\sim88\%$
7	筛选	全封闭压力筛选	压力差 $50kPa$；进浆浓度，木浆 3.5% 左右、竹浆 2.5% 左右、非木（竹）浆 $0.6\%\sim2\%$
8	氧脱木素	氧脱木素	浆浓 $10\%\sim15\%$；用碱量 $18\sim28kg/t$ 风干浆；用氧量 $14\sim28kg/t$ 风干浆；残余木素脱除率 $40\%\sim60\%$

续表

序号	工序	技术名称	技术参数
9	漂白	ECF漂白	二氧化氯消耗量15～30kg/t风干浆；厂内配套二氧化氯制备车间
10	碱回收	黑液碱回收	碱回收工段需配套蒸发、燃烧、苛化工序
11		高浓黑液蒸发及燃烧	蒸发后黑液固形物浓度50%～65%；超级浓缩器或结晶蒸发器后黑液固形物浓度65%～80%
12	废液处置	废液综合利用	厂内配套热风炉，用于喷浆造粒制造复合肥

5.2　化学机械法制浆

5.2.1　两段磨浆技术

在化学机械法制浆过程中，通常在第一段采用30%～40%的磨浆浓度，在第二段采用5%或更低的磨浆浓度，使更多的纤维束充分磨解。在化学预处理碱性过氧化氢机械浆（P-RC APMP）工艺的二段采用低浓磨浆，可使磨浆能耗降低120～200kW·h/t风干浆。

5.2.2　高效洗涤和流程控制技术

采用螺旋压榨机等高效洗涤设备，通过置换压榨等作用分离浆中的溶解性有机物，优化用水回路，提高纸浆的洁净度，降低后续漂白化学品消耗量；同时，通过改进洗涤工艺，可减少洗涤损失，降低洗涤用水量。采用该技术，废液提取率可达75%～80%，较传统的洗涤设备提高10%左右。

5.2.3　化学机械法制浆废液蒸发碱回收技术

化学机械法制浆废液除去悬浮物后，先经多效蒸发或机械式蒸汽再压缩技术（MVR）预蒸发，使其浓度达到15%左右，再经多效蒸发浓缩至65%以上送入碱回收炉燃烧的技术。为避免含硅废液导致蒸发器结垢，须使用不含硅的稳定剂代替硅酸钠。该技术尤其适用于同时生产化学浆和化学机械浆的企业，可减少新鲜水使用量5t/t风干浆左右，但蒸发工段浆增加蒸汽和电能消耗。另外，运行过程中可能产生蒸发工段易堵塞的问题。

化学机械法制浆各预防技术的技术参数见附表1-2。

附表1-2　化学机械法制浆各预防技术的技术参数

序号	工序	技术名称	技术参数
1	磨浆	两段磨浆	一段磨浆浓度30%～40%；二段磨浆浓度3%～4.5%；磨浆电耗800～1200kW·h/t风干浆
2	洗涤	螺旋压榨机组成的洗浆系统	进浆浓度3%～5%；出浆浓度20%～25%

序号	工序	技术名称	技术参数
3	碱回收	废液碱回收	废液初始浓度 1.5%～2.0%；预蒸发后浓度 15%；多效蒸发后浓度 65%

5.3　废纸制浆

5.3.1　废纸原料分选技术

将回收的废纸分类，根据生产产品要求选用质量过关、杂质较少的废纸原材料的过程。该技术可提高成品纸的质量，减少废纸加工过程污染物的产生量。

5.3.2　浮选脱墨技术

根据废纸和油墨等的特性，在高浓碎浆机中通过化学、机械摩擦等作用，降低油墨粒子对纤维的黏附力，再利用浮选原理将油墨粒子与纤维分离的过程。该技术可减少纤维流失，降低废水的污染负荷。

5.4　机制纸及纸板制造

5.4.1　宽压区压榨技术

由压脚顶着压辊形成压区（压区宽度达到 100～300mm），延长湿纸幅在压区内的受压时间，提高压榨线压至 500～2500kN/m。该技术的典型代表是靴型压榨和大辊径压榨。相比常规压榨，采用宽压区压榨技术后，干燥部可节约能耗 20%～30%，同时，脱水效率、车速显著提高。适用于生产包装纸、文化用纸、纸板等的中高速纸机。

5.4.2　烘缸封闭气罩技术

用封闭式烘缸气罩代替敞开式烘缸气罩。通过回收干燥纸页蒸发水蒸气中的热量和水分，提高送风温度，减少进、排风量，有效调节罩内气流，改善操作条件。该技术可降低干燥能耗及车间噪声，适用于中高速纸机。

5.4.3　袋式通风技术

在干燥部袋区安装袋式通风装置，将经回收热量、蒸汽加热的干燥热风均匀地送到纸幅周围，抵消蒸发阻力，使整修纸幅横向比较均匀，提高车速及蒸发能力。该技术可使纸机车速提高约 10%，干燥能力提高 10%～20%。适用于中高速纸机，一般与烘缸封闭气罩技术配套使用。

5.4.4　废气热回收技术

回收干燥部的热能，用于加热干燥部空气、循环水或喷淋用水，以及建筑通风采暖等。热回收系统通常分为干燥部排气-空气换热器、干燥部排气-水换热器。气-气换热器主要用于加热风罩供风和机房通风空气；气-水换热器主要用于加热循环水和工艺用水。为避免堵塞,热交换器通常配套清洗装置。该技术一般与烘缸封闭气罩技术配套使用。

5.4.5　纸机白水回收及纤维利用技术

对成型、压榨部白水,直接或通过处理后回收利用。其中,浓白水可用于上浆系统浆的稀释,或用于打浆工段;稀白水可通过多圆盘回收机、圆网浓缩机、沉淀塔或气浮装置等处理后作为纸机网部、压榨部清洗水或生产工艺补充水等;其余可回用于制浆车间或其他造纸车间、密封水补水等。回收的纤维直接进配浆系统。该技术可减少清水用量,降低废水产生量,提高原料利用率。

5.4.6　涂料回收利用技术

采用超滤等技术截留涂布废水中的涂料、黏合剂等大分子物质,将其回收利用。该技术可减少清水用量,降低废水的污染负荷,避免黏合剂、防腐剂等物质对污水处理厂运行造成影响。

6　污染治理技术

6.1　废水污染治理技术

6.1.1　一级处理

a)过滤。废水经过格栅和滤筛,去除其中悬浮物的过程。应设置粗格栅,当不设置纤维回收间时应设置细格栅;设置纤维回收间时应安装滤筛,截留的纤维可回用于生产。

b)沉淀。由于重力作用,密度比废水大的悬浮物通过自然沉降,从废水中分离的过程。常见构筑物为沉淀池。污泥脱水处理后,通常可焚烧或填埋处置。

c)混凝。通过投加混凝剂、助凝剂,废水中的悬浮物、胶体生成絮状体,从废水中分离的过程。主要包括混凝沉淀、混凝气浮技术。

一级处理技术主要工艺参数见附表1-3。

附表1-3　一级处理技术主要工艺参数

序号	名称	技术参数	污染物去除效率
1	过滤	粗格栅栅缝10~20mm。无纤维回收,采用细格栅,栅缝2~5mm。有纤维回收,采用细格栅,栅缝0.2~0.25mm;采用筛网60~100目,过水能力10~15m³/(m²·h)	COD_{Cr}:15%~30% COD_5:5%~10% SS:40%~60%
2	沉淀	初沉池表面负荷0.8~1.2m³/(m²·h);水力停留时间2.5~4.0h	COD_{Cr}:15%~30% COD_5:5%~20% SS:40%~55%

续表

序号	名称	技术参数	污染物去除效率
3	混凝	采用混凝沉淀池,混合区速度梯度(G)值300～600s^{-1};混合时间30～120s;反应区 G 值30～60s^{-1},反应时间5～20min;分离区表面负荷1.0～1.5$m^3/(m^2 \cdot h)$,水力停留时间2.0～3.5h	COD_{Cr}:55%～75% COD_5:25%～40% SS:80%～90%
		采用混凝气浮池,汽水接触时间30～100s;表面负荷5～8$m^3/(m^2 \cdot h)$;水力停留时间20～35min	COD_{Cr}:30%～50% COD_5:25%～40% SS:70%～85%

6.1.2 二级处理

a）厌氧技术。指在无氧条件下通过厌氧微生物的作用,将废水中有机物分解为甲烷和二氧化碳的过程。主要技术包括水解酸化、升流式厌氧污泥床（UASB）、厌氧氧膨胀颗粒污泥床（EGSB）及内循环升流式厌氧反应器,其中水解酸化技术是将厌氧生物反应控制在水解和酸化阶段,一般要求进水 COD_{Cr} 浓度＜1500mg/L,其余厌氧处理技术一般要求进水 COD_{Cr} 浓度＞1500mg/L。厌氧进水 COD:N:P宜为（100～500）:5:1,出水需进一步采用好氧生化处理。厌氧技术主要工艺参数见附表1-4。

附表1-4 厌氧技术主要工艺参数

序号	名称	技术参数	污染物去除效率
1	水解酸化	pH 5.0～9.0; 容积负荷4～8kg$COD_{Cr}/(m^3 \cdot d)$; 水力停留时间3～8h	COD_{Cr}:10%～30% COD_5:10%～20% SS:30%～40%
2	UASB	污泥浓度10～20g/L; 容积负荷5～8kg$COD_{Cr}/(m^3 \cdot d)$; 水力停留时间12～20h	COD_{Cr}:50%～60% COD_5:60%～80% SS:50%～70%
3	EGSB(或内循环升流式厌氧反应器)	污泥浓度20～40g/L; 容积负荷10～25kg$COD_{Cr}/(m^3 \cdot d)$; 水力停留时间6～12h	COD_{Cr}:50%～60% COD_5:60%～80% SS:50%～70%

b）好氧技术。指在有氧条件下,活性污泥吸附、吸收、氧化、降解废水中的有机污染物,一部分转化为无机物并提供微生物生长所需能源,另一部分转化为污泥,污泥通过沉降分离,使废水得到净化。好氧技术主要可分为活性污泥法及生物膜法,制浆造纸废水处理主要采用活性污泥法,其中包括完全混合活性污泥法、氧化沟、厌氧/好氧（A/O）工艺、序批式活性污泥（SBR）法等。好氧技术主要工艺参数见附表1-5。

附表 1-5　好氧技术主要工艺参数

序号	名称	技术参数	污染物去除效率
1	完全混合活性污泥法	污泥浓度 2.5~6.0g/L； 污泥负荷 0.15~0.4kgCOD_{Cr}/kgMLSS； 水力停留时间 15~30h	COD_{Cr}:60%~80% COD_5:80%~90% SS:70%~85%
2	氧化沟	污泥浓度 3.0~6.0g/L； 污泥负荷 0.1~0.3kgCOD_{Cr}/kgMLSS； 水力停留时间 18~32h	COD_{Cr}:70%~90% COD_5:70%~90% SS:70%~80%
3	A/O	污泥浓度 2.5~6.0g/L； 污泥负荷 0.15~0.3kgCOD_{Cr}/kgMLSS； 水力停留时间 15~32h	COD_{Cr}:75%~85% COD_5:70%~90% SS:40%~80%
4	SBR	污泥浓度 3.0~5.0g/L； 污泥负荷 0.15~0.4kgCOD_{Cr}/kgMLSS； 水力停留时间 8~20h	COD_{Cr}:75%~85% COD_5:70%~90% SS:70%~80%

6.1.3　三级处理

三级处理主要包括混凝沉淀或气浮、高级氧化技术。高级氧化技术是通过加入氧化剂，对废水中的有机物进行氧化处理的方法，一般包括 pH 值调节、氧化、中和、分离等过程，目前多采用硫酸亚铁-双氧水催化氧化（Fenton 氧化），氧化剂的投加比例需根据废水水质适当调整，反应 pH 值一般为 3~4，氧化反应时间一般为 30~40min，COD_{Cr} 去除效率为 70%~90%。

6.2　废气污染治理技术

6.2.1　工艺过程臭气治理技术

硫酸盐法化学浆生产过程中，蒸煮、碱回收蒸发工段及污冷凝水汽提等排出的高浓臭气，洗浆机、塔、槽、反应器及容器等排出的低浓臭气，可通过管道收集后进入碱回收炉、石灰窑、专用火炬或专用焚烧炉焚烧处置。各技术特点见附表 1-6。

附表 1-6　工艺过程臭气治理技术特点

序号	治理技术	技术原理及特点
1	在碱回收炉中焚烧	高浓臭气通常通过碱回收炉中的燃烧系统直接焚烧,低浓臭气通过引风机输送到碱回收炉中作为二次风或三次风焚烧
2	在石灰窑中焚烧	工艺过程臭气可引入石灰窑焚烧处置
3	在专用火炬焚烧	在臭气放空管道头部安装火炬燃烧器,具有结构及操作简单,臭气去除效率高等特点,但会消耗液化气或柴油燃料,一般可用于事故状态下的臭气应急处置
4	在臭气专用焚烧炉焚烧	高浓臭气经收集后采用专用焚烧炉焚烧,高温烟气可经余热锅炉回收热量,最终洗涤后排空

6.2.2　碱回收炉烟尘治理

通常采用电除尘，除尘效率可达99%以上，具有除尘效率高、处理烟气量大、使用寿命长及维修费用低等优点。

6.2.3　石灰空废气治理

a）烟尘治理。通常采用电除尘，除尘效率可达99%以上。

b）总还原性硫化物（TRS）控制。使用压力过滤机对白泥进行洗涤和过滤后，能够有效降低白泥中硫化钠的含量，减少白泥煅烧过程中石灰窑 TRS 排放，也可使石灰窑运行更加稳定。

6.2.4　焚烧炉废气治理

焚烧炉废气污染物主要包括烟尘、二氧化硫、氮氧化物及二噁英。烟尘治理技术主要为袋式除尘，二氧化硫治理主要包括石灰石/石灰-石膏湿法脱硫及喷雾干燥法，氮氧化物治理主要为选择性非催化还原法（SNCR），二噁英采取过程控制及末端活性炭吸附的措施，主要技术参数见附表1-7。

附表 1-7　焚烧炉废气治理技术参数

序号	名称	技术原理	污染物去除效率	技术特点
1	袋式除尘	利用纤维织物的拦截、惯性、扩散、重力、静电等协同作用对含尘气体进行过滤	除尘效率：99.50%～99.99%	适用范围广、占地面积小、控制系统简单、达标稳定性高
2	石灰石/石灰-石膏湿法脱硫	以含石灰石粉、生石灰或消石灰的浆液为吸收剂，吸收烟气中的二氧化硫	脱硫效率：95%以上	对负荷变化具有较强适应性
3	喷雾干燥法脱硫	吸收剂喷入吸收塔后将二氧化硫吸收，同时吸收剂雾滴中的水分被烟气热量蒸发	脱硫效率：90%以上	投资费用低、低水耗、低电耗、净化后的烟气不会对尾部烟道及烟囱产生腐蚀
4	SNCR 脱硝	在不使用催化剂的情况下，在炉膛烟气温度适宜处喷入含氨基的还原剂，与炉内 NO_x 反应	脱硝效率：30%～40%	不需要催化剂和催化反应器，占地面积较小，建设周期短
5	二噁英综合治理技术	在布袋除尘器前喷入粉状活性炭，通过活性炭吸附作用去除二噁英，焚烧炉膛内焚烧温度等参数必须满足 GB 18484 或 GB 18485 要求	—	污染物排放满足 GB 18484 或 GB 18485 要求

6.2.5　厌氧沼气治理

沼气是废水厌氧处理过程中的副产物，通过厌氧反应器上部的气液分离器及管道将沼气送往脱硫装置脱硫后作为锅炉燃料或用于发电；沼气产生量较少时可采用火炬直接燃烧处理。

6.3 固体废物污染治理技术

6.3.1 资源化利用技术

a) 制浆造纸生产过程中产生的热值较高的废渣，如备料废渣、浆渣及污水处理厂污泥等，可直接或通过干化处理后送入锅炉或焚烧炉燃烧。

b) 非木浆尤其是草浆生产过程中产生的备料废渣可还田。

c) 筛选净化分离的可利用浆渣及污水处理厂细格栅截留的细小纤维经处理后，可厂内回用或用于配抄低价值纸板、纸浆模塑产品。

d) 化学木浆生产过程产生的白泥经过石灰窑煅烧生产石灰，回用于碱回收苛化工段。化学非木浆或化学机械浆生产过程产生白泥可作为生产轻质碳酸钙的原料或作为脱硫剂。

e) 废纸浆生产过程中，原材料中的塑料、金属等固体废物，机制纸及纸板生产过程中产生的废聚酯网，均可回收实现资源化利用。

6.3.2 填埋技术

制浆造纸企业碱回收工段产生的绿泥、白泥，污水处理厂污泥等经过脱水处理后，可进行填埋处置，在厂内暂存及填埋处置应符合 GB 18599 的要求。

6.3.3 危险废物安全处置技术

脱墨渣属于《国家危险废物名录》所列危险废物，危险废物的贮存应符合 GB 18597 的要求，焚烧处置时应符合 GB 18484 的要求。

6.4 噪声污染治理技术

制浆造纸企业主要的降噪措施包括：由振动、摩擦和撞击等引起的机械噪声，通常采取减振、隔声措施，如对设备加装减振垫、隔声罩等，也可将某些设备传动的硬件连接改为软件连接；车间内可采取吸声和隔声等降噪措施；对于空气动力性噪声，通常采取安装消声器的措施。

7 污染防治可行技术

7.1 废水污染防治可行技术

7.1.1 化学法制浆

化学木（竹）浆生产企业废水一级处理一般采用混凝沉淀，二级处理采用活性污泥法，通常可选择完全混合活性污泥法、氧化沟或 A/O 处理工艺，三级处理采用 Fenton 氧化、混凝沉淀或气浮。化学木浆生产企业废水污染防治可行技术见附表 1-8。化学竹浆生产企业废水污染防治可行技术见附表 1-9。

223

附表 1-8　化学木浆生产企业废水污染防治可行技术

可行技术	预防技术	治理技术	污染物排放水平/(mg/L)			
			COD_{Cr}	BOD_5	SS	氨氮
可行技术 1	①干法剥皮＋②新型立式连续蒸煮（或改良型间歇蒸煮）＋③纸浆高效洗涤＋④全封闭压力筛选＋⑤氧脱木素＋⑥ECF 漂白＋⑦碱回收（配套超级浓缩或结晶蒸发器）	①一级（混凝沉淀）＋②二级（活性污泥法）＋③三级（Fenton 氧化）	≤60	≤20	≤30	≤5
可行技术 2		①一级（混凝沉淀）＋②二级（活性污泥法）＋③三级（混凝沉淀）	≤90	≤20	≤30	≤8
可行技术 3	①干法剥皮＋②连续蒸煮（或间歇蒸煮）＋③压力洗浆机（或真空洗浆机）＋④全封闭压力筛选（或压力筛选）＋⑤氧脱木素＋⑥ECF 漂白＋⑦碱回收	①一级（混凝沉淀）＋②二级（活性污泥法）＋③三级（混凝沉淀或气浮）	≤90	≤20	≤30	≤8

注：1. 干法剥皮仅限于厂内有原木剥皮操作的企业。
　　2. 表中"＋"代表废水处理技术的组合。

附表 1-9　化学竹浆生产企业废水污染防治可行技术

可行技术	预防技术	治理技术	污染物排放水平/(mg/L)			
			COD_{Cr}	BOD_5	SS	氨氮
可行技术 1	①干法备料＋②新型立式连续蒸煮（或改良型间歇蒸煮）＋③纸浆高效洗涤（或真空洗浆机）＋④全封闭压力筛选＋⑤氧脱木素＋⑥ECF 漂白＋⑦碱回收	①一级（混凝沉淀）＋②二级（活性污泥法）＋③三级（混凝沉淀）	≤90	≤20	≤30	≤8
可行技术 2	①干法备料＋②间歇蒸煮＋③压力洗浆机（或真空洗浆机）＋④全封闭压力筛选（或压力筛选）＋⑤氧脱木素＋⑥ECF 漂白＋⑦碱回收	①一级（混凝沉淀）＋②二级（活性污泥法）＋③三级（Fenton 氧化）	≤90	≤20	≤30	≤8
可行技术 3		①一级（混凝沉淀）＋②二级（活性污泥法）＋③三级（混凝沉淀或气浮）	≤90	≤20	≤30	≤8

注：表中"＋"代表废水处理技术的组合。

　　化学蔗渣浆生产企业备料工段废水经过预处理后进入厌氧处理单元；制浆废水经一级混凝沉淀处理后，与处理后的备料工段废水混合进入二级活性污泥法处理单元，通常可选择氧化沟处理工艺，三级处理一般采用 Fenton 氧化。化学蔗渣浆生产企业废水污染防治可行技术见附表 1-10。

附表 1-10　化学蔗渣浆生产企业废水污染防治可行技术

可行技术	预防技术	治理技术	污染物排放水平/(mg/L)			
			COD$_{Cr}$	BOD$_5$	SS	氨氮
可行技术 1	①湿法堆存＋②横管式连续蒸煮＋③纸浆高效洗涤（或真空洗浆机）＋④全封闭压力筛选＋⑤氧脱木素＋⑥ECF漂白＋⑦碱回收	①一级（混凝沉淀）＋②二级（厌氧＋活性污泥法）＋③三级（Fenton 氧化）	≤90	≤20	≤30	≤8
可行技术 2	①湿法堆存＋②横管式连续蒸煮＋③真空洗浆机＋④全封闭压力筛选＋⑤ECF漂白＋⑥碱回收		≤90	≤20	≤30	≤8

注：表中"＋"代表废水处理技术的组合。

化学麦草、芦苇浆生产企业废水一级处理一般极和混凝沉淀，二级处理采用厌氧处理后，进入活性污泥法处理单元，对铵盐基亚硫酸盐法制浆而言，宜选择 A/O 处理工艺，对于碱法制浆而言，通常可选择完全混合活性污泥法或氧化沟处理工艺，三级处理一般采用混凝沉淀或 Fenton 氧化。化学麦草及芦苇浆生产企业废水污染防治可行技术见附表 1-11。

附表 1-11　化学麦草及芦苇浆生产企业废水污染防治可行技术

可行技术	预防技术	治理技术	污染物排放水平/(mg/L)			
			COD$_{Cr}$	BOD$_5$	SS	氨氮
可行技术 1	①干湿法备料＋②连续蒸煮＋③纸浆高效洗涤＋④全封闭压力筛选＋⑤氧脱木素＋⑥废液综合利用	①一级（混凝沉淀）＋②二级（厌氧＋活性污泥法）＋③三级（Fenton 氧化）	≤90	≤20	≤30	≤8
可行技术 2	①干湿法备料＋②横管式连续蒸煮＋③纸浆高效洗涤（或真空洗浆机）＋④全封闭压力筛选＋⑤氧脱木素＋⑥ECF漂白＋⑦碱回收	①一级（混凝沉淀）＋②二级（厌氧＋活性污泥法）＋③三级（混凝沉淀）	≤90	≤20	≤30	≤8
可行技术 3	①干湿法备料＋②间歇蒸煮＋③真空洗浆机＋④全封闭压力筛选（或压力筛选）＋⑤ECF漂白＋⑥碱回收	①一级（混凝沉淀）＋②二级（厌氧＋活性污泥法）＋③三级（Fenton 氧化）	≤90	≤20	≤30	≤8

注：1.可行技术 1 为铵盐基亚硫酸盐法制浆废水污染防治可行技术。

2.可行技术 2、可行技术 3 为碱法制浆废水污染防治可行技术。

3.表中"＋"代表废水处理技术的组合。

7.1.2 化学机械法制浆

化学机械法制浆生产企业废水一级处理一般采用混凝沉淀，制浆废液采用碱回收处置的企业，废水二级处理可采用单独的好氧处理单元；制浆废液进入污水处理系统处理，二级处理采用厌氧与好氧处理相结合的方式，好氧处理单元通常可选择完全混合性污泥法、氧化沟或 SBR 处理工艺，三级处理采用 Fenton 氧化、混凝沉淀或气浮。化学机械法制浆生产企业废水污染防治可行技术见附表 1-12。

附表 1-12　化学机械法制浆生产企业废水污染防治可行技术

可行技术	预防技术	治理技术	污染物排放水平/(mg/L)			
			COD_{Cr}	BOD_5	SS	氨氮
可行技术 1	①干法剥皮＋②两段磨浆＋③过氧化氢漂白＋④螺旋挤浆机＋⑤全封闭压力筛选(或压力筛选)＋⑥碱回收	①一级(混凝沉淀)＋②二级(活性污泥法)＋③三级(Fenton 氧化)	≤60	≤20	≤30	≤5
可行技术 2		①一级(混凝沉淀)＋②二级(厌氧＋活性污泥法)＋③三级(混凝沉淀或气浮)	≤90	≤20	≤30	≤8
可行技术 3	①干法剥皮＋②一段(或两段)磨浆＋③过氧化氢漂白＋④螺旋挤浆机(或真空洗浆机、带式洗浆机)＋⑤全封闭压力筛选(或压力筛选)	①一级(混凝沉淀)＋②二级(厌氧＋活性污泥法)＋③三级(Fenton 氧化)	≤90	≤20	≤30	≤8
可行技术 4		①一级(混凝沉淀)＋②二级(厌氧＋活性污泥法)＋③三级(混凝沉淀或气浮)	≤90	≤20	≤30	≤8

注：表中"＋"代表废水处理技术的组合。

7.1.3 废纸制浆

废纸制浆生产企业废水回收纤维后，一级处理一般采用混凝沉淀或气浮，二级处理采用厌氧与好氧处理相结合的方式，好氧处理单元通常可选择完全混合活性污泥法或 A/O 处理工艺，三级处理采用 Fenton 氧化、混凝沉淀或气浮。废纸制浆生产企业废水污染防治可行技术见附表 1-13。

7.1.4 机制纸及纸板

机制纸及纸板生产废水回收纤维后，一级处理一般采用混凝沉淀或气浮，二级处理采用单独的活性污泥法好氧处理单元，通常可选择完全混合活性污染法或 A/O 处理工艺，企业根据需要选择三级处理工序，一般采用混凝沉淀或气浮。机制纸及纸板生产企业废水污染防治可行技术见附表 1-14。

附表 1-13　废纸制浆生产企业废水污染防治可行技术

可行技术	预防技术	治理技术	污染物排放水平/(mg/L)			
			COD$_{Cr}$	BOD$_5$	SS	氨氮
可行技术 1	①原料分选＋②浮选脱墨	①一级（混凝沉淀或气浮）＋②二级（厌氧＋活性污泥法）＋③三级（Fenton 氧化）	≤60	≤10	≤10	≤5
可行技术 2		①一级（混凝沉淀或气浮）＋②二级（厌氧＋活性污泥法）＋③三级（混凝沉淀或气浮）	≤90	≤20	≤30	≤8
可行技术 3	①原料分选	①一级（混凝沉淀或气浮）＋②二级（厌氧＋活性污泥法）＋③三级（Fenton 氧化）	≤60	≤10	≤10	≤5
可行技术 4		①一级（混凝沉淀或气浮）＋②二级（厌氧＋活性污泥法）＋③三级（混凝沉淀或气浮）	≤90	≤20	≤30	≤8

注：表中"＋"代表废水处理技术的组合。

附表 1-14　机制纸及纸板生产企业废水污染防治可行技术

可行技术	预防技术	治理技术	污染物排放水平/(mg/L)			
			COD$_{Cr}$	BOD$_5$	SS	氨氮
可行技术 1	①宽压区压榨＋②烘缸封闭气罩＋③袋式通风＋④废气热回收＋⑤纸机白水回收及纤维利用＋⑥涂料回收利用	①一级（混凝沉淀或气浮）＋②二级（活性污染法）＋③三级（混凝沉淀或气浮）	≤80	≤20	≤30	≤8
可行技术 2		①一级（混凝沉淀或气浮）＋②二级（活性污泥法）	≤80	≤20	≤30	≤8
可行技术 3	①宽压区压榨＋②烘缸封闭气罩＋③袋式通风＋④废气热回收＋⑤纸机白水回收及纤维利用	①一级（混凝沉淀或气浮）＋②二级（活性污泥法）＋③三级（混凝沉淀或气浮）	≤50	≤10	≤10	≤5
可行技术 4		①一级（混凝沉淀或气浮）＋②二级（活性污泥法）	≤80	≤20	≤30	≤8
可行技术 5	①纸机白水回收及纤维利用	①一级（混凝沉淀或气浮）＋②二级（活性污泥法）＋③三级（混凝沉淀或气浮）	≤50	≤10	≤10	≤5
可行技术 6		①一级（混凝沉淀或气浮）＋②二级（活性污泥法）	≤80	≤20	≤30	≤8

注：表中"＋"代表废水处理技术的组合。

7.2　废气污染防治可行技术

废气污染防治可行技术见附表 1-15。

附表 1-15　废气污染防治可行技术

序号	废气污染源		可行技术	技术适用性
1	工艺过程臭气		在碱回收炉中焚烧	适用于硫酸盐法化学制浆企业
			在石灰窑中焚烧	适用于硫酸盐法化学木浆企业
			火炬燃烧	适用于硫酸盐法化学制浆企业
			臭气专用焚烧炉	适用于硫酸盐法化学制浆企业
2	碱回收炉废气	烟尘	电除尘	适用于制浆企业
3	石灰窑废气	烟尘	电除尘	适用于硫酸盐法化学木浆企业
		TRS	白泥洗涤及过滤	
4	焚烧炉废气	烟尘	袋式除尘	适用于制浆造纸企业
		二氧化硫	石灰石/石灰-石膏湿法脱硫	
			喷雾干燥法脱硫	
		氮氧化物	SNCR 脱硝	
		二噁英	过程控制、活性炭吸附	
5	厌氧沼气		锅炉燃烧或用于发电	适用于废水采用厌氧处理的制浆造纸企业
			火炬燃烧	

7.3 固体废物污染防治可行技术

固体废物污染防治可行技术见附表 1-16。

附表 1-16　固体废物污染防治可行技术

序号	固体废物		可行技术	技术适用性
1	备料废渣（树皮、木屑、草屑等）		焚烧	适用于木材及非木材制浆企业
			堆肥	
2	废纸浆原料中的废渣		回收利用	适用于废纸制浆企业
3	浆渣		造纸原料	适用于制浆造纸企业
			焚烧	
4	碱回收工段废渣	白泥	煅烧石灰回用	适用于硫酸盐法化学木浆企业
			生产碳酸钙	适用于碱法非木材制浆及化学机械法制浆企业
			作为脱硫剂	
			填埋	
		绿泥	填埋	适用于制浆企业
			焚烧	适用于硫酸盐法化学木浆及化学机械法制浆企业
		石灰渣	填埋	适用于制浆企业
			焚烧	适用于硫酸盐法化学木浆及化学机械法制浆企业

续表

序号	固体废物	可行技术	技术适用性
5	脱墨渣	焚烧	适用于废纸制浆企业
		安全处置	
6	污水处理厂污染	焚烧	适用于制浆造纸企业
		填埋	适用于制浆造纸企业
7	废聚酯网	回收利用	适用于机制纸及纸板生产企业

7.4 噪声污染防治可行技术

噪声污染防治可行技术见附表1-17。

附表 1-17 噪声污染防治可行技术

序号	噪声源	可行技术	降噪水平
1	设备噪声	厂房隔声	降噪量20dB(A)左右
		隔声罩	降噪量20dB(A)左右
		减振	降噪量10dB(A)左右
2	高压排汽噪声	消声器	消声量30dB(A)左右
3	风机噪声	消声器	消声量25dB(A)左右
4	泵类噪声	隔声罩	降噪量20dB(A)左右

附录 A

（资料性附录）

典型制浆造纸工艺过程及污染物产生节点

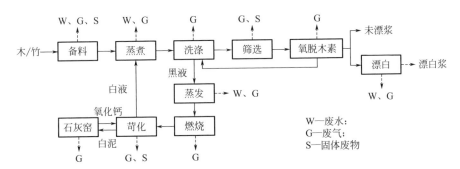

图 A.1 典型硫酸盐法化学木（竹）制浆工艺过程及污染物产生节点

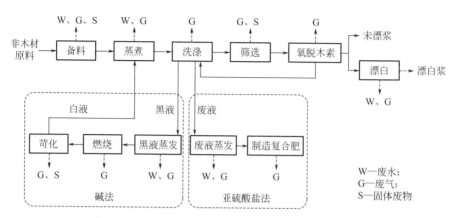

图 A.2 典型碱法或亚硫酸盐法非木材制浆工艺过程及污染物产生节点

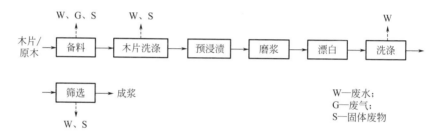

图 A.3 典型化学机械法制浆工艺过程及污染物产生节点

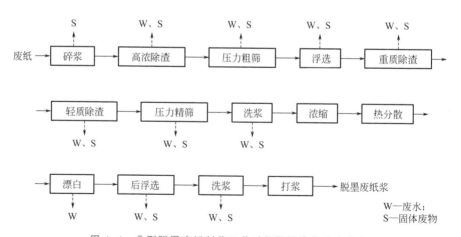

图 A.4 典型脱墨废纸制浆工艺过程及污染物产生节点

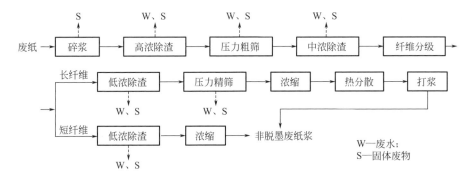

图 A.5　典型非脱墨废纸制浆工艺过程及污染物产生节点

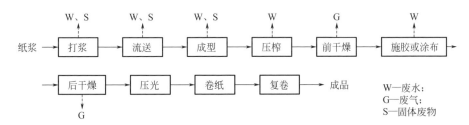

图 A.6　典型机制纸及纸板制造工艺过程及污染物产生节点

附录 2　制浆造纸单位产品能源消耗限额

（GB 31825—2015）

1　范围

本标准规定了主要的纸浆、机制纸和纸板主要生产系统单位产品能源消耗限额的技术要求、统计范围、计算方法和节能管理与措施。

本标准适用于以植物纤维为主要原料的纸浆、机制纸和纸板主要生产系统单位产品能源消耗的计算、考核，以及对新建及改扩建企业（装置）的能耗控制。本标准适用于附录 A 列出的制浆造纸产品。

2　规范性引用文件

下列文件对于本文件的应用是必不可少的。凡是注日期的引用文件，仅注日期的版本适用于本文件。凡是不注日期的引用文件，其最新版本（包括所有的修改单）适用于本文件。

GB/T 12723　单位产品能源消耗限额编制通则

GB 17167　用能单位能源计量器具配备和管理通则

GB/T 29454　制浆造纸企业能源计量器具配备和管理要求

3 术语和定义

GB/T 12723 界定的以及下列术语和定义适用于本文件。

3.1

纸浆主要生产系统（main production system of pulp）

纤维原料经计量从备料开始，经过化学、机械等方法制成纸浆或商品浆入库为止的有关工序组成的完整工艺过程和装备。

3.2

机制纸和纸板主要生产系统（main production system of machine-made paper and board）

纸浆或商品浆经计量从浆料制备开始，经纸机抄造成成品纸或纸板，直至入库为止的有关工序组成的完整工艺过程和装备。

3.3

辅助生产系统（auxiliary production system）

为主要生产系统配置的工艺过程、设施和设备。包括动力、机电、机修、供水、供气、采暖、制冷和厂内原料场地以及安全、环保等装置。

3.4

附属生产系统（ancillary production system）

为主要生产系统和辅助生产系统配置的生产指挥系统和厂区内为生产服务的部门和单位。包括办公室、操作室、中控室、休息室、更衣室、检验室等。

4 技术要求

4.1 现有制浆造纸主要生产系统单位产品能耗限定值

现有纸浆、机制纸和纸板主要生产系统单位产品能耗限定值应符合附表 2-1 的要求。

附表 2-1

产品分类			主要生产系统单位产品能耗限定值
纸浆	漂白化学木浆[①]	自用浆	≤280kgce/adt[②]
		商品浆	≤400kgce/adt
	未漂化学浆[①]	自用浆	≤220kgce/adt
		商品浆	≤340kgce/adt
	漂白化学非木浆（自用浆）[①]		≤400kgce/adt
	化学机械浆及机械浆（自用浆）		≤350kgce/adt
	脱墨废纸浆（自用浆）		≤210kgce/adt
	未脱墨废纸浆（自用浆）		≤90kgce/adt

续表

产品分类		主要生产系统单位产品能耗限定值
机制纸和纸板	新闻纸	≤320kgce/t
	非涂布印刷书写纸	≤450kgce/t
	涂布印刷纸	≤450kgce/t
	生活用纸　木浆	≤560kgce/t
	生活用纸　非木浆	≤600kgce/t
	包装用纸	≤460kgce/t
	白纸板	≤330kgce/t
	箱纸板	≤330kgce/t
	瓦楞原纸	≤315kgce/t
	涂布纸板	≤345kgce/t

① 包括碱回收系统。

② adt 指吨风干浆。

4.2　新建及改扩建制浆造纸主要生产系统单位产品能耗准入值

新建及改扩建制浆造纸主要生产系统单位产品能耗准入值应符合附表 2-2 的要求。

附表 2-2

产品分类		主要生产系统单位产品能耗准入值
纸浆	漂白化学木浆①　自用浆	≤240kgce/adt
	漂白化学木浆①　商品浆	≤360kgce/adt
	未漂化学浆①　自用浆	≤180kgce/adt
	未漂化学浆①　商品浆	≤300kgce/adt
	漂白化学非木浆(自用浆)①	≤310kgce/adt
	化学机械浆及机械浆(自用浆)	≤290kgce/adt
	脱墨废纸浆(自用浆)	≤175kgce/adt
	未脱墨废纸浆(自用浆)	≤75kgce/adt
机制纸和纸板	新闻纸	≤260kgce/t
	非涂布印刷书写纸	≤375kgce/t
	涂布印刷纸	≤375kgce/t
	生活用纸　木浆	≤490kgce/t
	生活用纸　非木浆	≤550kgce/t
	包装用纸	≤400kgce/t
	白纸板	≤275kgce/t
	箱纸板	≤275kgce/t
	瓦楞原纸	≤260kgce/t
	涂布纸板	≤290kgce/t

① 包括碱回收系统。

4.3 制浆造纸主要生产系统单位产品能耗先进值

制浆造纸主要生产系统单位产品能耗先进值应符合附表 2-3 的要求。

附表 2-3

产品分类			主要生产系统单位产品能耗先进值
纸浆	漂白化学木浆[①]	自用浆	≤200kgce/adt
		商品浆	≤320kgce/adt
	未漂化学浆[①]	自用浆	≤150kgce/adt
		商品浆	≤270kgce/adt
	漂白化学非木浆（自用浆）[①]		≤280kgce/adt
	化学机械浆及机械浆（自用浆）		≤235kgce/adt
	脱墨废纸浆（自用浆）		≤140kgce/adt
	未脱墨废纸浆（自用浆）		≤60kgce/adt
机制纸和纸板	新闻纸		≤210kgce/t
	非涂布印刷书写纸		≤300kgce/t
	涂布印刷纸		≤300kgce/t
	生活用纸	木浆	≤420kgce/t
		非木浆	≤460kgce/t
	包装用纸		≤320kgce/t
	白纸板		≤220kgce/t
	箱纸板		≤220kgce/t
	瓦楞原纸		≤210kgce/t
	涂布纸板		≤230kgce/t

① 包括碱回收系统。

5 能耗统计范围和计算方法

5.1 统计范围

5.1.1 制浆造纸主要生产系统单位产品能耗按照纸浆能耗、机制纸和纸板能耗分别进行统计和计算。统计周期内，生产系统应处于正常运行状态，生产试运行、系统维护及维修等非正常运行下的能耗不在统计范围。

5.1.2 能耗统计范围应包括纸浆、机制纸和纸板主要生产系统消耗的一次能源（原煤、原油、天然气等）、二次能源（电力、热力、石油制品等）和生产使用的耗能工质（水、压缩空气等）所消耗的能源，不包括辅助生产系统和附属生产系统消耗的能源。辅助生产系统、附属生产系统能源消耗量以及能源损耗量不计入主要生产系统单位产品能耗。

5.1.3 纸浆主要生产系统包括备料、除尘、化学法制浆或机械法制浆（如蒸煮、预处理、磨浆、废纸碎解等）、洗涤、净化、筛选、废纸脱墨、漂白、浓缩、辅料制备、黑液提取、碱回收系统、中段废水处理等。商品浆还包括浆板抄造和直接为浆板机配备的真空系统、压缩空气系统、热风干燥系统、通风系统、通汽和冷凝水回收系统、白水回收系统、供水系统、液压系统和润滑系统等。

5.1.4 机制纸和纸板主要生产系统包括打浆、配浆、调成、贮浆、流送、成型、压榨、干燥、表面施胶、整饰、卷纸、复卷、切纸、选纸、包装等过程，以及直接为造纸生产系统配备的辅料制备系统、涂料制备系统、真空系统、压缩空气系统、热风干燥系统、纸机通风系统、干湿损纸回收处理系统、纸机通汽和冷凝水回收系统、白水回收系统、纸机供水和高压供水系统、纸机液压系统和润滑系统等。

5.1.5 主要生产系统投入的各种能源及耗能工质消耗量应折算为标准煤计算。各种能源的热值应以企业在统计报告期内实测值为准。无实测值的，可参见附录 B 的折算系数进行折算。电力和热力均按相应能源当量值折算，系数参见附录 B。耗能工质能源等价值参见附录 C。

5.1.6 能耗的统计、计算应包括生产系统的各个生产环节，既不重复，又不漏计。企业主要生产系统回收的余热，属于节约循环利用，应按照实际回收的能量予以扣除，余热回收利用装置用能应计入能耗，辅助生产系统和附属生产系统回收的余热不予扣除。企业有碱回收系统时，碱回收装置用能计入纸浆主要生产系统，回收的能源（热、电）应按能源当量值折算，在纸浆主要生产系统能耗中扣除，避免重复计算。

5.2 计算方法

5.2.1 主要生产系统产品能耗按式（1）计算：

$$E = \sum_{i=1}^{n}(e_i \times p_i) \tag{1}$$

式中 E——产品能耗，千克标准煤（kgce）；

e_i——生产产品消耗的第 i 种能源实物量或耗能工质，吨（t）或千克（kg）或千瓦时（kW·h）或兆焦（MJ）或立方米（m³），其中热力的实物量应以蒸汽的压力、温度对应的热焓值乘以蒸汽的质量计算出热值，兆焦（MJ）；

p_i——第 i 种能源的折算系数，其中电力折算系数为 0.1229kgce/（kW·h），热力折算系数为 0.03412kgce/MJ；

n——消耗能源的种数。

5.2.2 单位产品能耗按式(2)计算：

$$e = \frac{E}{P} \tag{2}$$

式中　e——单位产品能耗，千克标准煤每吨风干浆（kgce/adt）或千克标准煤每吨（kgce/t）；

　　　　E——产品能耗，千克标准煤（kgce）；

　　　　P——合格品产量，吨风干浆（adt）或吨（t）。

6　节能管理与措施

6.1　节能基础管理

6.1.1　企业应根据 GB 17167 和 GB/T 29454 的要求配备能源计量器具，并建立能源计量管理制度。

6.1.2　企业应按要求建立健全能耗统计体系，建立能耗计算和考核结果的文件档案，并对文件进行受控管理。

6.1.3　企业应定期对生产中的主要生产系统能源消耗情况进行考核，并把考核指标分解落实到各基层单位，建立用能责任制度。

6.2　节能技术管理

6.2.1　推广高效节能的新技术、新工艺、新设备，推广"三废"综合利用技术。

6.2.2　大力推行节能燃烧技术和余热回收技术，最大限度地提高热效率。按照合理用能的原则，对各种热能科学使用，梯级利用。

6.2.3　在各生产工序中，应采取有效措施，保证生产系统正常、连续和稳定运行，实现高效、优质、低耗和清洁生产。

6.2.4　优化生产工艺，加强设备的检修、维护工作，提高设备的负荷率，使其长周期运行。

附录 A

（规范性附录）

适用于本标准的制浆造纸产品

A.1　通则

A.1.1　根据纤维原料和制浆方法不同，纸浆产品按照 A.2 分类进行单位产品能耗的核算。纸浆分为自用浆和商品浆，计量单位为吨风干浆（adt），水分按 10％计。自用浆是指未经干燥处理的、供企业内部使用的纸浆，商品浆是指经过干燥处理的浆板或浆包。

A.1.2　根据生产工艺和用途不同，机制纸和纸板产品按照 A.3 分类进行单位产品能源消耗的核算。

A.2　纸浆

A.2.1　漂白化学浆

按照纤维原料不同，分为漂白化学木浆、漂白化学非木（草、蔗渣、苇、竹等）浆等。

A.2.2　未漂化学浆

未经漂白的化学木浆、化学非木浆。半化学未漂木浆及非木浆按未漂化学浆执行。

A.2.3　化学机械浆及机械浆

包括化学热磨机械浆（CTMP）、漂白化学热磨机械浆（BCTMP）、碱性过氧化氢机械浆（APMP）以及温和预处理和盘磨化学处理的碱性过氧化氢机械浆（P-RC APMP）等化学机械浆及机械浆。

A.2.4　废纸浆

分为脱墨废纸浆和未脱墨废纸浆。

A.3　机制纸和纸板

A.3.1　新闻纸

以脱墨废纸浆为主要原料生产，不包括以机械浆为主要原料生产的新闻纸。

A.3.2　非涂布印刷书写纸

包括胶印书刊纸、书写纸、胶版印刷纸、复印纸、轻型印刷纸等印刷书写用纸。

A.3.3　涂布印刷纸

包括轻量涂布纸、涂布美术印刷纸（铜版纸）等经过涂布处理的印刷用纸。

A.3.4　生活用纸

包括卫生纸品，如卫生纸、纸巾纸、擦拭纸、厨房用纸等。能耗限额值按原料分为木浆和非木浆两类，混合浆执行非木浆类限额值。

A.3.5　包装用纸

包括纸袋纸、牛皮纸等，不包括薄型纸。

A.3.6　白纸板

包括未涂布的白纸板、白卡纸、纸杯原纸、液体包装纸板等。

A.3.7 箱纸板

包括牛皮箱纸板、挂面箱纸板等。

A.3.8 瓦楞原纸

用于制造瓦楞纸板的芯层用纸。

A.3.9 涂布纸板

包括经过涂布的纸板，如涂布白纸板、涂布白卡纸、涂布箱纸板等。

附录 B

（资料性附录）

常用能源品种折标准煤参考系数

表 B.1 给出了常用能源品种折标准煤参考系数。

表 B.1

能源名称	平均低位发热量	折标准煤系数
原煤	20908kJ/kg(5000kcal/kg)	0.7143kgce/kg
洗精煤	26344kJ/kg(6300kcal/kg)	0.900kgce/kg
原油	41816kJ/kg(10000kcal/kg)	1.4286kgce/kg
柴油	42652kJ/kg(10200kcal/kg)	1.4571kgce/kg
汽油	43070kJ/kg(10300kcal/kg)	1.4714kgce/kg
液化石油气	50179kJ/kg(12000kcal/kg)	1.7143kgce/kg
油田天然气	38931kJ/m³(9310kcal/m³)	1.3300tce/10³m³
电力（当量值）	3600kJ/kW·h[860kcal/(kW·h)]	0.1229kgce/(kW·h)
热力（当量值）	—	0.03412kgce/MJ

注：1. 蒸汽折标煤系数按热值计。

2. 本附录中折标煤系数如遇国家统计部门规定发生变化，能耗等级指标则应另行设定。

附录 C

（资料性附录）

耗能工质能源等价值

表 C.1 给出了常用耗能工质能源等价值。

表 C. 1

品种	单位耗能工质耗能量	折标准煤系数
新水	2.51MJ/t(600kcal/t)	0.0857kgce/t
软水	14.23MJ/t(3400kcal/t)	0.4587kgce/t
压缩空气	1.17MJ/m^3(280kcal/m^3)	0.0400kgce/m^3
二氧化碳气	6.28MJ/m^3(1500kcal/m^3)	0.2143kgce/m^3
氧气	11.72MJ/m^3(2800kcal/m^3)	0.4000kgce/m^3
乙炔	243.67MJ/m^3	8.3143kgce/m^3
电石	60.92MJ/kg	2.0786kgce/kg

附录 3 制浆造纸工业水污染物排放标准

(GB 3544—2008，代替 GB 3544—2001)

1 适用范围

本标准规定了制浆造纸企业或生产设施水污染物排放限值。

本标准适用于现有制浆造纸企业或生产设施的水污染物排放管理。

本标准适用于对制浆造纸工业建设项目的环境影响评价、环境保护设施设计、竣工环境保护验收及其投产后的水污染物排放管理。

本标准适用于法律允许的污染物排放行为。新设立污染源的选址和特殊保护区域内现有污染源的管理，按照《中华人民共和国大气污染防治法》《中华人民共和国水污染防治法》《中华人民共和国海洋环境保护法》《中华人民共和国固体废物污染环境防治法》《中华人民共和国放射性污染防治法》《中华人民共和国环境影响评价法》等法律、法规、规章的相关规定执行。

本标准规定的水污染物排放控制要求适用于企业向环境水体的排放行为。

企业向设置污水处理厂的城镇排水系统排放废水时，有毒污染物可吸附有机卤素（AOX）、二噁英在本标准规定的监控位置执行相应的排放限值；其他污染物的排放控制要求由企业与城镇污水处理厂根据其污水处理能力商定或执行相关标准，并报当地环境保护主管部门备案；城镇污水处理厂应保证排放污染物达到相关排放标准要求。

建设项目拟向设置污水处理厂的城镇排水系统排放废水时，由建设单位和城镇污水处理厂按前款的规定执行。

2 规范性引用文件

本标准内容引用了下列文件或其中的条款。

GB/T 6920—1986　　水质　pH 值的测定　玻璃电极法

GB/T 7478—1987　　水质　铵的测定　蒸馏和滴定法

GB/T 7479—1987　　水质　铵的测定　纳氏试剂比色法

GB/T 7481—1987　　水质　铵的测定　水杨酸分光光度法

GB/T 7488—1987　　水质　五日生化需氧量（BOD_5）的测定　稀释与接种法

GB/T 11893—1989　　水质　总磷的测定　钼酸铵分光光度法

GB/T 11894—1989　　水质　总氮的测定　碱性过硫酸钾消解紫外分光光度法

GB/T 11901—1989　　水质　悬浮物的测定　重量法

GB/T 11903—1989　　水质　色度的测定　稀释倍数法

GB/T 11914—1989　　水质　化学需氧量的测定　重铬酸盐法

GB/T 15959—1995　　水质　可吸附有机卤素（AOX）的测定　微库仑法

HJ/T 77—2001　　水质　多氯代二苯并二噁英和多氯代二苯并呋喃的测定　同位素稀释高分辨毛细管气相色谱/高分辨质谱法

HJ/T 83—2001　　水质　可吸附有机卤素（AOX）的测定　离子色谱法

HJ/T 195—2005　　水质　氨氮的测定　气相分子吸收光谱法

HJ/T 199—2005　　水质　总氮的测定　气相分子吸收光谱法

《污染源自动监控管理办法》（国家环境保护总局令第 28 号）

《环境监测管理办法》（国家环境保护总局令第 39 号）

3 术语和定义

下列术语和定义适用于本标准。

3.1 制浆造纸企业

指以植物（木材、其他植物）或废纸等为原料生产纸浆，及（或）以纸浆为原料生产纸张、纸板等产品的企业或生产设施。

3.2 现有企业

指本标准实施之日前已建成投产或环境影响评价文件已通过审批的制浆造纸企业。

3.3　新建企业

指本标准实施之日起环境影响文件通过审批的新建、改建和扩建制浆造纸建设项目。

3.4　制浆企业

指单纯进行制浆生产的企业，以及纸浆产量大于纸张产量，且销售纸浆量占总制浆量80％及以上的制浆造纸企业。

3.5　造纸企业

指单纯进行造纸生产的企业，以及自产纸浆量占纸浆总用量20％及以下的制浆造纸企业。

3.6　制浆和造纸联合生产企业

指除制浆企业和造纸企业以外、同时进行制浆和造纸生产的制浆造纸企业。

3.7　废纸制浆和造纸企业

指自产废纸浆量占纸浆总用量80％及以上的制浆造纸企业。

3.8　排水量

指生产设施或企业向企业法定边界以外排放的废水的量，包括与生产有直接或间接关系的各种外排废水（如厂区生活污水、冷却废水、厂区锅炉和电站排水等）。

3.9　单位产品基准排水量

指用于核定水污染物排放浓度而规定的生产单位纸浆、纸张（板）产品的废水排放量上限值。

4　水污染物排放控制要求

4.1　自2009年5月1日起至2011年6月30日现有制浆造纸企业执行附表3-1规定的水污染物排放限值。

附表3-1　现有企业水污染物排放限值

企业生产类型		制浆企业	制浆和造纸联合生产企业		造纸企业	污染物排放监控位置
			废纸制浆和造纸企业	其他制浆和造纸企业		
排放限值	1　pH值	6～9	6～9	6～9	6～9	企业废水总排放口
	2　色度(稀释倍数)	80	50	50	50	企业废水总排放口
	3　悬浮物/(mg/L)	70	50	50	50	企业废水总排放口
	4　五日生化需氧量(BOD$_5$)/(mg/L)	50	30	30	30	企业废水总排放口

企业生产类型			制浆企业	制浆和造纸联合生产企业		造纸企业	污染物排放监控位置
				废纸制浆和造纸企业	其他制浆和造纸企业		
排放限值	5	化学需氧量（COD$_{Cr}$）/（mg/L）	200	120	150	100	企业废水总排放口
	6	氨氮/（mg/L）	15	10	10	10	企业废水总排放口
	7	总氮/（mg/L）	18	15	15	15	企业废水总排放口
	8	总磷/（mg/L）	1.0	1.0	1.0	1.0	企业废水总排放口
	9	可吸附有机卤素（AOX）/（mg/L）	15	15	15	15	车间或生产设施废水排放口
单位产品基准排水量/（t/t 浆）			80	20	60	20	排水量计量位置与污染物排放监控位置一致

注：1. 可吸附有机卤素（AOX）指标适用于采用含氯漂白工艺的情况。

2. 纸浆量以绝干浆计。

3. 核定制浆和造纸联合生产企业单位产品实际排水量，以企业纸浆产量与外购商品浆数量的总和为依据。

4. 企业漂白非木浆产量占企业纸浆总用量的比重大于60%的，单位产品基准排水量为80t/t（浆）。

4.2 自2011年7月1日起，现有制浆造纸企业执行附表3-2规定的水污染物排放限值。

4.3 自2008年8月1日起，新建制浆造纸企业执行附表3-2规定的水污染物排放限值。

附表 3-2 新建企业水污染物排放限值

企业生产类型			制浆企业	制浆和造纸联合生产企业	造纸企业	污染物排放监控位置
排放限值	1	pH 值	6～9	6～9	6～9	企业废水总排放口
	2	色度（稀释倍数）	50	50	50	企业废水总排放口
	3	悬浮物/（mg/L）	50	30	30	企业废水总排放口
	4	五日生化需氧量（BOD$_5$）/（mg/L）	20	20	20	企业废水总排放口
	5	化学需氧量（COD$_{Cr}$）/（mg/L）	100	90	80	企业废水总排放口
	6	氨氮/（mg/L）	12	8	8	企业废水总排放口

企业生产类型		制浆企业	制浆和造纸联合生产企业	造纸企业	污染物排放监控位置
排放限值	7	总氮/(mg/L)	15	12	12	企业废水总排放口
	8	总磷/(mg/L)	0.8	0.8	0.8	企业废水总排放口
	9	可吸附有机卤素（AOX）/(mg/L)	12	12	12	车间或生产设施废水排放口
	10	二噁英/(pgTEQ/L)	30	30	30	车间或生产设施废水排放口
单位产品基准排水量/(t/t 浆)			50	40	20	排水量计量位置与污染物排放监控位置一致

注：1. 可吸附有机卤素（AOX）和二噁英指标适用于采用含氯漂白工艺的情况。

2. 纸浆量以绝干浆计。

3. 核定制浆和造纸联合生产企业单位产品实际排水量，以企业纸浆产量与外购商品浆数量的总和为依据。

4. 企业自产废纸浆量占企业纸浆总用量的比重大于80%的，单位产品基准排水量为20t/t（浆）。

5. 企业漂白非木浆产量占企业纸浆总用量的比重大于60%的，单位产品基准排水量为60t/t（浆）。

4.4　根据环境保护工作的要求，在国土开发密度较高、环境承载能力开始减弱，或水环境容量较小、生态环境脆弱，容易发生严重水环境污染问题而需要采取特别保护措施的地区，应严格控制企业的污染物排放行为，在上述地区的企业执行附表 3-3 规定的水污染物特别排放限值。

执行水污染物特别排放限值的地域范围、时间，由国务院环境保护行政主管部门或省级人民政府规定。

附表 3-3　水污染物特别排放限值

企业生产类型		制浆企业	制浆和造纸联合生产企业	造纸企业	污染物排放监控位置
排放限值	1	pH 值	6～9	6～9	6～9	企业废水总排放口
	2	色度（稀释倍数）	50	50	50	企业废水总排放口
	3	悬浮物/(mg/L)	20	10	10	企业废水总排放口
	4	五日生化需氧量（BOD_5）/(mg/L)	10	10	10	企业废水总排放口
	5	化学需氧量（COD_{Cr}）/(mg/L)	80	60	50	企业废水总排放口
	6	氨氮/(mg/L)	5	5	5	企业废水总排放口

企业生产类型		制浆企业	制浆和造纸联合生产企业	造纸企业	污染物排放监控位置
排放限值	7 总氮/(mg/L)	10	10	10	企业废水总排放口
	8 总磷/(mg/L)	0.5	0.5	0.5	企业废水总排放口
	9 可吸附有机卤素（AOX）/(mg/L)	8	8	8	车间或生产设施废水排放口
	10 二噁英/(pgTEQ/L)	30	30	30	车间或生产设施废水排放口
单位产品基准排水量/(t/t 浆)		30	25	10	排水量计量位置与污染物排放监控位置一致

注：1. 可吸附有机卤素（AOX）和二噁英指标适用于采用含氯漂白工艺的情况。

2. 纸浆量以绝干浆计。

3. 核定制浆和造纸联合生产企业单位产品实际排水量，以企业纸浆产量与外购商品浆数量的总和为依据。

4. 企业自产废纸浆量占企业纸浆总用量的比重大于80%的，单位产品基准排水量为15t/t（浆）。

4.5　水污染物排放浓度限值适用于单位产品实际排水量不高于单位产品基准排水量的情况。若单位产品实际排水量超过单位产品基准排水量，须按公式将实测水污染物浓度换算为水污染物基准水量排放浓度，并以水污染物基准水量排放浓度作为判定排放是否达标的依据。产品产量和排水量统计周期为一个工作日。

在企业的生产设施同时生产两种以上产品、可适用不同排放控制要求或不同行业国家污染物排放标准，且生产设施产生的污水混合处理排放的情况下，应执行排放标准中规定的最严格的浓度限值，并按以下公式换算水污染物基准水量排放浓度：

$$C_{基} = \frac{Q_{总}}{\sum Y_i Q_{i基}} C_{实}$$

式中　$C_{基}$——水污染物基准水量排放浓度，mg/L；

$Q_{总}$——排水总量，t；

Y_i——第 i 种产品产量，t；

$Q_{i基}$——第 i 种产品的单位产品基准排水量，t/t；

$C_{实}$——实测水污染物浓度，mg/L。

若 $Q_{总}$ 与 $\sum Y_i Q_{i基}$ 的比值小于1，则以水污染物实测浓度作为判定排放是否达标的依据。

5　水污染物监测要求

5.1　对企业排放废水采样应根据监测污染物的种类，在规定的污染物排放监控位置进行，有废水处理设施的应在该设施后监控。在污染物排放监控位置须设置永久性排污口标志。

5.2　新建企业应按照《污染源自动监控管理办法》的规定，安装污染物排放自动监控设备，并与环境保护主管部门的监控设备联网，并保证设备正常运行。各地现有企业安装污染物排放自动监控设备的要求由省级环境保护行政主管部门规定。

5.3　对企业污染物排放情况进行监测的频次、采样时间等要求，按国家有关污染源监测技术规范的规定执行。二噁英指标每年监测一次。

5.4　企业产品产量的核定，以法定报表为依据。

5.5　对企业排放水污染物浓度的测定采用附表3-4所列的方法标准。

附表 3-4　排水水污染物浓度测定方法标准

序号	污染物项目	方法标准名称	方法标准编号
1	pH 值	水质　pH 值的测定　玻璃电极法	GB/T 6920—1986
2	色度	水质　色度的测定　稀释倍数法	GB/T 11903—1989
3	悬浮物	水质　悬浮物的测定　重量法	GB/T 11901—1989
4	五日生化需氧量	水质　五日生化需氧量（BOD_5）的测定　稀释与接种法	GB/T 7488—1987
5	化学需氧量	水质　化学需氧量的测定　重铬酸盐法	GB/T 11914—1989
6	氨氮	水质　铵的测定　蒸馏和滴定法	GB/T 7478—1987
		水质　铵的测定　纳氏试剂比色法	GB/T 7479—1987
		水质　铵的测定　水杨酸分光光度法	GB/T 7481—1987
		水质　氨氮的测定　气相分子吸收光谱法	HJ/T 195—2005
7	总氮	水质　总氮的测定　碱性过硫酸钾消解紫外分光光度法	GB/T 11894—1989
		水质　总氮的测定　气相分子吸收光谱法	HJ/T 199—2005
8	总磷	水质　总磷的测定　钼酸铵分光光度法	GB/T 11893—1989
9	可吸附有机卤素（AOX）	水质　可吸附有机卤素（AOX）的测定　微库仑法	GB/T 15959—1995
		水质　可吸附有机卤素（AOX）的测定　离子色谱法	HJ/T 83—2001
10	二噁英	水质　多氯代二苯并二噁英和多氯代二苯并呋喃的测定　同位素稀释高分辨毛细管气相色谱/高分辨质谱法	HJ/T 77—2001

5.6 企业须按照有关法律和《环境监测管理办法》的规定，对排污状况进行监测，并保存原始监测记录。

6 实施与监督

6.1 本标准由县级以上人民政府环境保护行政主管部门负责监督实施。

6.2 在任何情况下，企业均应遵守本标准的水污染物排放控制要求，采取必要措施保证污染防治设施正常运行。各级环保部门在对企业进行监督性检查时，可以现场即时采样或监测的结果，作为判定排污行为是否符合排放标准以及实施相关环境保护管理措施的依据。在发现企业耗水或排水量有异常变化的情况下，应核定企业的实际产品产量和排水量，按本标准的规定，换算水污染物基准水量排放浓度。

附录 4 制浆造纸行业清洁生产评价指标体系

1 适用范围

本指标体系规定了制浆造纸企业清洁生产的一般要求。本指标体系将清洁生产指标分为六类，即生产工艺及设备要求、资源和能源消耗指标、资源综合利用指标、污染物产生指标、产品特征指标和清洁生产管理指标。

本指标体系适用于制浆造纸企业的清洁生产评价工作。

本指标体系不适用本体系中未涉及的纸浆、纸及纸板的清洁生产评价。

2 规范性引用文件

本指标体系内容引用了下列文件中的条款。凡不注明日期的引用文件，其有效版本适用于指标体系。

GB 11914   水质 化学耗氧量的测定 重铬酸盐法

GB 17167   企业能源计量器具配备和管理导则

GB 18597   危险废物贮存污染控制标准

GB 18599   一般工业固体废物贮存、处置场污染控制标准

GB 24789   用水单位水计量器具配备和管理通则

GB/T 15959 水质 可吸附有机卤素（AOX）的测定 微库仑法

GB/T 18820 工业企业产品取水定额编制通则

GB/T 24001 环境管理体系要求及使用指南

GB/T 27713 非木浆碱回收燃烧系统能量平衡及能量效率计算方法

HJ 617　　　企业环境报告书编制导则

HJ/T 205　　环境标志产品技术要求　再生纸制品

HJ/T 410　　环境标志产品技术要求　复印纸

QB 1022　　制浆造纸企业综合能耗计算细则

《危险化学品安全管理条例》（中华人民共和国国务院令第 591 号）

《环境信息公开办法（试行）》（国家环境保护总局令第 35 号）

《排污口规范化整治技术要求（试行）》[国家环保局环监（1996）470 号]

《清洁生产评价指标体系编制通则（试行稿）》（国家发展改革委、环境保护部、工业和信息化部 2013 年第 33 号公告）

3　术语和定义

GB/T 18820、HJ/T 205、HJ/T 410、《清洁生产评价指标体系编制通则》（试行稿）所确立的以及下列术语和定义适用于本指标体系。

3.1　清洁生产

不断采取改进设计、使用清洁的能源和原料、采用先进的工艺技术与设备、改善管理、综合利用等措施，从源头削减污染，提高资源利用效率，减少或者避免生产、服务和产品使用过程中污染物的产生和排放，以减轻或者消除对人类健康和环境的危害。

3.2　清洁生产评价指标体系

由相互联系、相对独立、互相补充的系列清洁生产水平评价指标所组成的，用于评价清洁生产水平的指标集合。

3.3　污染物产生指标（末端处理前）

即产污系数，指单位产品的生产（或加工）过程中，产生污染物的量（末端处理前）。本指标体系主要是水污染物产生指标。水污染物产生指标包括污水处理装置入口的污水量和污染物种类、单排量或浓度。

3.4　指标基准值

为评价清洁生产水平所确定的指标对照值。

3.5　指标权重

衡量各评价指标在清洁生产评价指标体系中的重要程度。

3.6　指标分级

根据现实需要，对清洁生产评价指标所划分的级别。

3.7　清洁生产综合评价指数

根据一定的方法和步骤，对清洁生产评价指标进行综合计算得到的数值。

3.8 碱回收率

指经碱回收系统所回收的碱量（不包括由于芒硝还原所得的碱量）占同一计量时间内制浆过程所用总碱量（包括漂白工序之前所有生产过程的耗碱总量，但不包括漂白工序消耗的碱量）的质量百分比。

3.9 水重复利用率

指在一定的计量时间内，生产过程中使用的重复利用水量（包括循环利用的水量和直接或经处理后回收再利用的水量）与总用水量之比。

3.10 黑液提取率

指在一定计量时间内洗涤过程所提取黑液中的溶解性固形物占同一计量时间内制浆（指漂白之前的所有工艺）生产过程所产生的全部溶解性固形物的质量百分比。

4 评价指标体系

4.1 指标选取说明

本评价指标体系根据清洁生产的原则要求和指标的可度量性，进行指标选取。根据评价指标的性质，可分为定量指标和定性指标两种。

定量指标选取了有代表性的、能反映"节能""降耗""减污"和"增效"等有关清洁生产最终目标的指标，综合考评企业实施清洁生产的状况和企业清洁生产程度。定性指标根据国家有关推行清洁生产的产业发展和技术进步政策、资源环境保护政策规定以及行业发展规划选取，用于考核企业对有关政策法规的符合性及其清洁生产工作实施情况。

4.2 指标基准值及其说明

在定量评价指标中，各指标的评价基准值是衡量该项指标是否符合清洁生产基本要求的评价基准。本评价指标体系确定各定量评价指标的评价基准值的依据是：凡国家或行业在有关政策、法规及相关规定中，对该项指标已有明确要求的，执行国家要求的指标值；凡国家或行业对该项指标尚无明确要求的，则选用国内重点大中型制浆造纸企业近年来清洁生产所实际达到的中上等以上水平的指标值。在定性评价指标体系中，衡量该项指标是否贯彻执行国家有关政策、法规的情况，按"是"或"否"两种选择来评定。

4.3 指标体系

不同类型制浆造纸企业清洁生产评价指标体系的各评价指标、评价基准值和权重值见附表 4-1～附表 4-13。

附表 4-1　漂白硫酸盐木（竹）浆评价指标、权重及基准值

序号	一级指标	一级指标权重	二级指标		单位	二级指标权重	I级基准值	II级基准值	III级基准值
1	生产工艺及设备要求	0.3	原料			0.05	符合国家有关森林管理的规定及林纸一体化相关规定采购的木片（竹片）		
2			备料			0.15	干法剥皮，冲洗水循环利用或直接采购木片（竹片）		
3			蒸煮工艺			0.2	低能耗连续或间歇蒸煮，氧脱木素	低能耗连续或间歇蒸煮，氧脱木素	低能耗连续或间歇蒸煮
4			洗涤工艺			0.15	多段逆流洗涤		
5			筛选工艺			0.15	全封闭压力筛选	全封闭压力筛选	压力筛选
6			漂白工艺			0.2	TCF[4]或ECF[5]漂白		
7			碱回收工艺			0.1	有污冷凝水汽提，臭气收集和焚烧，副产品回收	有污冷凝水汽提，臭气收集和焚烧，热电联产	碱回收设施配套齐全，运行正常
8	资源和能源消耗指标	0.2	*单位产品取水量	木浆	m³/adt[1]	0.5	33	38	60
				竹浆			38	43	65
9			*单位产品综合能耗（外购能源）	木浆	kgce[2]/adt	0.5	160	330	420
				竹浆[3]			280	380	550
10	资源综合利用指标	0.2	*黑液提取率	木浆	%	0.1	99	97	96
				竹浆			98	95	93
11			*碱回收率	木浆	%	0.26	98	96	94
				竹浆			96	94	93
12			*碱炉热效率	木浆	%	0.23	72	70	68
				竹浆			66	62	58

续表

序号	一级指标	一级指标权重	二级指标		单位	二级指标权重	I级基准值	II级基准值	III级基准值
13	资源综合利用指标	0.2	白泥综合利用率	*木浆	%	0.1	98	95	92
				竹浆	%		60	40	20
14			水重复利用率		%	0.17	90	85	80
15			锅炉灰渣综合利用率		%	0.07	100	100	100
16			备料渣（指木屑、竹屑等）综合利用率		%	0.07	100	100	100
17	污染物产生指标	0.15	*单位产品废水产生量	木浆	m³/adt	0.47	28	32	50
				竹浆			32	36	55
18			*单位产品 COD_{Cr} 产生量	木浆	kg/adt	0.33	30	37	42
				竹浆			38	45	55
19			可吸附有机卤素（AOX）产生量	木浆	kg/adt	0.2	0.2	0.35	0.6
				竹浆			0.3	0.45	0.6
20	清洁生产管理指标	0.15	参见附表 4-7⑥						

① adt 表示 t（风干浆），以下同。

② 竹浆综合能耗（外购能源）不包括石灰窑所用能源。

③ kgce 表示 kg（标煤）/t，下同。

④ TCF：全无氯漂白。

⑤ ECF：无元素氯漂白。

⑥ 附表 4-7 计算结果为本表的一部分，计算方法与本表其他指标相同。

注：1. 带 * 的指标为限定性指标。

2. 化学品制备只包括二氧化氯、二氧化硫和氧气的制备。

附表 4-2　本色硫酸盐木（竹）浆评价指标、权重及基准值

序号	一级指标	一级指标权重	二级指标		单位	二级指标权重	Ⅰ级基准值	Ⅱ级基准值	Ⅲ级基准值
1	生产工艺及设备要求	0.3	原料			0.1	符合国家有关森林管理的规定及林纸一体化相关规定的木片（竹片）		
2			备料			0.1	干法剥皮、冲洗水循环利用或直接采购木片（竹片）		
3			蒸煮工艺			0.15	低能耗连续或间歇蒸煮		
4			洗涤工艺			0.2	多段逆流洗涤		
5			筛选工艺			0.2	全封闭压力筛选	压力筛选	改进传统的筛选
6			碱回收工艺			0.25	有污冷凝水汽提、臭气收集和焚烧、副产品回收、热电联产		碱回收设施配套齐全、运行正常
7	资源和能源消耗指标	0.2	*单位产品取水量	木浆	m³/adt	0.5	20	25	50
				竹浆			23	30	50
8			*单位产品综合能耗（外购能源）	木浆	kgce/adt	0.5	110	200	300
				竹浆			200	250	350
9	资源综合利用指标	0.2	*黑液提取率	木浆	%	0.1	99	98	96
				竹浆			98	95	93
10			*碱回收率	木浆	%	0.26	97	95	92
				竹浆			95	92	90

续表

序号	一级指标	一级指标权重	二级指标		单位	二级指标权重	I级基准值	II级基准值	III级基准值
11	资源综合利用指标	0.2	* 碱炉热效率	木浆	%	0.23	70	68	66
				竹浆	%		64	60	56
12			白泥综合利用率	* 木浆	%	0.1	98	90	85
				竹浆	%		60	40	20
13			水重复利用率		%	0.17	90	85	80
14			锅炉灰渣综合利用率		%	0.07	100	100	100
15			备料渣(指木屑,竹屑等)综合利用率		%	0.07	100	100	100
16	污染物产生指标	0.2	* 单位产品废水产生量	木浆	m³/adt	0.67	16	20	42
				竹浆			18	25	42
17			* 单位产品 CODCr 产生量	木浆	kg/adt	0.33	10	18	32
				竹浆			18	25	37
18	清洁生产管理指标	0.15					参见附表 4-7①		

① 附表 4-7 计算结果为本表的一部分,计算方法与本表其他指标相同。
注: 带 * 的指标为限定性指标。

252

附表 4-3　化学机械木浆评价指标、权重及基准值

序号	一级指标	一级指标权重	二级指标		单位	二级指标权重	I级基准值	II级基准值	III级基准值
1	生产工艺及装备指标	0.3	化学预浸渍			0.5		碱性浸渍	
			磨浆			0.5		高浓磨浆机	
2	资源和能源消耗指标	0.2	*单位产品取水量	APMP①	m³/adt	0.5	13	20	38
				BCTMP②			13	20	38
3			*单位产品综合能耗(自用浆)		kgce/adt	0.5	250	300	350
4	资源综合利用指标	0.2	水重复利用率		%	0.5	90	85	80
5			锅炉灰渣综合利用率		%	0.25	100	100	100
6			备料渣(指木屑等)综合利用率		%	0.25	100	100	100
7	污染物产生指标	0.15	*单位产品废水产生量	APMP	m³/adt	0.6	10	15	32
				BCTMP			10	15	32
8			*单位产品 COD_{Cr} 产生量	APMP	kg/adt	0.4	110	130	190
				BCTMP			90	120	190
9	清洁生产管理指标	0.15	参见附表 4-7③						

① APMP: 碱性过氧化氢机械浆。
② BCTMP: 漂白化学热磨机械浆。
③ 附表 4-7 计算结果为本表的一部分,计算方法与本表其他指标相同。
注: 带*的指标为限定性指标。

附表 4-4　漂白化学非木浆评价指标、权重及基准值

序号	一级指标	一级指标权重	二级指标		二级指标权重	单位	I级基准值	II级基准值	III级基准值
1	生产工艺及设备要求	0.3	备料	麦草浆	0.1		干湿法或干法备料，洗涤水循环利用		
				蔗渣浆、苇浆			除髓蔗渣/湿法堆存，干湿法苇浆备料		
2			蒸煮工艺	麦草浆	0.1		低能耗连续或间歇蒸煮、氧脱木素	低能耗连续或间歇蒸煮、氧脱木素	低能耗连续或间歇蒸煮
				蔗渣浆、苇浆					
3			洗涤工艺	麦草浆	0.1		多段逆流洗涤		
				蔗渣浆、苇浆					
4			筛选工艺	麦草浆	0.15		全封闭压力筛选	压力筛选	压力筛选
				蔗渣浆、苇浆					
5			漂白工艺	麦草浆	0.2		ECF或TCF	ClO₂或H₂O₂替代部分元素氯漂白、ECF	ClO₂替代部分元素氯漂白
				蔗渣浆、苇浆					
6			碱回收工艺		0.25		碱回收设施齐全，有污冷凝水汽提、副产品回收	碱回收设施齐全，有污冷凝水汽提、副产品回收	碱回收设施齐全，运行正常
7			能源回收设施		0.1		有热电联产设施	有热电联产设施	有热回收设施
8	资源和能源消耗指标	0.2	*单位产品取水量	麦草浆	0.5	m³/adt	80	100	110
				蔗渣浆、苇浆			80	90	100
9			*单位产品综合能耗（外购能源）	麦草浆（自用浆）	0.5	kgce/adt	420	460	550
				蔗渣浆、苇浆（自用浆）			400	440	500

续表

序号	一级指标	一级指标权重	二级指标		单位	二级指标权重	I级基准值	II级基准值	III级基准值
10	资源综合利用指标	0.2	*黑液提取率	麦草浆	%	0.17	88	85	80
				苇草浆			92	90	88
				蔗渣浆			90	88	86
11			*碱回收率	麦草浆	%	0.29	80	75	70
				蔗渣浆、苇浆			85	80	75
12			*碱炉热效率		%	0.23	65	60	55
13			水重复利用率		%	0.17	85	80	75
14			锅炉灰渣综合利用率		%	0.06	100	100	100
15			*白泥残碱率（以 Na_2O 计）		%	0.08	1.0	1.2	1.5
16	污染物产生指标	0.15	*单位产品废水产生量	麦草浆	m^3/adt	0.47	60	85	90
				苇草浆			60	75	85
				蔗渣浆			70	75	85
17			*单位产品 COD_{Cr} 产生量①	麦草浆	kg/adt	0.33	150	200	230
				蔗渣浆、苇浆 烧碱法			110	165	230
				硫酸盐法			125	175	230
18			可吸附有机卤素（AOX）产生量		kg/adt	0.2	0.4	0.6	0.9
19	清洁生产管理指标	0.15	参见附表 4-7②						

① COD_{Cr} 产生量不包括备料湿法洗涤产生的废水。

② 附表 4-7 计算结果产品为本表的一部分，计算方法与本表其他指标相同。

注：1. 其他草浆产品指标同麦草浆指标。

2. 带 * 的指标为限定性指标。

255

附表 4-5 非木半化学浆评价指标、权重及基准值

序号	一级指标	一级指标权重	二级指标		单位	二级指标权重	Ⅰ级基准值	Ⅱ级基准值	Ⅲ级基准值
1	生产工艺及设备要求	0.3	备料	稻麦草浆、蔗渣浆、苇浆、棉秆浆		0.25	干湿法或干法备料，洗涤水循环利用		
2			蒸煮工艺	稻麦草浆、蔗渣浆、苇浆、棉秆浆		0.25	低能耗连续或间歇蒸煮		
3			洗涤工艺	稻麦草浆、蔗渣浆、苇浆、棉秆浆		0.25	多段逆流洗涤		
4			筛选工艺	稻麦草浆、蔗渣浆、苇浆、棉秆浆		0.25	全封闭压力筛选	压力筛选	
5	资源和能源消耗指标	0.25	*单位产品取水量	碱法制浆	m^3/adt	0.5	60	70	80
				亚铵法制浆		0.5	45	55	70
6			*单位产品综合能耗（自用浆、外购能源）		kgce/adt	0.5	300	350	420
7	资源综合利用指标	0.15	锅炉灰渣综合利用率		%	0.4	100	100	100
8			水重复利用率		%	0.6	85	75	70
9	污染物产生指标	0.15	*单位产品废水产生量	碱法制浆	m^3/adt	0.6	50	60	65
				亚铵法制浆		0.6	40	50	60
10			*单位产品 COD_{Cr} 产生量①	碱法制浆	kg/adt	0.4	250	300	350
				亚铵法制浆		0.4	60	80	110
11	清洁生产管理指标	0.15					参见附表 4-7②		

① COD_{Cr} 产生量不包括湿法备料洗涤产生的废水。
② 附表 4-7 计算结果为本表的一部分，计算方法与本表其他指标相同。
注：带 * 的指标为限定性指标。

附表 4-6　废纸浆评价指标、权重及基准值

序号	一级指标	一级指标权重	二级指标		单位	二级指标权重	I级基准值	II级基准值	III级基准值
1	生产工艺及设备要求	0.3	碎浆	脱墨废纸浆		0.25	碎浆浓度>15%	碎浆浓度>8%	碎浆浓度>4%
				非脱墨废纸浆			碎浆浓度>8%	碎浆浓度>4%	碎浆浓度>4%
2			筛选			0.25	压力筛选	压力筛选	
3			浮选			0.25	封闭式脱墨设备	开放式脱墨设备	开放式脱墨设备
4			漂白			0.25	过氧化氢漂白、还原漂白	还原漂白(不使用氯元素漂白剂)	还原漂白(不使用氯元素漂白剂)
5	资源和能源消耗指标	0.3	*单位产品取水量	脱墨废纸浆	m³/adt	0.5	7	11	30
				非脱墨废纸浆			5	9	20
6			*单位产品综合能耗	脱墨废纸浆 废旧新闻纸	kgce/adt	0.5	65	90	120
				其他废纸浆			140	175	210
				非脱墨废纸浆			45	60	85
7	资源综合利用指标	0.1	水重复利用率		%	1	90	85	80
8	污染物产生指标	0.15	*单位产品废水产生量	脱墨废纸浆	m³/adt	0.6	5	8	25
				非脱墨废纸浆			3	6	15
9			*单位产品COD_Cr产生量	脱墨废纸浆	kg/adt	0.4	22	35	40
				非脱墨废纸浆			10	20	25
10	清洁生产管理指标	0.15					参见附表4-7①		

注：1. 附表4-7计算结果为本表的一部分，计算方法与本表其他指标相同。
2. 废纸浆指以废纸为原料，经过碎浆处理，必要时进行脱墨、漂白等工序制成纸浆的生产过程。
3. 非脱墨废纸浆一级热分散增加能耗25kgce/adt（按纤维分级长短纤维各50%计）。

① 附表4-6 废纸浆评价指标、权重及基准值

附表 4-7　制浆企业清洁生产管理指标项目基准值

序号	一级指标	二级指标	指标分值	Ⅰ级基准值	Ⅱ级基准值	Ⅲ级基准值
1	清洁生产管理指标	*环境法律法规标准执行情况	0.155	符合国家和地方有关环境法律、法规，废水、废气、噪声等污染物排放符合国家和地方排放标准，污染物排放应达到国家和地方污染物排放总量控制指标和排污许可证管理要求		
2		*产业政策执行情况	0.065	生产规模符合国家和地方相关产业政策，不使用国家明令淘汰的落后工艺和装备		
3		*固体废物处理处置	0.065	采用符合国家和地方规定的废物处置方法处置废物；一般固体废物按照 GB 18599 相关规定执行；危险废物按照 GB 18597 相关规定执行		
4		清洁生产审核情况	0.065	按照国家地方要求、开展清洁生产审核		
5		环境管理体系制度	0.065	按照 GB/T 24001 建立并运行环境管理体系、环境管理程序文件及作业文件齐备		拥有健全的环境管理体系和完备的管理文件
6		废水处理设施运行管理	0.065	建有废水处理设施运行中控系统、建立治污设施运行台账	建立治污设施运行台账	
7		污染物排放监测	0.065	按照《污染源自动监控管理办法》的规定，并与环境保护主管部门主管部门具备相符合	按照《污染源自动监控管理办法》的规定，安装污染物排放自动监控设备联网，并保证正常运行	对污染物排放实行定期监测
8		能源计量器具配备情况	0.065	能源计量器具配备符合 GB 17167、GB 24789 三级计量要求	能源计量器具配备符合 GB 17167、GB 24789 二级计量要求	
9		环境管理制度和机构	0.065	具有完善的环境管理制度；设置专门环境管理机构和专职管理人员	设置专门环境管理机构和专职管理人员相关要求	
10		污水排放口管理	0.065	排污口符合《排污口规范化整治技术要求（试行）》相关要求		
11		危险化学品管理	0.065	符合《危险化学品安全管理条例》相关要求		
12		环境应急	0.065	编制系统的环境应急预案并开展环境应急演练	编制系统的环境应急预案	
13		环境信息公开	0.065	按照《环境信息公开办法（试行）》第十九条要求公开环境信息		按照《环境信息公开办法（试行）》第二十条要求公开环境信息
14			0.065	按照 HJ 617 编写企业环境报告书		

注：带 * 的指标为限定性指标。

附表 4-8 新闻纸定量评价指标、权重及基准值

序号	一级指标	一级指标权重	二级指标	单位	二级指标权重	I级基准值	II级基准值	III级基准值
1	资源和能源消耗指标	0.2	*单位产品取水量	m³/t	0.5	8	13	20
2			*单位产品综合能耗①	kgce/t	0.5	240	280	330
3	资源综合利用指标	0.1	水重复利用率	%	1	90	85	80
4	污染物产生指标	0.3	*单位产品废水产生量	m³/t	0.5	7	11	17
5			*单位产品COD_{Cr}产生量	kg/t	0.5	11	15	18
6	纸产品定性评价指标	0.4			参见附表4-13②			

① 综合能耗指标只限纸机抄造过程。

② 附表4-13计算结果为本表的一部分，计算方法与本表其他指标相同。

注：带*的指标为限定性指标。

附表 4-9 印刷书写纸定量评价指标、权重及基准值

序号	一级指标	一级指标权重	二级指标	单位	二级指标权重	I级基准值	II级基准值	III级基准值
1	资源和能源消耗指标	0.2	*单位产品取水量	m³/t	0.5	13	20	24
2			*单位产品综合能耗①	kgce/t	0.5	280	330	420
3	资源综合利用指标	0.1	水重复利用率	%	1	90	85	80
4	污染物产生指标	0.3	*单位产品废水产生量	m³/t	0.5	11	17	20
5			*单位产品COD_{Cr}产生量	kg/t	0.5	10	15	18
6	纸产品定性评价指标	0.4			参见附表4-13②			

① 综合能耗指标只限纸机抄造过程。

② 附表4-13计算结果为本表的一部分，计算方法与本表其他指标相同。

注：1. 印刷书写纸包括书刊印刷纸、书写纸等。

2. 带*的指标为限定性指标。

附表 4-10　生活用纸定量评价指标、权重及基准值

序号	一级指标	一级指标权重	二级指标	单位	二级指标权重	I级基准值	II级基准值	III级基准值
1	资源和能源消耗指标	0.2	*单位产品取水量	m³/t	0.5	15	23	30
2			*单位产品综合能耗①	kgce/t	0.5	400	510	580
3	资源综合利用指标	0.1	水重复利用率	%	1	90	85	80
4	污染物产生指标	0.3	*单位产品废水产生量	m³/t	0.5	12	20	25
5			*单位产品 COD_{Cr} 产生量	kg/t	0.5	10	15	22
6	纸产品定量评价指标	0.4	参见附表 4-13②					

① 综合能耗指标只限纸机抄造过程。

② 附表 4-13 计算结果为本表的一部分，计算方法与本表其他指标相同。

注：1. 生活用纸包括卫生纸品，如卫生纸、面巾纸、手帕纸、餐巾纸等。

2. 带 * 的指标为限定性指标。

附表 4-11　纸板定量评价指标、权重及基准值

序号	一级指标	一级指标权重	二级指标		单位	二级指标权重	I级基准值	II级基准值	III级基准值
1	资源和能源消耗指标	0.2	*单位产品取水量	白纸板	m³/t	0.5	10	15	26
				箱纸板			8	13	22
				瓦楞原纸			8	13	20
2			*单位产品综合能耗①	白纸板	kgce/t	0.5	250	300	330
				箱纸板			240	280	320
				瓦楞原纸			250	300	330
3	资源综合利用指标	0.1	水重复利用率		%	1	90	85	80

续表

序号	一级指标	一级指标权重	二级指标		单位	二级指标权重	I级基准值	II级基准值	III级基准值
4	污染物产生指标	0.3	*单位产品废水产生量	白纸板	m³/t	0.5	8	12	22
				箱纸板			7	11	18
				瓦楞原纸			7	11	17
5			*单位产品 COD_Cr 产生量		kg/t	0.5	11	15	22
6	纸产品定性评价指标	0.4	参见附表 4-13②						

① 综合能耗指标只限纸机抄造过程。

② 附表 4-13 计算结果包括涂布或未涂布白纸板、白卡纸、液体包装纸板等。

注：1. 箱纸板包括普通箱纸板、牛皮挂面箱纸板、牛皮箱纸板等。

2. 瓦楞原纸包括涂布或未涂布箱纸板、牛皮箱纸板等。

3. 带 * 的指标为限定性指标。

附表 4-12　涂布纸定量评价指标、权重及基准值

序号	一级指标	一级指标权重	二级指标	单位	二级指标权重	I级基准值	II级基准值	III级基准值
1	资源和能源消耗指标	0.2	*单位产品取水量	m³/t	0.5	14	19	26
2		0.1	*单位产品综合能耗①	kgce/t	0.5	320	380	430
3	资源综合利用指标		水重复利用率	%	1	90	85	80
4	污染物产生指标	0.3	*单位产品废水产生量	m³/t	0.5	12	16	23
5		0.4	*单位产品 COD_Cr 产生量	kg/t	0.5	11	16	19
6	纸产品定性评价指标		参见附表 4-13②					

① 综合能耗指标为本表未涂布机抄造和涂布过程。

② 附表 4-13 计算结果为本表的一部分，计算方法与本表其他定性指标。

注：带 * 的指标为限定性指标。

附表 4-13　纸产品企业定性评价指标、权重及基准值

序号	一级指标	指标分值	二级指标		指标分值	I级基准值	II级基准值	III级基准值
1	生产工艺及装备指标	0.375	真空系统		0.2	循环使用水		
2			冷凝水回收系统		0.2	采用冷凝水回收系统		
3			废水再利用系统		0.2	拥有白水回收利用系统		
4			填料回收系统		0.13	拥有填料回收系统（涂布纸有涂料回收系统）		
5			汽罩排风余热回收系统		0.13	采用闭式汽罩及热回收		
6			能源利用		0.14	拥有热电联产设施		
7	产品特征指标	0.25	*染料	新闻纸/印刷书写纸/生活用纸	0.4	不使用附录 2 中所列染料		
				涂布纸		不使用附录 2 中所列染料，不使用含甲醛的涂料		
8			*增白剂	纸巾纸/食品包装纸/纸杯	0.2	不使用荧光增白剂		
9			环境标志	复印纸	0.4	符合 HJ/T410 相关要求		
10				再生纸制品		符合 HJ/T205 相关要求		
11	清洁生产管理指标	0.375	*环境法律法规标准执行情况		0.155	符合国家和地方有关环境法律、法规，废水、废气、噪声等污染物排放符合国家和地方产业政策、污染物排放达到国家和地方排放控制指标和排污许可证管理要求		
12			*产业政策执行情况		0.065	生产规模符合国家和地方相关产业政策，不使用国家明令淘汰的落后工艺和装备		
13			*固体废物处理处置		0.065	采用符合国家规定的废物处置方法处置废物；一般固体废物按照 GB 18599 相关规定执行；危险废物按照 GB 18597 相关规定执行		
14			清洁生产审核情况		0.065	按照国家和地方要求，开展清洁生产审核		

续表

序号	一级指标	指标分值	二级指标	指标分值	I级基准值	II级基准值	III级基准值
15	清洁生产管理指标	0.375	环境管理体系制度	0.065	按照GB/T 24001建立并运行环境管理体系，环境管理程序文件及作业文件齐备		拥有健全的环境管理体系和完备的管理文件
16			废水处理设施运行管理	0.065	建立废水处理设施运行中控系统，建立治污设施运行台账	建立治污设施运行台账	
17			污染物排放监测	0.065	按照《污染源自动监控管理办法》的规定，安装污染物排放自动监控设备，并与环境保护主管部门监控设备联网，并保证设备正常运行		对污染物排放实行定期监测
18			能源计量器具配备情况	0.065	能源计量器具配备率符合GB 17167,GB 24789三级计量要求	能源计量器具配备率符合GB 17167,GB 24789二级计量要求	能源计量器具配备率符合GB 17167,GB 24789一级计量
19			环境管理制度和机构	0.065	具有完善的环境管理制度，设置专门环境管理机构和专职管理人员		
20			污水排放口管理	0.065	排污口符合《排污口规范化整治技术要求（试行）》相关要求		
21			危险化学品管理	0.065	符合《危险化学品安全管理条例》相关要求		
22			环境应急	0.065	编制系统的环境应急预案；开展环境应急演练	编制系统的环境应急预案	
23			环境信息公开	0.065	按照《环境信息公开办法（试行）》第十九条要求公开环境信息		按照《环境信息公开办法（试行）》第二十条要求公开环境信息
24				0.065	按照HJ 617编写企业环境报告书		

注：带＊的指标为限定性指标。

5 评价方法

5.1 指标无量纲化

不同清洁生产指标由于量纲不同，不能直接比较，需要建立原始指标的函数，如公式（1）所示。

$$Y_{g_k}(x_{ij}) = \begin{cases} 100, & x_{ij} \in g_k \\ 0, & x_{ij} \notin g_k \end{cases} \tag{1}$$

式中　x_{ij}——第 i 个一级指标下的第 j 个二级指标；

　　　g_k——二级指标基准值，其中 g_1 为 Ⅰ 级水平，g_2 为 Ⅱ 级水平，g_3 为 Ⅲ 级水平；

　　　$Y_{g_k}(x_{ij})$——二级指标 x_{ij} 对于级别 g_k 的函数。

如公式（1）所示，若指标 x_{ij} 属于级别 g_k，则函数的值为 100，否则为 0。

5.2 综合评价指数计算

通过加权平均、逐层收敛可得到评价对象在不同级别 g_k 的得分 Y_{g_k}，如公式（2）所示。

$$Y_{g_k} = \sum_{i=1}^{m} \left[\omega_i \sum_{j=1}^{n_i} \omega_{ij} Y_{g_k}(x_{ij}) \right] \tag{2}$$

式中　ω_i——第 i 个一级指标的权重；

　　　ω_{ij}——第 i 个一级指标下的第 j 个二级指标的权重，其中 $\sum_{i=1}^{m} \omega_i = 1$，$\sum_{j=1}^{n_i} \omega_{ij} = 1$；

　　　m——一级指标的个数；

　　　n_i——第 i 个一级指标下二级指标的个数。

另外，式（2）中，Y_{g_1} 等同于 $Y_Ⅰ$，Y_{g_2} 等同于 $Y_Ⅱ$，Y_{g_3} 等同于 $Y_Ⅲ$。

5.3 浆纸联合生产企业综合评价指数

浆纸联合生产企业综合评价指数是描述和评价浆纸联合生产企业在考核年度内清洁生产总体水平的一项综合指标。浆纸联合生产企业综合评价指数的计算公式为：

$$Y'_{g_k} = \frac{26}{28} \times \sum_{i=1}^{4} \frac{I_i X_i}{I_1 X_1 + I_2 X_2 + I_3 X_3 + I_4 X_4} \times Y^i_{g_k} + \frac{2}{28} \times Y^5_{g_k} \tag{3}$$

式中　Y'_{g_k}——浆纸联合生产企业综合评价指数；

　　　$Y^i_{g_k}$——浆纸联合生产企业各类纸浆制浆部分和造纸部分在级别 g_k

上综合评价指数，其中，$Y_{g_k}^1$ 为化学非木浆的综合评价指数，$Y_{g_k}^2$ 为化学木浆的综合评价指数，$Y_{g_k}^3$ 为机械浆的综合评价指数，$Y_{g_k}^4$ 为废纸浆的综合评价指数，$Y_{g_k}^5$ 为纸产品的综合评价指数。

I_i——化学非木浆（I_1）、化学木浆（I_2）、机械浆（I_3）、废纸浆（I_4）、纸产品（I_5）的污染系数，其中，$I_1=10$，$I_2=7$，$I_3=5$，$I_4=4$，$I_5=2$；如果该企业没有生产其中一种或几种浆，则相应的 $I_i=0$。

X_i——化学草浆（X_1）、化学木浆（X_2）、机械浆（X_3）、废纸浆（X_4）在企业生产的各种纸浆产量中所占的百分比，且
$$\sum_{i=1}^4 X_i = 100\%。$$

注：1.化学木浆包括前文提到的漂白硫酸盐木（竹）浆和本色硫酸盐木（竹）浆。

2.如果企业同时还生产多种纸产品，可以将各种纸产品的综合评价指数按其产量进行加权平均，即可得到 $Y_{g_k}^5$。

5.4 制浆造纸行业清洁生产企业的评定

本标准采用限定性指标评价和指标分级加权评价相结合的方法。在限定性指标达到Ⅲ级水平的基础上，采用指标分级加权评价方法，计算行业清洁生产综合评价指数。根据综合评价指数，确定清洁生产水平等级。

对制浆造纸企业清洁生产水平的评价，是以其清洁生产综合评价指数为依据的，对达到一定综合评价指数的企业，分别评定为清洁生产领先企业、清洁生产先进企业或清洁生产一般企业。

根据目前我国制浆造纸行业的实际情况，不同等级的清洁生产企业的综合评价指数列于附表 4-14。

附表 4-14 制浆造纸行业不同等级清洁生产企业的综合评价指数

企业清洁生产水平	评定条件
Ⅰ级(国际清洁生产领先水平)	同时满足： ①$Y'_{\text{I}} \geqslant 85$； ②限定性指标全部满足Ⅰ级基准值要求
Ⅱ级(国内清洁生产先进水平)	同时满足： ①$Y'_{\text{II}} \geqslant 85$； ②限定性指标全部满足Ⅱ级基准值要求及以上
Ⅲ级(国内清洁生产一般水平)	同时满足： ①$Y'_{\text{III}} = 100$； ②限定性指标全部满足Ⅲ级基准值要求及以上。

6 指标解释与数据来源

6.1 指标解释

6.1.1 单位产品取水量

企业在一定计量时间内生产单位产品需要从各种水源所取得的水量。工业生产取水量，包括取自地表水（以净水厂供水计量）、地下水、城镇供水工程，以及企业从市场购得的其他水或水的产品（如蒸汽、热水、地热水等），不包括企业自取的海水和苦咸水等以及企业为外供给市场的水的产品（如蒸汽、热水、地热水等）而取用的水量。

以木材、竹子、非木类（麦草、芦苇、甘蔗渣）等为原料生产本色、漂白化学浆，以木材为原料生产化学机械浆，以废纸为原料生产脱墨或非脱墨废纸浆，其生产取水量是指从原料准备至成品浆（液态或风干）的生产全过程所取用的水量。化学浆生产过程取水量还包括制浆化学品药液制备、黑（红）液副产品（黏合剂）生产在内的取水量。以自制浆或商品浆为原料生产纸及纸板，其生产取水量是指从浆料预处理、打浆、抄纸、完成以及涂料、辅料制备等生产全过程的取水量。

注：造纸产品的取水量等于从自备水源总取水量中扣除水净化站自用水量及由该水源供给的居住区、基建、自备电站用于发电的取水量及其他取水量等。

按公式（4）计算：

$$V_{ui} = \frac{V_i}{Q} \tag{4}$$

式中　V_{ui}——单位产品取水量，m^3/adt；

　　　V_i——在一定计量时间内产品生产取水量，m^3；

　　　Q——在一定计量时间内产品产量，adt。

6.1.2 单位产品综合能耗

综合能耗中如涉及外购能源，则外购燃料能源一般以其实物发热量为计算基础折算为标准煤量，外购电按当量值进行计算，$1kW \cdot h = 0.1229kgce$ 折算成标煤。其余综合能耗按电和蒸气等输入能源计，电按当量值进行计算，$1kW \cdot h = 0.1229kgce$ 折算成标煤，蒸汽按蒸汽热焓值计算，换算标煤，$1MJ = 0.03412kgce$。

企业消耗的各种能源包括主要生产系统、辅助生产系统和附属生产系统用能，不包括冬季采暖用能、生活用能和基建项目用能。生活用能是指企业系统内的宿舍、学校、文化娱乐、医疗保健、商业服务和托儿幼教等直接用于生活方面的能耗。

本指标体系能耗统计范围应包括纸浆、机制纸和纸板的主要生产系消耗的一次能源（原煤、原油、天然气等）、二次能源（电力、热力、石油制品等）和生产使用的耗能工质（水、压缩空气等）所消耗的能源，不包括辅助生产系统和附属生产系统消耗的能源。辅助生产系统、附属生产系统能源消耗量以及能源损耗量不计入主要生产系统单位产品能耗。

纸浆主要生产系统是指纤维原料经计量从备料开始，经过化学、机械等方法制成纸浆或商品浆入库为止的有关工序组成的完整工艺过程和装备。包括备料、除尘、化学或机械处理（如蒸煮、预处理、磨浆、废纸碎解等）、洗涤、筛选、废纸脱墨、漂白、浓缩及辅料制备、黑液提取、碱回收、中段水处理等工序及装备。商品浆还包括浆板抄造和直接为浆板机配备的真空系统、压缩空气系统、热风干燥系统、通风系统、通汽和冷凝水回收系统、白水回收系统、液压系统和润滑系统等。

机制纸和纸板主要生产系统是指自制浆或商品浆从浆料制备开始，经纸机抄造成成品纸或纸板，直至入库为止的完整工序所使用的工艺过程和装备。包括打浆、配浆、贮浆、净化、流送、成型、压榨、干燥、表面施胶、整饰、卷纸、复卷、切纸、选纸、包装等过程，以及直接为造纸生产系统配备的辅料制备系统、涂料制备系统、真空系统、压缩空气系统、热风干燥系统、纸机通风系统、干湿损纸回收处理系统、纸机通汽和冷凝水回收系统，白水回收系统、纸机液压系统和润滑系统等。

辅助生产系统是指为生产系统工艺装置配置的工艺过程、设施和设备。包括动力、机电、机修、供水、供气、采暖、制冷和厂内原料场地以及安全、环保等装置。

附属生产系统是指为生产系统专门配置的生产指挥系统（厂部）和厂区内为生产服务的部门和单位。包括办公室、检验室、消防、休息室、更衣室等。

单位产品综合能耗指制浆造纸企业在计划统计期内，对实际消耗的各种能源实物量按规定的计算方法和单位分别折算为一次能源后的总和。综合能耗主要包括一次能源（如煤、石油、天然气等）、二次能源（如蒸汽、电力等）和直接用于生产的能耗工质（如冷却水、压缩空气等）。

具体综合能耗按照 QB 1022 计算。按公式（5）计算：

$$E_{ui} = \frac{E_i}{Q} \tag{5}$$

式中　E_{ui}——单位产品综合能耗，kgce/adt；

　　　E_i——在一定计量时间内产品生产的综合能耗，kgce；

　　　Q——在一定计量时间内产品产量，adt。

6.1.3 黑液提取率

黑液提取率，按公式（6）计算：

$$R_B = \frac{DS}{\dfrac{1}{\eta_p} - 1 - S_R + M_A} \times 100\% \tag{6}$$

式中　R_B——黑液提取率，%；

　　　DS——在一定计量时间内每吨收获浆（指截止到漂白工艺之前的制浆过程所得到的浆料）送蒸发工段黑液中（指过滤纤维后）的溶解性固形物，t/t；

　　　η_p——在同一计量时间内收获浆（同上）的总得率，%；

　　　S_R——在同一计量时间内收获浆每吨（同上）的总浆渣产生量，t/t；

　　　M_A——在同一计量时间内收获浆每吨（同上）的总用碱量，t/t。

6.1.4 碱回收率

碱回收率（特征工艺指标）是指经碱回收系统所回收的碱量（不包括由于芒硝还原所得的碱）占本期制浆过程所用总碱量（包括漂白工艺之前所有生产过程的耗碱总量、但不包括漂白工艺之后的生产过程如碱抽提所消耗的碱量）的质量百分比。碱回收率反映碱法制浆生产工艺过程清洁生产基本水平（包括碱回收系统生产技术及其管理水平）的主要技术指标。

① 计算方法 1

$$R_A = 100 - \frac{a_0 + b + A - B}{A_{11} + b \pm a_K} \times 100\% \tag{7}$$

$$a_0 = a(1-W)\varphi P \times 0.437 \tag{8}$$

$$A_{11} = A_N K_N \tag{9}$$

$$K_N = \frac{(1-S)(1-R_K)}{R_K} \tag{10}$$

式中　R_A——碱回收率，%；

　　　a_0——补充芒硝的产碱量，kg；

　　　a——芒硝补充量，kg；

　　　W——芒硝水分，%；

　　　φ——芒硝的纯度，%；

　　　P——芒硝的还原率，%；

　　　0.437——由芒硝转化为氧化钠的系数；

　　　b——氯漂工艺之前所有制浆过程补充的外来新鲜碱，kg；

　　　A——统计开始时系统结存碱量，kg；

B——统计结束时系统结存碱量，kg；

A_{11}——回收碱量，kg；

A_N——回收活性碱量，kg；

K_N——转换系数；

S——硫化度，%；

R_K——苛化度，%；

a_K——白液结存碱量，kg。

② 计算方法 2

$$R_A = \frac{A_{11} - a_0}{A_t} \times 100\% \tag{11}$$

式中　R_A——碱回收率，%；

A_{11}——本期回收碱量，kg；

a_0——本期补充芒硝的产碱量，kg；

A_t——本期制浆（氯漂工艺之前）生产过程的总用碱量，kg。

6.1.5　碱炉热效率

碱炉热效率，按 GB/T 27713 执行。

6.1.6　白泥综合利用率（η）

白泥综合利用率，按公式(12) 计算：

$$\eta = \left(1 - \frac{S_d}{S_t}\right) \times 100\% \tag{12}$$

式中　η——白泥综合利用率，%；

S_d——本期绝干白泥排放量，kg；

S_t——本期绝干白泥总产生量，kg。

6.1.7　水重复利用率

水的重复利用率，按公式(13) 计算：

$$R = \frac{V_r}{V_i + V_r} \times 100\% \tag{13}$$

式中　R——水的重复利用率，%；

V_r——在一定计量时间内重复利用水量（包括循环用水量和串联使用水量），m³；

V_i——在一定计量时间内产品生产取水量，m³。

6.1.8　锅炉灰渣综合利用率

锅炉灰渣综合利用率，按公式(14) 计算：

$$\eta_a = \frac{Q_r}{Q_t} \times 100\% \tag{14}$$

式中 η_a——锅炉灰渣综合利用率，%；

　　Q_r——本期锅炉灰渣综合利用量，kg；

　　Q_t——本期锅炉灰渣总产生量，kg。

6.1.9 备料渣（指木屑等）综合利用率

备料渣（指木屑等）综合利用率，按公式(15) 计算：

$$I = \frac{H_i}{H} \times 100 \tag{15}$$

式中 I——备料渣综合利用率，%；

　　H——本期备料渣总产生量，kg；

　　H_i——本期备料渣综合利用量，kg。

6.1.10 单位产品废水产生量

废水产生量，按公式(16) 计算：

$$V_{ci} = \frac{V_c}{Q} \tag{16}$$

式中 V_{ci}——单位产品废水产生量，m^3/adt；

　　V_c——在一定计量时间内企业生产废水产生量，m^3；

　　Q——在一定计量时间内产品产量，adt。

6.1.11 单位产品 COD$_{Cr}$ 产生量

COD$_{Cr}$ 产生量指纸浆造纸过程产生的废水中 COD$_{Cr}$ 的量，在废水处理站入口处进行测定。

$$COD_{Cr} = \frac{C_i V_c}{Q} \tag{17}$$

式中 COD$_{Cr}$——单位产品 COD 产生量，kg/adt；

　　C_i——在一定计量时间内，各生产环节 COD 产生浓度实测加权值，mg/L；

　　V_c——在一定计量时间内，企业生产废水产生量，m^3；

　　Q——在一定计量时间内产品产量，adt。

6.1.12 白泥残碱率

白泥残碱率，按公式(18) 计算：

$$\Gamma = \frac{N}{M} \times 100 \tag{18}$$

式中 Γ——白泥残碱率，%；

　　M——本期白泥总产生量，kg；

　　N——本期产生白泥中残碱的含量（以 Na_2O 计），kg。

6.2　数据来源

6.2.1　统计

企业的产品产量、原材料消耗量、取水量、重复用水量、能耗及各种资源的综合利用量等，以年报或考核周期报表为准。

6.2.2　实测

如果统计数据严重短缺，资源综合利用特征指标也可以在考核周期内用实测方法取得，考核周期一般不少于一个月。

6.2.3　采样和监测

本指标污染物产生指标的采样和监测按照相关技术规范执行，并采用国家或行业标准监测分析方法，详见附表 4-15。

附表 4-15　污染物项目测定方法标准

监测项目	测定位置	方法标准名称	方法标准编号
化学需氧量（COD$_{Cr}$）	末端治理设施入口	水质　化学需氧量的测定　重铬酸钾法	GB 11914
可吸附有机卤素（AOX）	车间或生产设施废水排放口	水质　可吸附有机卤素（AOX）的测定　微库仑法	GB/T 15959

附录 A
禁止使用的染料

A.1　属 MAKⅢA1 的致癌芳香胺 4 种

4-氨基联苯

联苯胺

4-氯-2-甲基苯胺

2-萘胺

A.2　属 MAKⅢA2 的致癌芳香胺 20 种

4-氨基-3,2-二甲基偶氮苯

2-氨基-4-硝基甲苯

2,4-二氨基苯甲醚

4-氯苯胺

4,4-二氨基二苯甲烷

3,3-二氯联苯胺

3,3-二甲氧基联苯胺

3,3-二甲基联苯胺

3,3-二甲基-4,4-二甲基二苯甲烷

2-甲氧基-5-甲基苯胺

4,4-亚甲基-二（2-氯苯胺）

4,4-二氨基二苯醚

4,4-二氨基二苯硫醚

2-甲基苯胺

2,4-二氨基甲苯

2,4,5-三甲基苯胺

2-甲氧基苯胺

4-氨基偶氮苯

2,4-二甲基苯胺

2,6-二甲基苯胺

A.3　含有汞、镉、铅或六价铬化合物的染料

国家发展和改革委员会
环境保护部（现生态环境部）
工业和信息化部

参考文献

［1］黄润斌.中国造纸工业纤维原料结构现状［K］.中国造纸年鉴，北京：中国轻工业出版社，2008，139-141.

［2］李忠正.中国非木材纤维原料造纸现状及发展趋势［K］.中国造纸年鉴，北京：中国轻工业出版社，2008，142-148.

［3］詹怀宇，付时雨，等.我国非木材纤维制浆的发展概况与技术进步（之一）竹子与麦草［J］.中华纸业，2011，32（9）：16.

［4］李忠正.我国近年草类原料制浆技术进步之我见［J］.中华纸业，2009，30（22）：10-15.

［5］李群，聂坤，等.现阶段我国麦草原料制浆造纸生产状况解析［J］.中国造纸，2012，31（11）：63.

［6］宋明信，李忠正，陈松涛.论草类纤维原料制浆的几项原则—兼谈山东泉林纸业麦草制浆技术的成功要素［J］.中国造纸，2009，28（2）：69-72.

［7］制浆造纸工业污染防治可行技术指南（HJ 2302）［Z］.2018-01-04.

［8］谢来苏，詹怀宇.制浆原理与工程［M］.北京：中国轻工业出版社，2001.

［9］杨学富.制浆造纸工业废水处理［M］.北京：化学工业出版社，2003.

［10］童欣，张镇槟，等.制浆造纸工业空气污染问题与对策［J］.中国造纸，2014，33（7）：49-55.

［11］钟树明，王丹丹，戴永立.中国制浆造纸行业污染排放现状及其环境政策研究［J］.污染防治技术，2008，（4）：1-4.

［12］关于持久性有机污染物的斯德哥尔摩公约［Z］.2004-06-25.

［13］制浆造纸手册编写组.制浆造纸手册［M］.北京：轻工业出版社，1988.

［14］周景辉.制浆造纸工艺设计手册［M］.北京：化学工业出版社，2004.

［15］李忠正.禾草类纤维制浆造纸［M］.北京：中国轻工业出版社，2013.

［16］詹怀宇，刘秋娟，靳福明.制浆技术［M］.北京：中国轻工业出版社，2012.

［17］GB 51092.

［18］（美）E. W. 马科隆，T. M. 格雷斯.最新碱法制浆技术［M］.曹邦威译.北京：中国轻工业出版社，1998.

［19］（美）R. P. 格林，G. 霍夫.碱法制浆化学药品的回收［M］.潘锡五译.北京：中国轻工业出版社，1998.

［20］刘秉钺.制浆黑液的碱回收［M］.北京：化学工业出版社，2006.

［21］张珂，俞正干.麦草浆碱回收技术指南［M］.北京：中国轻工业出版社，1999.

［22］倪永浩.现代二氧化氯制备技术［J］.陕西科技大学学报，2002（3）：6.

［23］罗巨生.二氧化氯的制备方法及我国用于纸浆漂白的现状［J］.纸和造纸，2007，26（7）：48.

[24] 陈祥衡. 二氧化氯制备工艺探讨 [J]. 中国造纸，2009（28）：3.

[25] HJ 2011.

[26] 吴晓斌，孙美君，卞铠生，等. 工业与民用供配电设计手册（第四版）[M]. 北京：中国电力出版社有限公司，2016.

[27] 徐华，任元会，姚家祎，等. 照明设计手册（第二版）[M]. 北京：中国电力出版社，2006.

[28] GB 50016.

[29] 贺进涛，邝湘泉. 制浆造纸污水内循环厌氧处理工艺控制方式的探讨 [A]. 中国土木工程学会水工业分会全国排水委员会 2014 年年会论文集 [C]. 2014，361-366.

[30] 龙宁，贺进涛，邝湘泉. 内循环厌氧反应器在蔗渣堆场喷淋废水处理的应用 [J]. 给水排水，2011（S1）：315-318.

[31] 窦正远. 甘蔗渣制浆造纸 [M]. 广州：华南理工大学出版社，1990.

[32] 许东飘. 蔗渣连续蒸煮系统工艺选择及运行经验 [J]. 纸和造纸，2009，28（6）：13-16.

[33] 陈克复. 制浆造纸机械与设备 [M]. 北京：中国轻工业出版社，2003.

[34] 常用非木材纤维碱法制浆实用手册编写组. 常用非木材纤维碱法制浆实用手册 [M]. 北京：中国轻工业出版社，1993.

[35] 陈嘉翔，李元禄，等. 制浆原理与工程 [M]. 北京：中国轻工业出版社，1990.

[36]（美）J. P. 凯西. 制浆造纸化学工艺学 [M]. 于滋潭，等译. 北京：中国轻工业出版社，1988.